U0908329

安全评价实用技术丛书

安全评价基础知识

主　编　马英楠

副主编　王　岩　梁欣涛

中国劳动社会保障出版社

图书在版编目(CIP)数据

安全评价基础知识/马英楠主编. —北京：中国劳动社会保障出版社，2010
安全评价实用技术丛书
ISBN 978-7-5045-8602-5

Ⅰ.①安…　Ⅱ.①马…　Ⅲ.①安全-评价-基本知识　Ⅳ.①X913

中国版本图书馆 CIP 数据核字(2010)第 201522 号

中国劳动社会保障出版社出版发行
(北京市惠新东街 1 号　邮政编码：100029)
出版人：张梦欣

*

世界知识印刷厂印刷装订　　新华书店经销
787 毫米×1092 毫米　16 开本　18 印张　410 千字
2010 年 10 月第 1 版　　2010 年 10 月第 1 次印刷
定价：45.00 元

读者服务部电话：010-64929211/64921644/84643933
发行部电话：010-64961894
出版社网址：http://www.class.com.cn

版权专有　　侵权必究
举报电话：010-64954652
如有印装差错，请与本社联系调换：010-80497374

内容提要

本书为“安全评价实用技术丛书”之一，全书共设有9章，另附录有相关的国家职业标准等文件。第一章至第六章为全书重点，主要讲述安全评价技术基础知识，内容包括安全评价概述、安全评价的发展与应用、安全评价原理、安全评价模型、安全评价方法、安全评价过程控制等方面的知识。第七章至第九章重点介绍安全生产基础知识，包括主要行业领域的安全生产技术知识、安全生产管理知识、安全事故应急与处理知识。

本书既具有科学性、知识性，又具有实用性与知识普及性，可作为各行业企业从业人员了解安全评价知识的用书，也可作为安全生产及其相关专业日常安全培训教育用书，还可作为从事安全评价工作从业人员的日常学习手册。

前 言

安全评价技术是安全系统工程的重要组成部分。安全评价自20世纪60年代初起源于美国之后，经过多年的实践与发展，已经成为现代企业风险管理的一项重要内容。所谓安全评价技术，是指利用安全系统工程原理和方法来识别、评价系统工程中存在的风险的过程，这一过程包括危险、有害因素识别及危险和危害程度评价两部分。20世纪80年代，安全评价作为先进的安全管理理念从国外引入我国，经历了技术探索、试运用和逐步规范发展三个阶段，现已成为安全生产许可工作中重要的一个环节。我国《安全生产法》、《危险化学品安全管理条例》、《安全生产许可证条例》等法律法规明确了安全评价对事故预防的作用，确定了安全评价工作的法律地位，使安全评价成为企业一项法定的工作。

伴随着安全评价技术的发展，安全评价机构蓬勃兴起，越来越多的相关学者、专业技术人员投身于安全评价工作中来，成为推动安全生产工作健康发展的一支不可或缺的力量。2007年11月22日，安全评价师被正式批准为我国新的社会职业。2008年2月29日，国家劳动和社会保障部正式颁布了《国家职业标准·安全评价师》(试行)，标志着安全评价师国家职业资格制度开始实施，安全评价工作步入法制化进程。

为了适应广大安全评价工作的从业人员的学习要求，方便他们进一步掌握矿山、化工、危险化学品和烟花爆竹等高危行业企业的安全评价技术方法，我们组织编写了“安全评价实用技术丛书”。

本套丛书具有以下特点：

1. 先进性。本套丛书是在最新法律法规的指导下，注重安全评价技术新技术、新方法的讲授，前瞻性地介绍安全评价技术在我国的发展趋势。

2. 系统性。本套丛书分基础知识、理论知识、法律法规应用知识和高危企业安全评价技术，兼顾即将从事和正在从事安全评价工作的从业人员，从基础理论入手，逐步培养安全评价实际操作能力，通过系统学习将受益匪浅。

3. 实用性。本套丛书各分册针对读者的不同需求，如基础知识和理论分册使读者能够全面了解安全评价技术及其发展的来龙去脉，了解安全评价方法和所采取技术手段的前因后果，安全评价方法的具体内容与它们在实际工作中的应用；行业分册旨在让读者系统地学习安全评价在高危行业中的应用，从实际操作与案例入手，让读者掌握该行业企业安全评价工作的方法，培养实际操作能力。各分册附录中还有相关标准、法律法规等重要文献，可供读者查阅。

本套丛书的作者有相关高等学校、科研院所长期从事安全评价专业教学科研的专家、学者，还有在安全评价机构长期从事相关行业企业安全评价工作的从业人员。在编写中，我们力求以理论与实际紧密结合的方式，把理论知识写得深入浅出，以增加可读性和实用性，使本书成为即将从事或正在从事安全评价工作的科研人员、高校师生和其他相关人员的学习资料、工作指南。

我们在丛书编写过程中，大量参考了相关专家学者的著作和资料，在此向各位作者表示衷心的感谢。由于时间和水平有限，书中难免存在错误或不足之处，敬请广大读者给予批评指正。

编委会

2010年10月

目　录

1 安全评价概述

1.1 安全评价基本概念

1.1.1 安全术语

(1) 安全（safety）

安全是指免遭不可接受危险的伤害。

生产过程中的安全，又称为生产安全，是指不发生工伤事故、职业病、设备或损失的状态。工程中的安全，是用概率表示近似的客观量，用于衡量安全的程度。系统工程中的安全概念，认为世界上没有绝对安全的事物，任何事物都有不安全的因素，具有一定的危险性。安全和危险是一对互为存在前提的术语，在安全评价中，安全主要是指人和物的安全。在系统整个寿命周期内，安全性与危险性互为补数。

(2) 危险（danger）

危险是指易于受到损害或伤害的一种状态，它是指系统中存在导致发生不期望后果的可能性超过了人们的接受程度。

(3) 事故（accident）

事故是指造成人员死亡、伤害、职业病、财产损失或其他损失的意外事件。

(4) 风险（risk）

风险是危险、危害事故发生的可能性与危险、危害事故严重程度的综合度量。风险是描述系统危险程度的客观量，又称为风险度或危险性。衡量风险大小的指标是风险率（R），它等于事故发生的概率（P）与事故损失严重程度（S）的乘积：

$$R=PS$$

由于概率值难以取得，常用频率代替概率，此时上式可表示为：

$$风险率=\frac{事故次数}{单位时间}\times\frac{事故损失}{事故次数}=\frac{事故损失}{单位时间}$$

单位时间是指系统的运行周期，可以是一年或几年；事故损失可以表示为死亡人数、事故次数、损失工作日数或经济损失等；风险率是二者之商，可以定量表示为百万工时死亡事故率、百万工时总事故率等，对于财产损失可以表示为千人经济损失率等。

(5) 系统（system）

系统是指由相互作用、相互依赖的若干组成部分，为了达到一定目标而结合成的具有独立功能的有机整体。对生产系统而言，系统构成包括人员、物资、设备、资金、任务指标和信息六个要素。

(6) 系统安全 (system safety)

系统安全是指在系统寿命期间内，应用系统安全工程和管理方法，识别系统中的危险源，定性或定量表征其危险性，并采取控制措施使其危险性最小化，从而使系统在规定的性能、时间和成本范围内达到最佳的可接受安全程度。

(7) 安全系统工程 (safety systems engineering)

安全系统工程是以预测和防止事故为中心，以识别、分析评价和控制安全风险为重点，开发、研究出来的安全理论和方法体系。它将工程和系统中的安全作为一个整体系统，应用科学的方法对构成系统的各个要素进行全面的分析，判明各种状况下危险因素的特点及其可能导致的灾害性事故，通过定性和定量分析对系统的安全性作出预测和评价，将系统事故降至最低的可接受限度。

(8) 职业病 (occupational disease)

职业病是指劳动者在工作或者其他职业活动中，因接触粉尘、放射线和有毒、有害物质等职业危害因素而引起的疾病。

(9) 危险因素 (hazards)

危险因素是指能对人造成伤亡或对物造成突发性损害的因素。

(10) 有害因素 (adverse factor)

有害因素是指能影响人的身体健康导致疾病，或对物造成慢性损害的因素。

(11) 有害物质 (harmful substance)

有害物质是指人体通过皮肤接触或吸入、咽下后，对健康产生危害的物质。

(12) 刺激性物质 (stimulating substance)

刺激性物质是指对皮肤及呼吸道有不良影响的物质。

(13) 腐蚀性物质 (corrosive substance)

腐蚀性物质是指用化学的方式伤害人身及材料的物质。

(14) 有毒物质 (poisonous substance)

有毒物质是指以不同形式干扰、妨碍人体正常功能的物质。

(15) 易燃、易爆物质 (combustibles & explosives)

易燃、易爆物质是指引燃、引爆后在短时间内释放出大量能量的物质。由于其具有迅速地释放能量的能力而产生危害，或者是因为其爆炸或燃烧而产生的物质造成危害。

(16) 保险装置 (safety apparatus)

保险装置是指当生产中发生危险情况时，能自动地动作以消除危险状态的装置。

(17) 安全对策措施 (safety precautions)

安全对策措施是要求设计单位、生产单位、经营单位在建设项目设计、生产经营、管理中采取的消除或减弱危险、有害因素的技术措施和管理措施，是预防事故和保障整个生产、经营过程安全的对策措施。

(18) 事故应急救援预案 (emergency response programe)

事故应急救援预案又名“事故预防和应急处理预案”“事故应急处理预案”“应急计划”，或“应急预案”。最早是化工企业为了预防、预测和应急处理“关键生产装置事故”“重点生产部位事故”“化学泄漏事故”而预先制定的对策方案。现在已扩展到其他重大事故及公共安全方面。主要包括事故预防、应急处理、抢险救援三方面。

(19) 应急救援 (emergency response)

应急救援是指在发生事故时，采取的消除、减少事故危害和防止事故恶化，最大限度降低事故损失的措施。

(20) 预案 (preliminary programe)

预案是指根据预测危险源、危险目标可能发生事故的类别、危害程度，而制定的事故应急救援方案。预案要充分考虑现有物质、人员及危险源的具体条件，能及时、有效地统筹指导事故应急救援行动。

(21) “三同时” (3 simultaneity)

“三同时”是指新建、改建、扩建工程项目的安全设施必须与主体工程同时设计、同时施工、同时投入生产和使用。

(22) 危险目标 (danger object)

危险目标是指因危险性质、数量可能引起事故的危险化学品所在场所或设施。

(23) 危险点 (danger point)

危险点是指在作业中有可能发生危险的地点、部位、场所、工器具和行为动作等。

(24) 危险点分析 (danger point analysis)

危险点分析是指在一项作业或工程开工前，对该作业项目所存在的危险性类别、发生条件、可能产生的情况和后果等，进行危险性的分析并找出危险点，其目的是控制事故的发生。

(25) 物质系数 (matter coefficient)

物质系数是表达物质在燃烧或其他化学反应引起的火灾、爆炸时释放能量大小的内在特性，是一个最基础的数值。

1.1.2 安全评价术语

(1) 安全评价 (safety assessment)

安全评价是指以实现安全为目的，应用安全系统工程原理和方法，辨识与分析工程、系统、生产经营活动中的危险、有害因素，预测发生事故或造成职业危害的可能性及其严重程度，提出科学、合理、可行的安全对策措施建议，做出评价结论的活动。安全评价可针对一个特定的对象，也可针对一定区域范围。

安全评价过称包括 4 方面内容：危险有害因素的识别与分析、危险性评价、确定可接受风险和制定安全对策措施。

(2) 安全预评价 (safety assessment prior to start)

安全预评价是指在建设项目可行性研究阶段、工业园区规划阶段或生产经营活动组织实施之前，根据相关的基础资料，辨识与分析建设项目、工业园区、生产经营活动潜在的危险、有害因素，确定其与安全生产法律法规、标准、行政规章、规范的符合性，预测发生事故的可能性及其严重程度，提出科学、合理、可行的安全对策措施建议，做出安全评价结论的活动。

(3) 安全验收评价 (safety assessment upon completion)

安全验收评价是指在建设项目竣工后正式生产运行前或工业园区建设完成后，通过检查建设项目安全设施与主体工程同时设计、同时施工、同时投入生产和使用的情况或工业园区内的安全设施、设备、装置投入生产和使用的情况，检查安全生产管理措施到位情况，检查安全生产规章制度健全情况，检查事故应急救援预案建立情况，审查确定建设项目、工业园区建设满足安全生产法律法规、标准、规范要求的符合性，从整体上确定建设项目、工业园区的运行状况和安全管理情况，做出安全验收评价结论的活动。

(4) 安全现状评价 (safety assessment in operation)

安全现状评价是指针对生产经营活动中工业园区的事故风险、安全管理等情况，辨识与分析其存在的危险、有害因素，审查确定其与安全生产法律法规、规章、标准、规范要求的符合性，预测发生事故或造成职业危害的可能性及其严重程度，提出科学、合理、可行的安全对策措施建议，做出安全现状评价结论的活动。

安全现状评价既适用于对一个生产经营单位或一个工业园区的评价，也适用于某一特定的生产方式、生产工艺、生产装置或作业场所的评价。

(5) 安全专项评价 (safety specific evaluation)

安全专项评价一般是针对某一项活动或场所，如一个特定的行业、产品、生产方式、生产工艺或生产装置等，存在的危险、有害因素进行的安全评价，目的是查找其存在的危险、有害因素，确定其程度，提出合理可行的安全对策措施及建议。

(6) 安全评价机构 (safety assessment organization)

安全评价机构是指依法取得安全评价相应的资质，按照资质证书规定的业务范围开展安全评价活动的社会中介服务组织。

(7) 安全评价人员 (safety assessment professional)

安全评价人员是指依法取得“安全评价人员资格证书”，并经从业登记的专业技术人员。其中，与所登记服务的机构建立法定劳动关系，专职从事安全评价活动的安全评价人员，称为专职安全评价人员。

(8) 评价单元 (evaluation unit)

评价单元是为了安全评价的需要，按照建设项目生产工艺或场所的特点，将生产工艺或场所划分成若干相对独立的部分。

(9) 重大危险源 (major hazard installations)

重大危险源是指长期地或临时地生产、加工、搬运、使用或储存危险物质，且危险物质的数量等于或超过临界量的单元（包括场所和设施）。

(10) 工艺单元 (technique unit)

工艺单元是工艺装置的任一主要单元，在计算火灾、爆炸危险指数时，只评价从预防损失角度考虑对工艺有影响的单元。

(11) 危害辨识 (danger distinguish)

危害辨识是通过系统的分析和科学的检测等手段，在系统开始运作前找出存在其中的危险点，以便能采取针对性的措施控制危险的发生。

(12) 可接受风险 (acceptable risk)

可接受风险是在规定的性能、时间和成本范围内达到的最佳可接受安全程度。

1.2 安全评价的目的和意义

1.2.1 目的

安全评价的目的是查找、分析和预测工程、系统存在的危险、有害因素及可能导致的危险、危害后果和程度，提出合理可行的安全对策措施，指导危险源监控和事故预防，以达到最低事故率、最少损失和最优的安全投资效益。安全评价要达到的目的具体包括以下 4 个方面。

(1) 促进实现本质安全化生产

安全评价可以系统地从工程、系统设计、建设、运行等过程对事故和事故隐患进行科学分析，针对事故和事故隐患发生的各种可能原因事件和条件，提出消除危险的最佳技术措施方案。特别是从设计上采取相应措施，实现生产过程的本质安全化，做到即使发生误操作或设备故障时，系统存在的危险因素也不会因此导致重大事故发生。

(2) 实现全过程安全控制

在设计之前进行安全评价，可避免选用不安全的工艺流程和危险的原材料以及不合适的设备、设施，或当必须采用时，提出降低或消除危险的有效方法。设计之后进行的评价，可查出设计中的缺陷和不足，及早采取改进和预防措施。系统建成以后运行阶段进行的系统安全评价，可了解系统的现实危险性，为进一步采取降低危险性的措施提供依据。

(3) 建立系统安全的最优方案，为决策提供依据

通过安全评价分析系统存在的危险源、分布部位、数目、事故的概率、事故严重度，预测和提出应采取的安全对策、措施等，决策者可以根据评价结果选择系统安全最优方案和管理决策。

(4) 为实现安全技术、安全管理的标准化和科学化创造条件

通过对设备、设施或系统在生产过程中的安全性是否符合有关技术标准、规范相关规定的评价，对照技术标准、规范找出存在问题和不足，以实现安全技术和安全管理的标准化、科学化。

1.2.2 意义

安全评价的意义在于可有效地预防事故发生，减少财产损失，及人员伤亡和伤害。安全评价与日常安全管理和安全监督监察工作不同，安全评价从技术带来的负效应出发，分析、论证和评估由此产生的损失和伤害的可能性、影响范围、严重程度及应采取的对策措施等。安全评价的意义可以概括为以下 5 个方面。

(1) 它是安全生产管理的一个必要组成部分

“安全第一，预防为主”是我国安全生产的基本方针。作为预测、预防事故重要手段的安全评价，在贯彻安全生产方针中有着十分重要的作用，通过安全评价可确认生产经营单位是否具备了安全生产条件。

(2) 有助于政府安全监督管理部门对生产经营单位的安全生产实行宏观控制

安全预评价将有效地提高工程安全设计的质量和投产后的安全可靠程度；投产时的安全验收评价将根据国家有关技术标准、规范对设备、设施和系统进行符合性评价，提高安全达标水平；系统运转阶段的安全技术、安全管理、安全教育等方面的安全状况综合评价，可客观地对生产经营单位的安全水平做出结论，使生产经营单位不仅了解自身可能存在的危险性，而且明确如何改进安全状况，同时也为安全监督管理部门了解生产经营单位安全生产现状、实施宏观控制提供基础资料；通过专项安全评价，可为生产经营单位和政府安全监督管理部门提供管理依据。

(3) 有助于安全投资的合理选择

安全评价不仅能确认系统的危险性，而且还能进一步考虑危险性发展为事故的可能性及事故造成损失的严重程度，进而计算事故造成的危害，即风险率，并以此说明系统危险可能造成负效益的大小，以便合理地选择控制、消除事故发生的措施，确定安全措施投资的多少，从而使安全投入与可能减少的负效益达到合理的平衡。

(4) 有助于提高生产经营单位的安全管理水平

安全评价可以使生产经营单位的安全管理变事后处理为事先预测、预防。传统安全管理方法的特点是凭经验进行管理，多为事故发生后再进行处理的“事后过程”。而通过安全评价，可以预先识别系统的危险性，分析生产经营单位的安全状况，全面地评价系统及各部分的危险程度和安全管理状况，促使生产经营单位达到规定的安全要求。

安全评价可以使生产经营单位的安全管理变纵向单一管理为全面系统管理。通过安全评价，可以使生产经营单位所有部门都能按照要求认真评价本系统的安全状况，将安全管理范围扩大到生产经营单位各个部门、各个环节，从而使生产经营单位的安全管理实现全员、全面、全过程、全时空的系统化管理。

系统安全评价可以使生产经营单位的安全管理变经验管理为目标管理。传统安全管理方法的特点之一是仅凭经验、主观意志和思想意识进行安全管理，没有统一的标准、目标。而安全评价可以使各部门、全体职工明确各自的安全指标要求，在明确的目标下，统一步调，分头进行，从而使安全管理工作做到科学化、统一化、标准化。

(5) 有助于生产经营单位提高经济效益

安全预评价可减少项目建成后由于安全要求引起的调整和返工建设，安全验收评价可将一些潜在事故消除在设施开工运行前，安全现状综合评价可使生产经营单位较好了解可能存在的危险并为安全管理提供依据。生产经营单位的安全生产水平的提高无疑可为其带来经济效益的提高，使生产经营单位真正实现安全、生产和经济的同步增长。

1.3 安全评价内容

20世纪60年代初，安全评价技术起源于美国。美国空军倡导系统安全工程评价方法，而美国道（DOW）化学公司则首创了危险指数评价方法，迄今为止已逐渐形成了并行不悖的两大流派。

随着现代科学技术的发展，在安全技术领域里，已由以往主要研究、处理那些已经发生和必然发生的事件，发展为主要研究、处理那些还没有发生但有可能发生的事件，并把这种事件发生的可能性具体化为一个数量指标，计算事故发生的概率，划分危险等级，制定安全标准和对策措施，并对其进行综合比较和评价，从中选择最佳的方案，预防事故的发生。

安全评价通过危险性识别及危险度评价，客观地描述系统的危险程度，指导人们预先采取相应措施，来降低系统的危险性。安全评价的基本内容如图 1—1 所示。

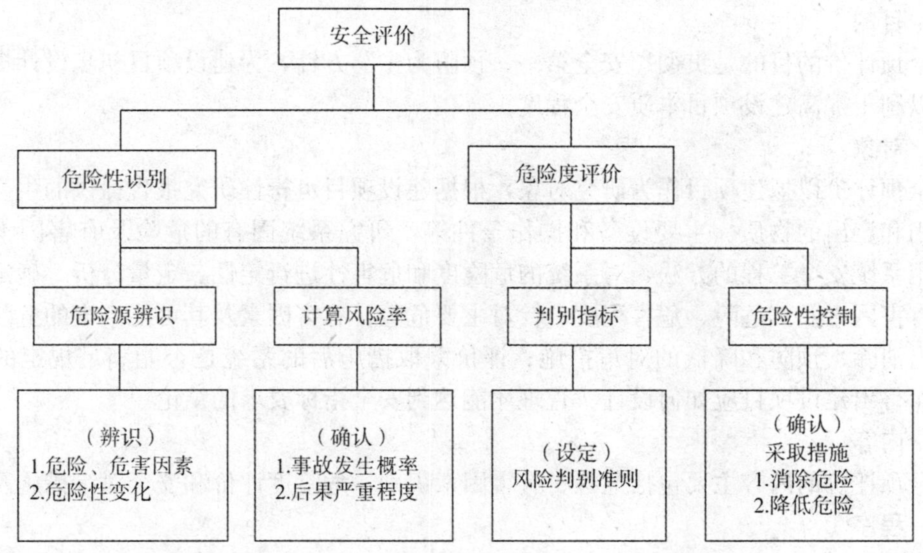

图 1—1 安全评价的基本内容

1.4 安全评价分类

目前国内将安全评价通常根据工程、系统生命周期和评价的目的分为安全预评价、安全验收评价、安全现状综合评价和专项安全评价 4 类。实际上它是 3 大类，即安全预评价、安全验收评价、安全现状综合评价，专项安全评价应属安全现状综合评价的一种，属于政府在特定的时期内进行专项整治时开展的评价。

1.4.1 安全预评价

（1）定义

安全预评价是根据建设项目可行性研究报告的内容，分析和预测该建设项目可能存在的危险、有害因素的种类和程度，提出合理可行的安全对策措施及建议。安全预评价实际上就是在项目建设前应用安全评价的原理和方法对系统（工程、项目）的危险性、危害性进行预测性评价。安全预评价的内涵可概括为以下 4 点。

1）安全预评价是一种有目的的行为，它是在研究事故和危害为什么会发生、是怎样发生的和如何防止发生等问题的基础上，回答建设项目依据设计方案建成后的安全性如何、是否能达到安全标准的要求及如何达到安全标准、安全保障体系的可靠性如何等至关重要的问题。

2）安全预评价的核心是对系统存在的危险、有害因素进行定性、定量分析，即针对特定的系统范围，对发生事故、危害的可能性及其危险、危害的严重程度进行评价。

3）安全预评价根据有关标准对系统进行衡量，以分析、说明系统的安全性。

4）安全预评价的最终目的是确定采取哪些优化的技术、管理措施，使各子系统及建设项目整体达到安全标准的要求。

（2）目的

安全预评价的目的是贯彻“安全第一、预防为主”方针，为建设项目初步设计提供科学依据，以利于提高建设项目本质安全程度。

（3）对象

安全预评价以拟建项目作为研究对象，根据建设项目可行性研究报告提供的生产工艺过程、使用和产出的物质、主要设备和操作条件等，研究系统固有的危险及有害因素。具体为：应用系统安全工程的方法，对系统的危险度和危害性进行定性、定量分析，确定系统的危险、有害因素及其危险、危害程度；针对主要危险、有害因素及其可能产生的危险、危害后果提出消除、预防和降低的对策措施；评价采取措施后的系统是否能满足规定的安全要求，从而得出建设项目应如何设计、管理才能达到安全指标要求的结论。

（4）内容

安全预评价的内容主要包括危险、有害因素识别，危险度评价和安全对策措施及建议。

（5）程序

安全预评价程序一般包括：准备阶段，危险、有害因素识别与分析，确定安全预评价单元，选择安全预评价方法，定性、定量评价，安全对策措施及建议，安全预评价结论，编制安全预评价报告。安全预评价程序如图 1—2 所示。

1）准备阶段。明确被评价对象和范围，进行现场调查和收集国内外相关法律、法规、技术标准及建设项目资料。

2）危险、有害因素识别与分析。根据被评价工程、系统的情况，识别和分析危险、有害因素，确定危险、有害因素存在的部位、存在的方式、事故发生的途径及其变化的规律。

3）确定安全预评价单元。在危险、有害因素识别和分析基础上，根据评价的需要，将建设项目分成若干个评价单元。一般按生产工艺功能、生产设施设备相对空间位置、危险有害因素类别及事故范围划分评价单元，使评价单元相对独立，具有明显的特征界限。

4）选择安全预评价方法。根据被评价对象的特点，选择科学、合理、适用的定性、定量评价方法。

5）定性、定量评价。根据选择的评价方法，对危险、有害因素导致事故发生的可能性和严重程度进行定性、定量评价，以确定事故可能发生的部位、频次、严重程度的等级及相关结果，为制定安全对策措施提供科学依据。

6）提出安全对策措施及建议。根据定性、定量评价结果，提出消除或减弱危险、有害因素的技术和管理措施及建议。

安全对策措施应包括以下几个方面：总图布置和建筑方面安全措施，工艺和设备、装置方面安全措施，安全工程设计方面对策措施，安全管理方面对策措施，应采取的其他综合措

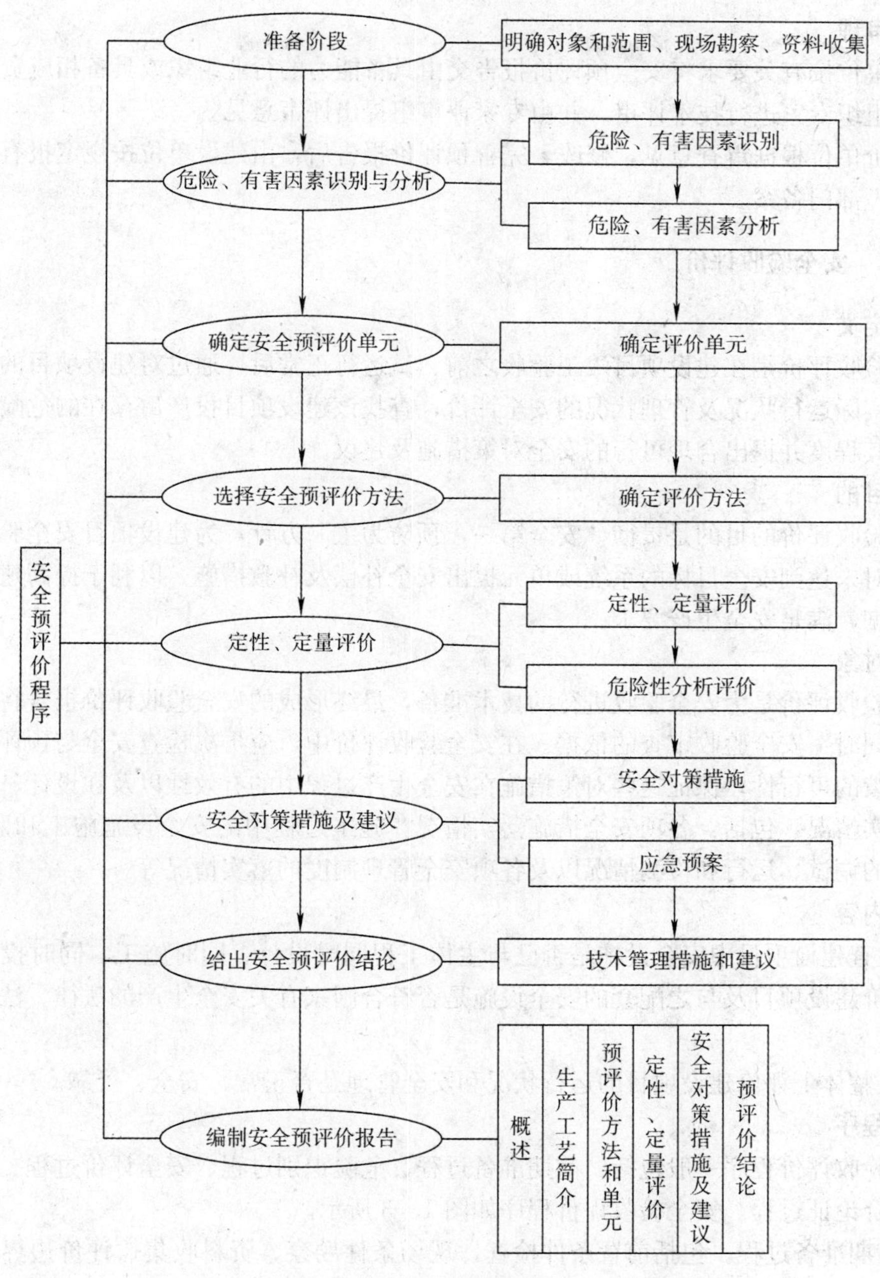

图 1—2 安全预评价程序

施。

7）给出安全预评价结论。简要列出主要危险、有害因素评价结果，指出建设项目应重点防范的重大危险、有害因素，明确应重视的重要安全对策措施，给出建设项目从安全生产角度是否符合国家有关法律、法规、技术标准的结论。

8）编制安全预评价报告。安全预评价报告的编制内容主要包括：概述，生产工艺简介，预评价方法和单元，定性、定量评价，安全对策措施及建议，及预评价结论。

(6) 审理

建设单位按有关要求将安全预评价报告交由具备能力的行业组织或具备相应资质条件的中介机构组织专家进行技术评审，并由专家评审组提出评审意见。

预评价单位根据审查意见，修改、完善预评价报告后，由建设单位按规定报有关安全生产监督管理部门备案。

1.4.2 安全验收评价

(1) 定义

安全验收评价是在建设项目竣工验收之前、试运行正常后，通过对建设项目的设施、设备、装置实际运行状况及管理状况的安全评价，查找该建设项目投产后存在的危险、有害因素，确定其程度并提出合理可行的安全对策措施及建议。

(2) 目的

安全验收评价的目的是贯彻“安全第一，预防为主”方针，为建设项目安全验收提供科学依据，对未达到安全目标的系统或单元提出安全补偿及补救措施，以利于提高建设项目本质安全程度，满足安全生产要求。

(3) 对象

安全验收评价是为安全验收进行的技术准备，最终形成的安全验收评价报告将作为建设项目“三同时”安全验收审查的依据。在安全验收评价中，应再次检查安全与预评价中提出的安全对策的可行性，保证这些对策措施在安全生产过程中的有效性以及在设计、施工和运行中的落实情况，包括：各项安全措施落实情况，施工过程中的安全设施施工和监理情况，安全设施的调试、运行和检测情况以及各项安全管理制度的落实情况等。

(4) 内容

1）检查建设项目中安全设施是否已与主体工程同时设计、同时施工、同时投入生产和使用；评价建设项目及与之配套的安全设施是否符合国家有关安全生产的法律、法规和技术标准。

2）从整体上评价建设项目的运行状况和安全管理是否正常、安全、可靠。

(5) 程序

安全验收评价程序一般包括：前期准备过程、危险识别过程、安全评价过程、安全控制过程、综合论证过程。安全验收评价程序如图 1—3 所示。

1）前期准备过程。包括前置条件检查，现场条件勘察、资料收集、评价边界或范围确定。

2）危险识别过程。包括工程初步分析（周边、位置、工艺、物料），危险有害因素分析及识别，重大危险源辨识，判别事故发生的可能性等。

3）安全评价过程。包括评价单元划分，评价方法的选择和确定，进行定性或者定量评价，得出各个评价单元的评价结果。

4）安全控制过程。对评价出现的隐患或者问题，提出改进意见、持续改进措施、应急预案检查及对策。

5）综合论证过程。补偿对策落实（计划）检查，做出最后的评价结论。

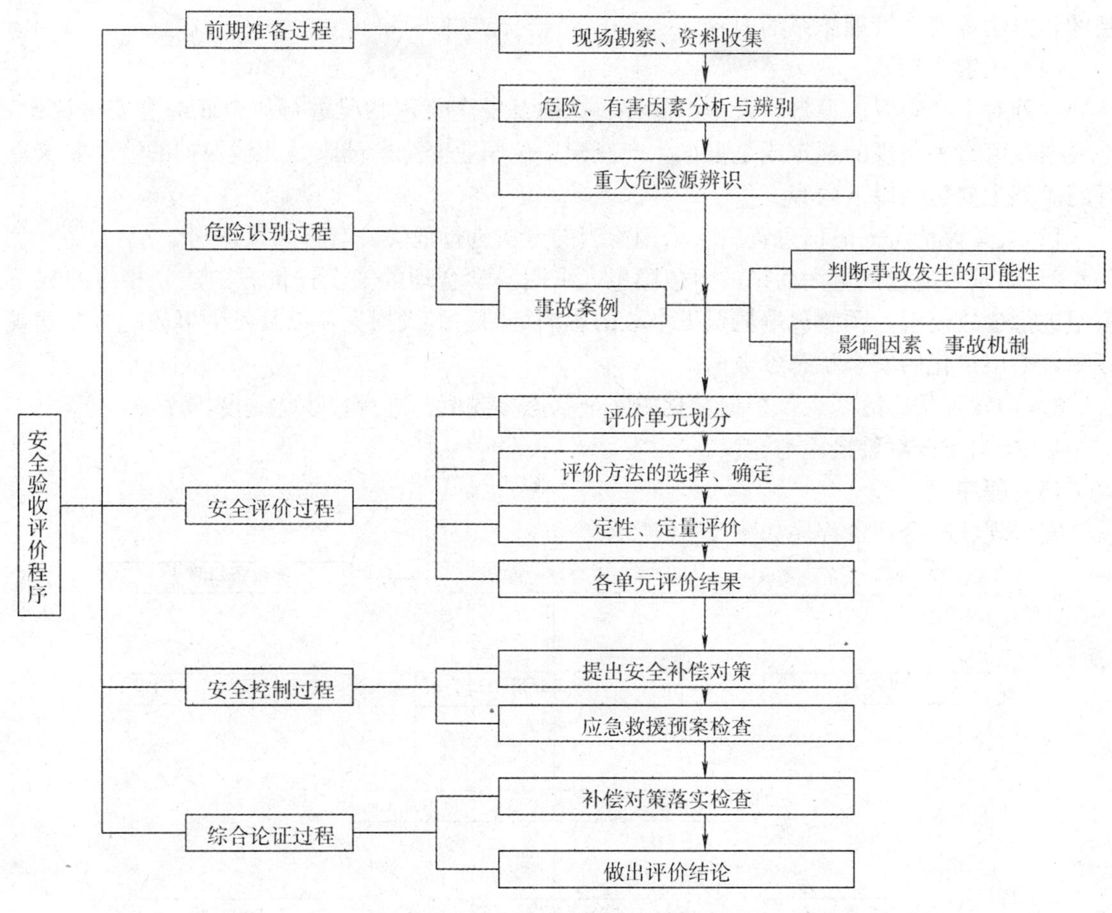

图 1—3 安全验收评价程序

1.4.3 安全现状综合评价

(1) 定义

安全现状综合评价是在系统生命周期内的生产运行期，通过对生产经营单位的生产设施、设备、装置实际运行状况及管理状况的调查、分析，运用安全系统工程的方法，进行危险、有害因素的识别及其危险度的评价，查找该系统生产运行中存在的事故隐患并判定其危险程度，提出合理可行的安全对策措施及建议，使系统在生产运行期内的安全风险控制在安全、合理的程度内。

(2) 目的

安全现状综合评价的目的是针对生产经营单位（某一个生产经营单位总体或局部的生产经营活动的）安全现状进行的安全评价，通过评价查找其存在的危险、有害因素并确定危险程度，提出合理可行的安全对策措施及建议。

(3) 对象

安全现状综合评价是对生产装置、设备、设施、储存、运输及安全管理状况进行的全面综合安全评价，不仅包括生产过程的安全设施，也包括生产经营单位整体的安全管理模式、制度和方法等安全管理体系的内容。

（4）内容

这种对生产装置、设备、设施、储存、运输及安全管理状况进行的全面综合安全评价，是根据政府有关法规的规定或是根据生产经营单位职业安全、健康、环境保护的管理要求进行的。其主要包括以下内容：

1）收集评价所需的信息资料，采用恰当的方法进行危险、有害因素识别。

2）对于可能造成重大后果的事故隐患，采用科学合理的安全评价方法建立相应的数学模型进行事故模拟，预测极端情况下事故的影响范围、最大损失，以及发生事故的可能性或概率，给出量化的安全状态参数值。

3）对发现的事故隐患，根据量化的安全状态参数值，进行整改优先度排序。

4）提出安全对策措施与建议。

（5）程序

安全现状综合评价程序如图 1—4 所示。

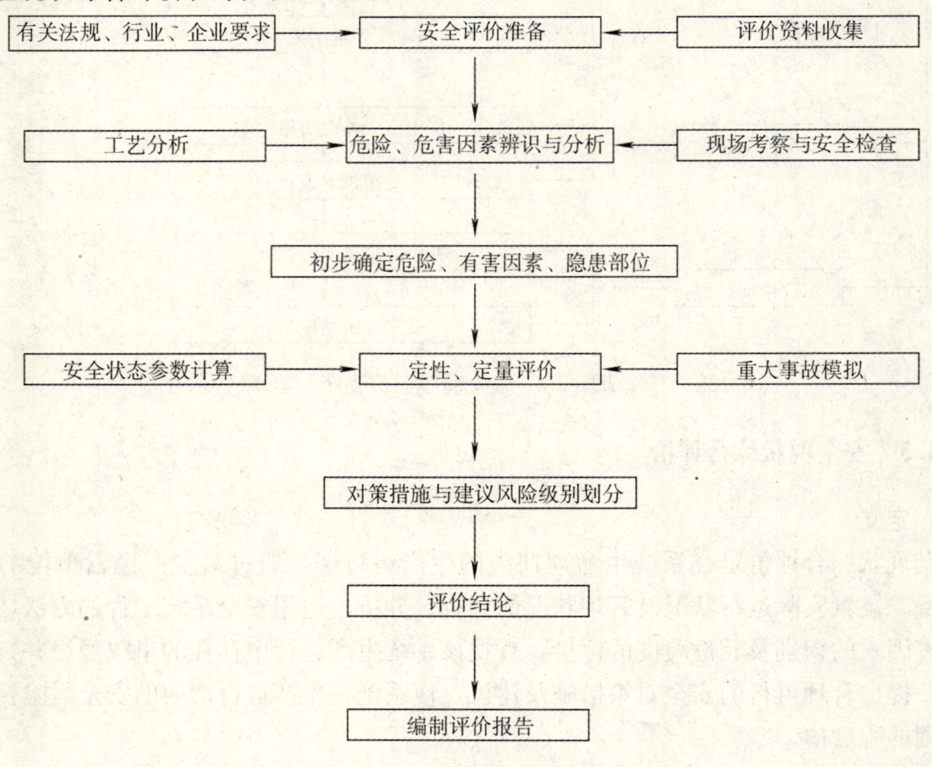

图 1—4　安全现状综合评价程序

1）前期准备。明确评价的范围，收集所需的各种资料，重点收集与现实运行状况有关的各种资料与数据，包括涉及生产运行、设备管理、安全、职业危害、消防、技术检测等方面的内容。评价机构依据生产经营单位提供的资料，按照确定的评价范围进行评价。

安全现状综合评价所需主要资料从以下方面收集：工艺，物料，生产经营单位周边环境情况，设备相关资料，管道；电气、仪表自动控制系统，公用工程系统，事故应急救援预案，规章制度及企业标准，相关的检测和检验报告。

2）危险、有害因素和事故隐患的识别。应针对评价对象的生产运行情况及工艺、设备的特点，采用科学、合理的评价方法，进行危险、有害因素识别和危险性分析，确定主要危险部位、物料的主要危险特性，有无重大危险源，以及可以导致重大事故的缺陷和隐患。

3）定性、定量评价。根据生产经营单位的特点，确定评价的模式及采用的评价方法。安全现状评价在系统生命周期内的生产运行阶段，应尽可能地采用定量化的安全评价方法，通常采用“预先危险性分析—安全检查表检查—危险指数评价—重大事故分析与风险评价—有害因素现状评价”依次渐进、定性与定量相结合的综合性评价模式，进行科学、全面、系统的分析评价。

通过定性、定量安全评价，重点对工艺流程、工艺参数、控制方式、操作条件、物料种类与理化特性、工艺布置、总图、公用工程等内容，运用选定的分析方法对存在的危险、有害因素和事故隐患逐一分析，通过危险度与危险指数量化分析与评价计算，确定事故隐患部位，预测发生事故的严重后果，同时进行风险排序，结合现场调查结果以及同类事故案例分析其发生的原因和概率，运用相应的数学模型进行重大事故模拟，模拟发生灾害性事故时的破坏程度和严重后果，为制订相应的事故隐患整改计划、安全管理制度和事故应急救援预案提供数据。

在定性、定量评价的基础上做出安全管理现状的评价，其内容包括：安全管理制度评价、事故应急救援预案的评价、事故应急救援预案的修改及演练计划。

4）确定安全对策措施及建议。综合评价结果，提出相应的安全对策措施及建议，并按照安全风险程度的高低进行解决方案的排序，列出存在的事故隐患及整改紧迫程度，针对事故隐患提出改进措施及改善安全状态水平的建议。

5）评价结论。根据评价结果明确指出生产经营单位当前的安全状态水平，提出安全可接受程度的意见。

6）编制安全现状评价报告。生产经营单位应当依据安全评价报告编制事故隐患整改方案和实施计划，完成安全评价报告。生产经营单位与安全评价机构对安全评价报告的结论存在分歧的，应当将双方的意见连同安全评价报告一并报安全生产监督管理部门。

1.4.4 专项安全评价

(1) 定义

专项安全评价是根据政府有关管理部门的要求进行的，是对专项安全问题进行的专题安全分析评价，如危险化学品专项安全评价、非煤矿山专项安全评价等。专项安全评价所形成的专项安全评价报告则是上级主管部门批准其获得或保持生产经营营业执照所要求的文件之一。具体来说，专项安全评价是针对某一项活动或场所，以及一个特定的行业、产品、生产方式、生产工艺或生产装置等存在的危险、有害因素进行的安全评价，查找其存在的危险、有害因素，确定其程度并提出合理可行的安全对策措施及建议。

(2) 程序

专项安全评价程序如图 1—5 所示。

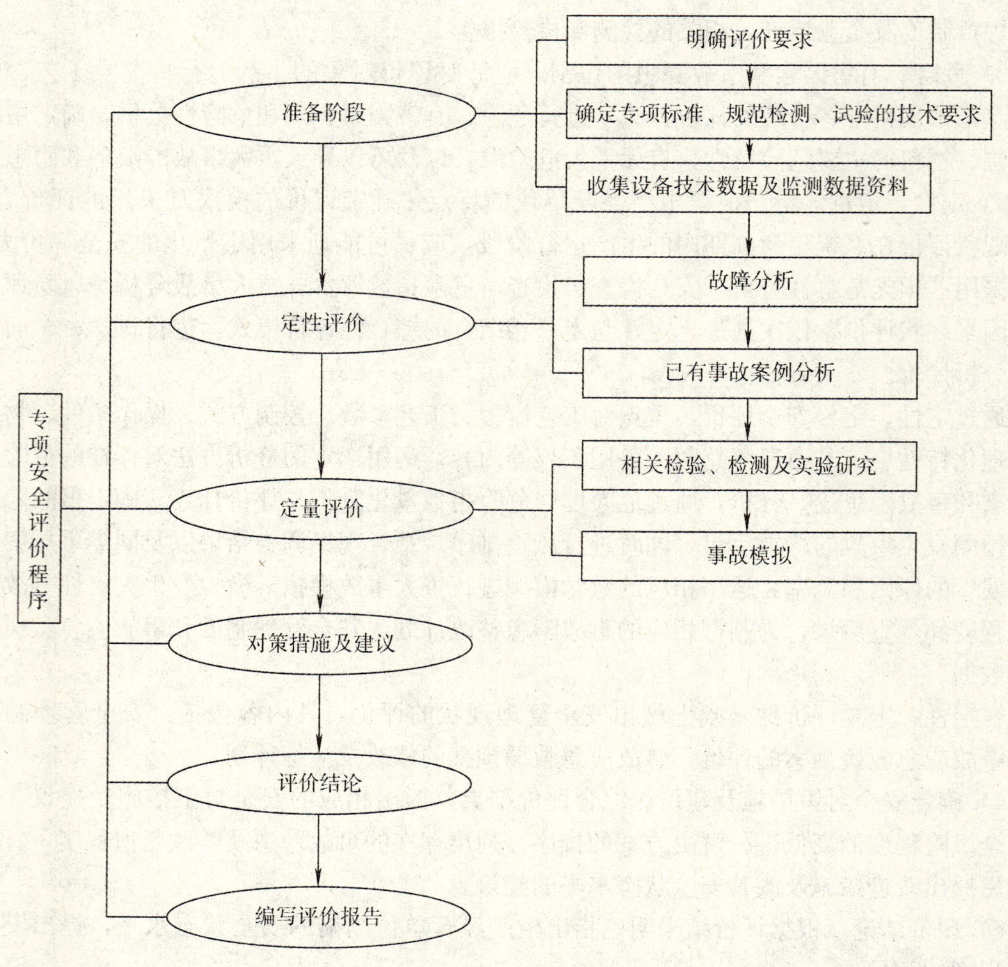

图 1—5　专项安全评价程序

(3) 专项安全评价报告

一般而言，专项安全评价报告作为安全现状评价报告的附件或补充文件，至少包括如下主要内容：

1）前言。项目由来、评价目的、评价实施单位等简单介绍。

2）专题项目概述。项目概况、项目委托约定的评价范围、项目实施准备采用的评价程度。

3）评价依据。评价所依据的法规文件、专项安全评价合同、安全现状评价报告、评价所遵循的技术标准以及对技术标准选用的说明。

4）评价方法。实施评价所采用的检测、检验、测试、实验等手段方法，故障分析方法，事故后果模拟方法的简介与方法选用说明。

5）数据处理与分析。根据所评价专题的技术要求，对所获得的数据按照专业要求分类整理，并进行技术分析。

6）故障分析与事故模拟。对专题研究所涉及的重要事件、事故的定性分析；对可能产生的重大事故后果，运用数学模型进行定量模拟。

7）对策措施。根据评价所涉及的问题，提出相应的对策措施及建议。

8）评价结论与建议。依据分析、检测、模拟等得出对专题研究的明确结论和建议，并作出简要说明。

专项安全评价主要有危险化学品包装物、容器定点生产企业生产条件评价，危险化学品生产企业安全评价，危险化学品经营单位安全评价，煤矿安全评价，非煤矿山安全评价，民用爆破器材安全评价，烟花爆竹生产企业安全评价等。

1.5 安全评价程序和依据

1.5.1 安全评价程序

安全评价程序主要包括：准备阶段，危险、有害因素识别与分析，定性、定量评价，提出安全对策措施，形成安全评价结论及建议，编制安全评价报告。安全评价的基本程序如图1—6所示。

(1) 准备阶段

明确评价的对象和范围，收集国内外相关法规和标准，了解同类设备、设施或工艺的生产和事故情况，评价对象的地理、气象条件及社会环境状况等。

(2) 危险、有害因素识别与分析

根据所评价的设备、设施或场所的地理条件、气象条件、工程建设方案、工艺流程、装置布置、主要设备和仪表、原材料、中间体、产品的理化性质等识别和分析危险、有害因素，确定危险、有害因素存在的部位、存在的方式、事故发生的途径及其变化的规律。

(3) 定性、定量评价

在上述危险分析的基础上，划分评价单元，根据评价目的和评价对象的复杂程度选择具体的一种或多种评价方法。对事故发生的可能性和严重程度进行定性或定量评价，在此基础上按照事故风险的标准值进行风险分级，以确定管理的重点。

(4) 提出安全对策措施

根据评价和分级结果，高于标准值的风险必须采取工程技术或组织管理措施，降低或控制风险；低于标准值的风险属于可接受或允许的风险，应建立监测措施，防止生产条件变更导致风险值增加，对不可排除的风险要采取防范措施。

(5) 形成安全评价结论及建议

简要地列出主要危险、有害因素的评价结果，指出工程、系统应重点防范的重大危险因素，明确生产经营者应重视的重要安全措施。依据安全评价结果编制相应的安全评价报告。

1.5.2 安全评价依据

安全评价是政策性很强的一项工作，必须依据我国现有的法律、法规和技术标准，以保障被评价项目的安全运行，保障劳动者在劳动过程中的安全与健康。这些法规、标准等可随法规、标准条文的修改或新法规、标准的出台而变动。

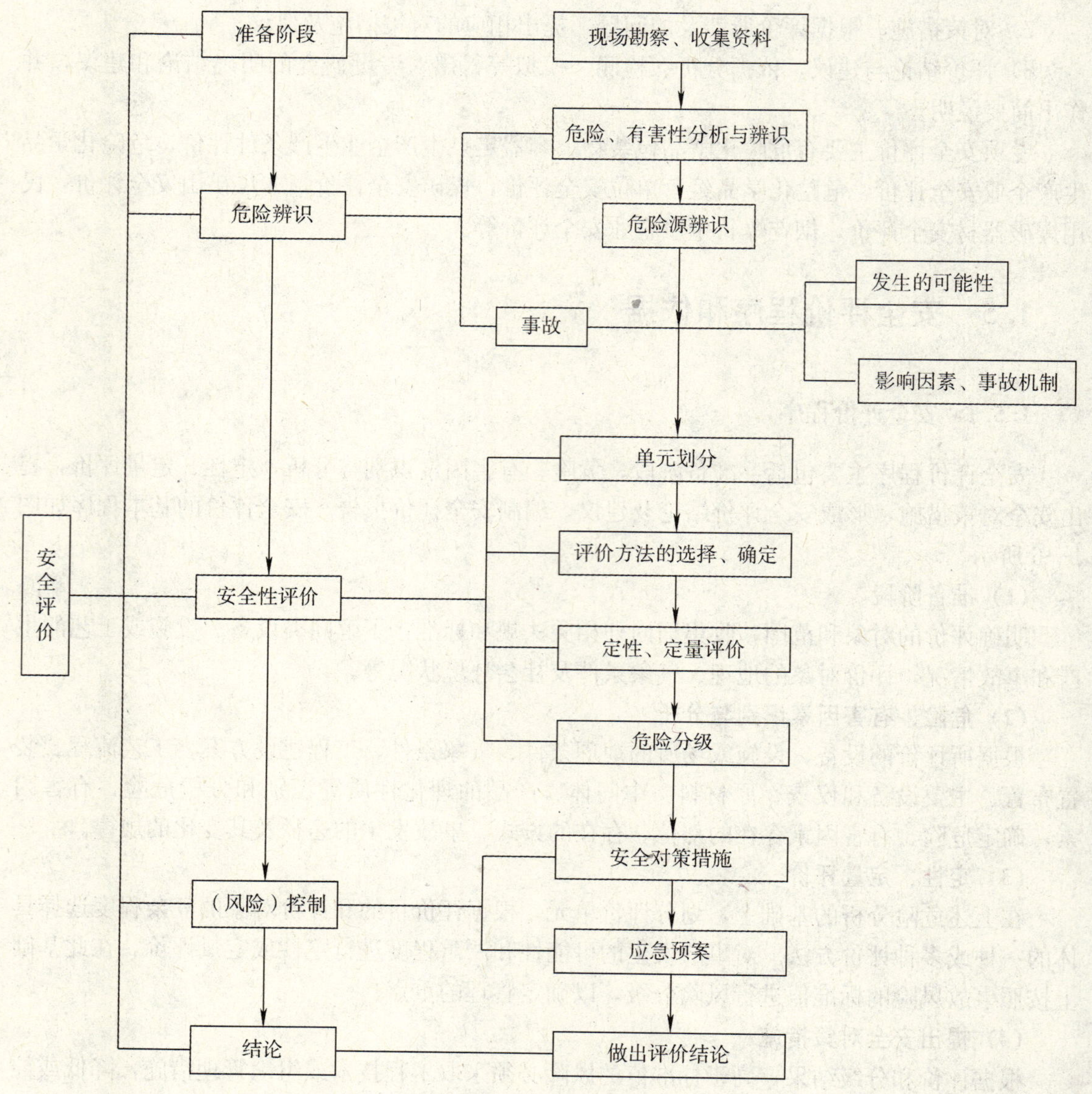

图 1—6　安全评价的基本程序

(1) 安全法规与标准综述

1）安全法规、标准的形式。安全法规是国家为了保障劳动者在劳动过程中的安全与健康、保证劳动条件的改善而制定并以国家强制措施保证其实施的行为规范。它主要有以下几种形式：

①由国家立法机构以法律形式颁布实施的。例如《中华人民共和国劳动法》《中华人民共和国安全生产法》等。

②由国家、省、市政府或国务院、行业、地方政府有关部门以行政法规形式实施的。例如国务院发布的《女职工保护规定》，原劳动部发布的《建设项目（工程）劳动安全卫生监察规定》《建设项目（工程）劳动安全卫生预评价管理办法》《建设项目（工程）职业安全卫生设施和技术措施验收办法》，国家安全生产监督管理局文件《关于进一步加强建设项目

（工程）劳动安全卫生预评价管理工作的通知》等。

③安全标准是由政府主管标准化工作的部门批准并以特定形式发布的。例如《生产设备安全卫生设计总则》《生产过程安全卫生要求总则》等。

2）安全法规、标准的分类。安全法规与标准按法规和标准的来源可划分为以下几类。

①由全国人民代表大会或全国人大常委会通过的法律，具有最高法律效力，如《中华人民共和国劳动法》《中华人民共和国安全生产法》《中华人民共和国矿山安全法》等。由国家技术监督局颁布的标准为国家标准，是在全国范围内统一执行的标准，如《电梯试验方法》（GB/T 10059—1997）等。

②由国务院及其所属部、委依据宪法和法律制定的规范性文件，其表现形式主要有各项命令、条例、规定、管理办法、实施细则、标准，如国家安全生产监督管理局、国家煤矿安全监察局制定的《关于加强安全评价机构管理的意见》等。这些规范性文件是宪法和各项法律的具体体现，同样具有法律效力。由各部、委发布的标准为行业标准，是在全国各专业范围内统一执行的标准。

③由地方各级人民代表大会或人大常委会、地方各级政府为执行宪法、法律和各项行政法规制定的补充性的规范性文件，其表现形式多为决议、决定、办法、标准，如《江苏省苏南运河交通管理办法》等，只在本辖区内具有法律效力。

④国际标准。对于引进项目（含技术、设备）依据的标准在合同中有特殊规定或受专业范围、特殊情况限制而我国又暂无相应的安全标准时，可采用国际标准、引进国际标准。采用国际标准时，必须与我国标准体系进行对比分析或验证，应不低于我国相关标准或暂行规定的要求，并经有关安全生产监督管理部门批准。

3）安全指标。安全指标（以下简称“指标”）是安全法规的重要组成部分，安全指标的目标值是衡量系统危险性、危害性，进行定性、定量评价结果的标准。若没有指标（标准），评价者将无法判定系统的危险和危害性是否符合要求，以及改善到什么程度才算系统的安全水平是可以接受的，定性、定量评价也就失去了意义。

世界上没有绝对的安全，所谓安全就是达到了可以容许的限度。当危险性、危害性降到一定程度就可以认为是安全了，而指标就是这种限度的目标值。因此，不是以危险性、危害性为0作为指标，而是根据国家的政治、经济、技术情况和对危险、危害后果，危险、危害发生的可能性（概率、频率）和安全投资水平进行综合分析、归纳和优化，从而制定一系列有针对性的危险、危害等级、指数等作为要实现的目标值。例如，部分行业的危险等级划分标准、各行业规定的千人死亡率、千人重伤率、百万吨（立方米）产量死亡率、伤害频率、伤害严重率和损失率等可作为安全指标。

由于与国际接轨的需要，在安全评价中经常采用一些外国的定量评价方法，其依据的指标反映了评价方法制定国（或公司）的经济、技术和安全水平，一般是比较先进的，若其指标低于我国的可比指标，采用时须作必要的修正。

（2）安全评价工作依据的主要法规、标准

1）《中华人民共和国安全生产法》。2002年6月29日，中华人民共和国主席第70号令公布了《中华人民共和国安全生产法》，自2002年11月1日起施行。

《中华人民共和国安全生产法》规定：“安全生产管理，坚持安全第一、预防为主的方针”；“建立、健全安全生产责任制度，完善安全生产条件，确保安全生产”；“生产经营单位的主要负责人对本单位的安全生产工作全面负责”；“依法设立的为安全生产提供技术服务的机构，依照法律、行政法规和执业准则，接受生产经营单位的委托为其安全生产工作提供技术服务”等。这是我国生产经营单位进行安全生产必须遵守的大法，也是进行安全评价的重要依据。与安全评价有关的规定有以下几种：

①依法设立的为安全生产提供服务的中介机构，依照法律、行政法规和执业准则，接受生产经营单位的委托为其安全生产工作提供技术服务。

②矿山建设项目和用于生产、储存危险物品的建设项目，应当分别按照国家有关规定进行安全条件论证和安全评价。

③生产经营单位对重大危险源，应当登记建档，进行定期检测、评估、监控，并制定应急预案，告知从业人员和相关人员在紧急情况下应采取的应急措施。

④生产经营单位应当按照国家有关规定，将本单位重大危险源及有关安全措施、应急措施报有关地方人民政府负责安全生产监督管理部门和有关部门备案。

⑤承担安全评价、认证、检测、检验的机构应当具备国家规定的资质条件，并对其作出的安全评价、认证、检测、检验的结果负责。

⑥承担安全评价、认证、检测、检验工作的机构出具虚假证明，构成犯罪的，依照刑法有关规定追究刑事责任；尚不够刑事处罚的，没收违法所得，违法所得在 5 000 元以上的，并处违法所得 2 倍以上 5 倍以下的罚款，没有违法所得或者违法所得不足 5 000 元的，单处或者并处 5 000 元以上 2 万元以下的罚款，对其直接负责的主管人员和其他直接责任人员处 5 000 元以上 5 万元以下的罚款；给他人造成损害的，与生产经营单位承担连带赔偿责任。对有前款违法行为的机构，撤销其相应资格。

2)《建设项目（工程）劳动安全卫生预评价管理办法》（劳动部第 10 号令）。本办法是依据《对预评价的概念、目的、要求、适用范围、预评价大纲和预评价报告书》（劳动部第 3 号令）的主要内容和建设单位、评价单位、设计单位在预评价工作中的职责作了明确的规定，并对各级劳动行政部门（安全生产监督管理部门）的审批权限作了说明，是具体开展预评价工作依据的法规。《关于建设项目（工程）劳动安全卫生预评价单位进行资格认可的通知》（国经贸安字［1999］500 号）、《建设项目（工程）劳动安全卫生预评价单位资格认可与管理规则》（劳动部第 11 号令）规定了从事建设项目劳动安全卫生预评价的单位（简称预评价单位）应具备的条件、申领各类预评价资格证书的方法和预评价单位的职责，是进行预评价单位资格认可和管理工作的准则。《国家发展和改革委员会国家安全生产监督管理局关于加强建设项目安全设施“三同时”工作的通知》（发改投资［2003］1346 号）要求，对矿山建设项目和生产、储存危险物品、使用危险化学品等高危险行业的建设项目以及具有较大安全风险的建设项目，建设单位在进行项目可行性研究时，应对其安全生产条件进行专门论证，委托安全评价中介机构进行安全生产评价。

3）有关安全评价方面的导则。原劳动部颁布标准《建设项目（工程）劳动安全卫生预评价导则》以技术法规的形式，规定了建设项目（工程）劳动安全卫生预评价的基本要求、预评价工作程序、预评价大纲和预评价报告书的内容及要求、评价方法的选择原则、预评价大纲和预评价报告书的格式。最近几年，国家安全生产监督管理局又先后颁布了《安全评价通则》《安全预评价导则》《安全验收评价导则》《非煤矿山安全评价导则》《危险化学品经营单位安全评价导则（试行）》《煤矿安全评价导则》等，这些导则是具体进行安全评价工作的操作依据。国家安全生产监督管理局颁布了《安全评价通则》，规定了系统、工程的安全评价的基本原则和要求、评价工作程序、评价报告书的内容及要求、评价方法的选择原则、评价报告书的格式等，是进行具体评价工作的操作依据。

4）有关安全评价方面的意见。国家安全生产监督管理局、国家煤矿安全监督局联合颁布的《关于加强安全评价机构管理的意见》，首次明确规定安全评价的主要内容为：安全评价是指运用定量或定性的方法，对建设项目或生产经营单位存在的职业危险因素和有害因素进行识别、分析和评估。安全评价包括安全预评价、安全验收评价、安全现状综合评价和专项安全评价。

5）安全评价依据的标准众多，不同行业会涉及不同的标准，难以一一列出。各类法律、法规、技术标准和规范性文件都是开展安全评价工作的依据，在编制安全评价报告中应予以引用。但是，在引用中应关注几个问题：一是引用最新版本，保证最新发布的安全法规得到及时落实；二是引用应具有针对性，报告中所引用的要列细、列全，报告中没有用到的，不应罗列；三是引用要书写完整，不得使用简略方式；四是引用基本法规和文件时，要根据评价项目的需要优先选择最具有合适性的法规；五是严禁引用废止的法规和标准。

各安全评价机构应加强对安全评价依据的收集和整理，确保安全评价依据的齐全和有效。通过在安全评价报告编制中的正确引用，克服编制报告时的照搬照抄现象，就能有效地提高安全评价报告的质量。

1.6 安全评价基本原则

安全评价关系到被评价项目能否符合国家规定的安全法律、法规，能否保障劳动者安全与健康的关键性工作。由于这项工作不但具有较复杂的技术性，而且还有很强的政策性，因此，要做好这项工作，必须以被评价项目的具体情况为基础，以国家安全法律、法规及有关技术标准为依据，用严肃科学的态度、认真负责的精神、强烈的责任感和事业心，全面、仔细、深入地开展和完成评价任务。在安全评价工作中必须始终遵循合法性、科学性、公正性和针对性原则。

(1) 合法性

安全评价是国家以法规形式确定下来的一种安全管理制度。安全评价机构和评价人员必须由国家安全生产监督管理部门予以资质核准和资格注册，只有取得了认可的单位才能依法进行安全评价工作。政策、法规、标准是安全评价的依据，政策性是安全评价工作的灵魂。所以，承担安全评价工作的单位必须在国家安全生产监督管理部门的指导、监督下严格执行国家及地方颁布的有关安全的方针、政策、法规和标准等；在具体评价过程中，全面、仔细、深入地剖析评价项目或生产经营单位在执行产业政策、安全生产和劳动保护政策等方面存在的问题，并且在评价过程中主动接受国家安全生产监督管理部门的指导、监督和检查，力争为项目决策、设计和安全运行提出符合政策、法规、标准要求的评价结论和建议，为安全生产监督管理提供科学依据。

(2) 科学性

安全评价涉及学科范围广，影响因素复杂多变。为保证安全评价能准确地反映被评价项目的客观实际和结论的正确性，在开展安全评价的全过程中，必须依据科学的方法、程序，以严谨的科学态度全面、准确、客观地进行工作，提出科学的对策措施，做出科学的结论。

危险、有害因素产生危险、危害后果需要一定条件和触发因素，要根据内在的客观规律分析危险、有害因素的种类、程度，产生的原因及出现危险、危害的条件及其后果，才能为安全评价提供可靠的依据。

但现有的评价方法均有其局限性。评价人员应全面、仔细、科学地分析各种评价方法的原理、特点、适用范围和使用条件，必要时还应用几种评价方法进行评价，进行综合分析，提高评价的准确性，避免局限和失真。评价时，切忌生搬硬套、主观臆断、以偏概全。

从收集资料、调查分析、筛选评价因子、测试取样、数据处理、模式计算和权重值的给定，直至提出对策措施、做出评价结论与建议等，每个环节都必须用科学的方法和可靠的数据，按科学的工作程序一丝不苟地完成各项工作，努力在最大限度上保证评价结论的正确性和对策措施的合理性、可行性和可靠性。

受一系列不确定因素的影响，安全评价在一定程度上存在误差。评价结果的准确性直接影响到决策的正确，安全设计的完善，运行的安全、可靠。因此，对评价结果进行验证十分重要。为不断提高安全评价的准确性，评价单位应有计划、有步骤地对同类装置、国内外的安全生产经验、相关事故案例和预防措施以及评价后的实际运行情况进行考察、分析、验证，利用建设项目建成后的事后评价进行验证，并运用统计方法对评价误差进行统计和分析，以便改进原有的评价方法和修正评价的参数，不断提高评价的准确性、科学性。

(3) 公正性

评价结论是评价项目的决策依据、设计依据、安全运行的依据，也是国家安全生产监督管理部门进行安全监督管理的执法依据。因此，对于安全评价的每一项工作都要做到客观和公正，既要防止评价人员主观因素的影响，又要排除外界因素的干扰，避免不合理、不公正。

评价的正确与否直接涉及被评价项目能否安全运行；涉及国家财产和声誉是否受到破坏和影响；涉及被评价单位的财产是否会受到损失，生产能否正常进行；涉及周围单位及居民是否受到影响；涉及被评价单位职工乃至周围居民是否安全和健康。因此，评价单位和评价人员必须严肃、认真、实事求是地进行公正的评价。

安全评价有时会涉及一些部门、集团、个人的利益。因此，在评价时，必须以国家和劳动者的利益为重，要充分考虑劳动者在劳动过程中的安全与健康，要依据有关标准、法规和经济技术的可行性提出明确的要求和建议。评价结论和建议不能模棱两可、含糊其辞。

(4) 针对性

进行安全评价时，首先应针对被评价项目的实际情况和特征收集有关资料，对系统进行全面的分析。其次要对众多的危险、有害因素及单元进行筛选，对主要的危险、有害因素及重要单元应进行有针对性的重点评价，并辅以重大事故后果和典型案例进行分析、评价。由于各种评价方法都有特定的适用范围和使用条件，要有针对性地选用评价方法。最后要从实际的经济、技术条件出发，提出有针对性的、操作性强的对策措施，对被评价项目做出客观、公正的评价结论。

1.7　安全评价规范

为了规范安全评价行为，确保安全评价的科学性、公正性和严肃性，国家安全生产监督管理部门制定发布了安全评价通则、各类安全评价的导则及主要行业部门的安全评价导则。通则和导则为安全评价活动规定了基本原则、目的、要求、程序和方法，是安全评价工作所必须遵循的指南。

我国安全评价规范体系可分为 3 个层次，一是安全评价通则，二是各类安全评价导则及行业评价导则，三是各类安全评价实施细则，如图 1—7 所示。

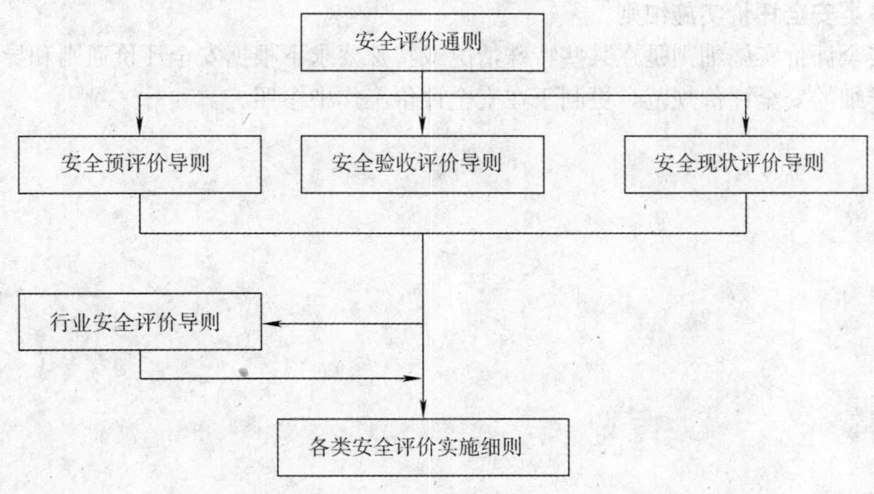

图 1—7　安全评价规范体系

(1) 安全评价通则

安全评价通则是规范安全评价工作的总纲，是安全评价活动的总体指南。它规定了所有安全评价工作的基本原则、目的、要求、程序和方法，对安全评价进行了分类和定义，对安全评价的内容、程序以及安全评价报告评审与管理程序作了原则性说明，对安全评价导则和细则的规范对象作了原则性规定，但这些原则性规定在具体实施时需要更详细的规范支持。

(2) 各类安全评价导则

各类安全评价导则是根据安全评价通则的总体要求制定的，是安全评价通则总体指南的具体化和细化。导则使细化后的规范更具有可依据性和可实施性，为安全评价提供了易于遵循的规定。

由于各类安全评价导则都是依据安全评价通则制定的，所以它们采用的格式和提出的基本要求是一致的。其内容主要包括：主题内容与适用范围，评价目的和基本原则，定义，评价内容，评价程序，评价报告主要内容，评价报告要求和格式，附件（评价所需主要资料清单、常用评价方法、评价报告封面格式、著录项格式等）。

又由于不同类型安全评价的评价对象不同，因此，导则在安全评价有关细节上各有针对自己情况的具体要求。这些具体要求的差异特别体现在定义、评价内容、评价程序、报告主要内容等方面。

目前已发布的安全评价导则，按安全评价种类划分，有安全预评价导则、安全验收评价导则、安全现状评价导则，以及专项安全评价导则。

按行业划分，有煤矿安全评价导则、非煤矿山安全评价导则、陆上石油和天然气开采业安全评价导则、危险化学品生产企业安全评价导则等。

由于不同行业的工艺、设备等各有自己的特点，也有各自不同的安全风险，因此行业安全评价导则在遵循安全评价通则总体要求和框架的基础上，在各类安全评价细节上突出了各自的行业特点和要求。这些导则为做好该行业的安全评价提供了适用指南，提供了更符合本行业特点的规范依据。

(3) 各类安全评价实施细则

各类安全评价实施细则是在某些特殊情况或特殊要求下根据安全评价通则和导则制定的内容更为详细的安全评价规范，更利于在安全评价工作中参照。

2 安全评价的发展与应用

2.1 国内外安全评价发展现状

2.1.1 国外安全评价发展现状

安全评价技术起源于20世纪30年代，是随着西方国家保险业的发展需要而发展起来的。保险公司为客户承担各种风险，必然要收取一定的费用，而收取费用的多少是由所承担的风险大小决定的，由此也就产生了一个衡量风险程度的问题。这个衡量、确定风险程度的过程实际上就是一个安全评价的过程，因此，安全评价也被称做“风险评价”。

安全评价技术在20世纪的后半叶得到很大的发展，得益于系统安全理论的完善和发展。系统安全理论首先被应用于美国军事工业。1962年4月美国公布了第一个有关系统安全的说明书《空军弹道导弹系统安全工程》，以此作为对与民兵式导弹计划有关的承包商提出的系统安全要求，这是系统安全理论的首次实际应用。1969年美国国防部批准颁布了最具有代表性的系统安全军事标准《系统安全大纲要求》（MIL－STD－822），对完成系统在安全方面的目标、计划和手段，包括设计、措施和评价，提出了涵盖系统整个生命周期的安全要求、程序和目标。此项标准于1977年修订为MIL－STD－822A，1984年又修订为MIL－STD－822B，对世界工程安全和防火领域产生了巨大影响，陆续推广到世界各国的航空、航天、核工业、石油、化工等领域，并不断发展、完善，形成了现代系统安全工程的理论、方法体系，在当今安全科学中占有非常重要的地位。

系统安全理论和技术的发展与应用，为进行事故预测、预防的系统安全评价奠定了科学的基础。安全评价的现实作用又促使许多国家政府、工商业集团加强对安全评价的研究，开发自己的评价方法，对系统进行事先、事后的评价，分析、预测系统的安全可靠性，努力避免不必要的损失。

1964年美国道（DOW）化学公司根据化工生产的特点，首先开发出“火灾、爆炸危险指数评价法”，用于对化工装置进行安全评价。该评价方法几十年来已经多次进行修订、补充和完善。它是以单元重要危险物质在标准状态下的火灾、爆炸或释放出危险性潜在能量大小为基础，同时考虑工艺过程的危险性，计算单元火灾爆炸指数（F&EI），确定危险等级，并提出安全对策措施，使危险降低到人们可以接受的程度。1974年英国帝国化学公司（ICI）蒙德（Mond）部在道化学公司评价方法的基础上引入了毒性概念，并发展了某些补偿系数，提出了“蒙德火灾、爆炸、毒性指标评价法”。1974年美国原子能委员会在没有核电站事故先例的情况下，应用系统安全工程分析方法，提出了著名的《核电站风险报告》（WASH－1400），并被以后发生的核电站事故所证实。1976年日本劳动省颁布了“化工厂安全评价六阶段法”，确定了一种安全评价的模式，并陆续开发了四田法等评价方法。由于安全评价技术的发展，安全评价已在现代企业管理中占有优先的地位。

由于安全评价在预防事故，特别是重大恶性事故方面取得的巨大效益，许多国家政府和生产经营单位投入巨额资金进行安全评价，美国原子能委员会1974年发表的《核电站风险报告》，就用了70人/年的工作量，耗资300万美元，相当于建造一座1 000兆瓦核电站投资的1%。

20世纪70年代以后，世界范围内发生了许多震惊世界的火灾、爆炸、有毒物质的泄漏事故。例如，1974年，英国夫利克斯斯保罗化工厂发生的环己烷蒸气爆炸事故，死亡29人、受伤109人，直接经济损失达700万美元；1978年，西班牙巴塞罗那市和巴伦西亚市之间的通道上，一辆满载丙烷的槽车因充装过量发生爆炸，烈火浓烟造成150人被烧死、120多人烧伤、100多辆汽车和14幢建筑物被烧毁；1984年12月3日凌晨，印度博帕尔农药厂发生一起甲基异氰酸酯泄漏的恶性中毒事故，有2 500多人中毒死亡，20余万人中毒，是世界上绝无仅有的大惨案；1988年，英国北海石油平台因天然气泄漏致使压缩间发生大爆炸，在平台上工作的230余名工作人员只有67人幸免于难。

恶性事故造成的人员严重伤亡和巨大的财产损失，促使各国政府、议会立法或颁布法令，规定工程项目、技术开发项目必须强化安全管理，降低安全风险程度。日本《劳动安全卫生法》规定，由劳动基准监督署对建设项目实行事先审查和许可证制度；美国对重要工程项目的竣工、投产都要求进行安全评价；英国政府规定，凡未进行安全评价的新建项目不准开工；欧共体（现欧盟）1982年颁布《关于工业活动中重大危险源的指令》，欧共体成员国陆续制定了相应的法律；国际劳工组织（ILO）也先后公布了《重大事故控制指南》（1988年）、《重大工业事故预防实用规程》（1990年）和《工作中安全使用化学品实用规程》（1992年），其中对安全评价均提出了要求。2002年欧盟未来化学品白皮书中，明确危险化学品的登记及风险评价，作为政府的强制性指令。当前，大多数工业发达国家已将安全评价作为工厂设计和选址、系统设计、工艺过程、事故预防措施及制订应急计划的重要依据。

近年来，随着信息处理技术、数字化技术和事故预防技术的进步，还开发出了包括危险辨识、事故后果模型、事故频率分析、综合危险定量分析等内容的商用化安全评价计算机软件，计算机技术的广泛应用又促进了安全评价向更深层次发展。

2.1.2 国内安全评价发展现状

“安全第一，预防为主”是《中华人民共和国安全生产法》确定的我国安全生产工作基本方针。这一方针的确立是经过我国从事安全生产工作几代人的共同努力，总结了大量伤亡事故的原因、经验教训，通过科学探索得出的结论。生产必须安全，安全只有预防，依法进行安全评价就是预防为主的具体体现。

我国的安全评价工作，大致经历了以下3个发展阶段。

(1) 探索阶段

20世纪70年代末，我国的一些学者开始运用现代安全管理思想，借鉴国外的安全评价经验，探索性地应用了一些安全评价、风险评估的方法，如安全检查表（SCL)、事故树分析（FTA)、故障类型及影响分析（FMFA)、事件树分析（ETA)、预先危险性分析

(PHA)、危险与可操作性研究（HAZOP)、作业条件危险性评价（LEC）等，这些方法被应用到企业安全生产管理中，取得了一定成效。

(2) 起步阶段

1988年，劳动部首次对建设项目提出了进行职业安全卫生评价的要求；1996年，又具体规定了6类建设项目必须进行劳动安全卫生预评价。1999年，国家经贸委发出了《关于对建设项目（工程）劳动安全卫生预评价单位进行资格认可的通知》，国家开始了对安全评价机构资质的依法监管。2002年颁布实施的《危险化学品安全管理条例》，提出了“生产、储存、使用剧毒化学品的单位，应当对本单位的生产、储存装置每年进行一次安全评价；生产、储存、使用其他危险化学品的单位，应当对本单位的生产、储存装置每两年进行一次安全评价”的要求；同年颁布实施的《中华人民共和国安全生产法》，规定生产经营单位的建设项目必须实施“三同时”，同时还规定矿山建设项目和用于生产、储存危险物品的建设项目应进行安全条件论证和安全评价。2002年，国家安全生产监督管理局发布了《关于加强安全评价机构管理的意见》，全面开展了安全评价机构的资质许可工作，进一步推动了这方面的工作。

(3) 发展规范阶段

2003年以后，在国务院的统一领导下，在各部门、各单位以及社会各方面的共同努力下，安全评价工作得到了快速发展。安全评价工作的相关法律、法规和技术标准相继颁布，安全评价机构和安全评价人员的监管制度不断完善，安全评价队伍不断壮大，评价质量不断提高。

当前，随着《安全生产法》《危险化学品安全管理条例》《安全生产许可证条例》《安全评价通则》《安全预评价导则》《安全验收评价导则》《安全现状评价导则》《安全评价机构管理规定》《安全评价人员考试管理办法（试行）》《安全评价人员考试要点（试行）》《安全评价人员资格登记管理规则》等一系列相关法律、法规和技术标准的相继颁布实施，安全评价工作迅速迈入法制化、规范化管理的轨道。

与此同时，安全评价队伍粗具规模。截至2007年9月，全国从事安全评价工作的人员已达5万人，形成了一支较为稳定的技术服务队伍，这些从业人员分布于我国31个省、自治区、直辖市，基本覆盖了国民经济各领域，他们为安全生产提供了强有力的技术支持服务。2007年11月，劳动和社会保障部又组织有关专家制定了安全评价师的国家职业标准，对安全评价职业的活动范围、工作内容、能力要求和知识水平都作了明确规定。安全评价工作的正式职业化，对于提高安全评价人员的能力和素质，规范安全评价工作，提高安全评价质量，切实保障公共安全、人身健康和生命财产安全，必将产生积极的推动作用。

20多年来，我国的安全评价从无到有、从小到大，其间经历了曲曲折折。安全评价在发展过程中，吸取了环境影响评价、管理体系认证等其他类似工作的很多经验、教训。国家安全生产监督管理局已将安全评价体系作为安全生产6大技术支撑体系之一，安全评价体系将为保障我国的安全生产工作发挥巨大的作用。实践证明，安全评价不仅能有效地提高企业和生产设备的本质安全程度，而且可以为各级安全生产监督管理部门的决策和监督检查提供有力的技术支撑。

2.2 安全评价在各个行业中的应用

2.2.1 安全评价在煤矿企业中的应用

(1) 国外煤矿企业安全评价现状

1974 年由英国化工协会制定的优良可劣评价法开始对煤矿企业安全状况进行评价，并制定了《企业安全活动评价标准》，把煤矿的组织管理、安全操作规程、工作人员选用、灾害事故处理计划等生产活动定性地划分为优、良、可、劣四个等级，依据被评价矿井生产现状做出定性的评价。

1976 年在日本隧道工程安全评价中使用的矿山工程安全评价方法开始在煤矿企业中应用并得到了发展。矿山工程安全评价方法是对各主要危险源分别给出不同的评价函数，根据情况确定评价函数中评价因子的取值，然后计算评价函数的函数值，最后根据函数值的大小进行危险分级，并采取适当的防范措施。该方法把煤矿中瓦斯、水、火和顶板作为评价指标，建立瓦斯爆炸评价函数、水灾评价函数、火灾评价函数和冒顶评价函数，根据 4 个评价函数的得分，并对照危险性分级表确定矿井的危险等级。

1977 年美国颁布《联邦矿山安全与健康法》，内容以“井下煤矿法定安全暂行标准使用范围”为主，包括了煤矿的详细检查标准：从设计到施工、从开工到报废、从地面到井下、采煤、掘进、通风、瓦斯、煤尘、防火、治水和环保等。此外，各州政府还根据各自情况，制定本州的法规，作为补充，加强了对煤矿的检查力度。法制化的轨道，使煤矿安全状况明显改善，进入 20 世纪 90 年代，煤矿事故继续减少，并保持世界较好水平。

欧共体 1982 年颁布《关于工业活动中重大危险源的指令》，欧共体成员国陆续制定了相应的法律；国际劳工组织也先后公布了 1988 年的《重大事故控制指南》、1990 年的《重大工业事故预防实用规程》，这些法规都对安全评价提出了严格的要求。

随着现代科技的迅速发展，特别是数学方法和计算机科学技术的发展，以模糊数学为基础的安全评价方法得到了发展和投入应用，并拓展了原有的方法和应用范围，如模糊故障树分析、模糊概率法等。例如，应用计算机专家系统、决策支持系统、人工神经网络技术，对生产系统进行实时、动态的安全评价等。

目前国外煤炭工业安全评价领域，具体的研究和应用主要集中在以下几个方面：

1）矿山安全评价主要以概率风险评价为基础。就是把矿井生产系统中隐患导致事故的概率与隐患造成损害的乘积作为系统状态的危险度，隐患发生的概率和造成的损害经过统计数据获得。

2）在伤亡事故统计方面，建立了包括损失时间、职业病、死亡、重伤、轻伤以及与其他因素相关的工伤数据库等。

3）数据库与计算机技术在生产系统安全评价工作中得到较大范围的推广和应用。

4）在安全评价的系统理论和方法发展的同时，局部关键技术开发得到了足够重视。如在可靠性理论研究过程中研究了系统及元件失效概率的估计问题，以及可提供系统安全性评价借鉴的概率估计方法。

(2) 国内煤矿企业安全评价现状

煤炭工业的安全管理和评价研究与其他行业相比，时间上几乎同步，但研究的规模、深度要落后于原机械电子工业部、建设部与劳动部门。1982 年，煤炭工业部制定颁发了《矿井通风质量标准及检查评定办法》，作为矿井通风安全管理部门的检查标准；1986 年，煤炭工业部制定了《生产矿井质量标准化标准》，作为行业标准实行。

1997 年以后，各级煤矿安全监察机构开始对全国范围内的煤矿进行安全评价工作。国务院机构改革后，国家安全生产监督管理局重申要继续做好建设项目安全预评价、安全验收评价、安全现状评价及专项安全评价。

2003 年，国家煤矿安全监察局在全国范围内开展安全现状评价工作，并印发了《安全现状评价导则》，要求各省级安全监察局组织本省内各类煤矿开展安全评价工作，并对安全评价进行监督和管理。2004 年，全国有 83.4%的煤矿开展了安全现状综合评价。

目前对煤矿的安全评价大多数是现状评价，即对煤矿现有的生产条件和管理水平进行评价，检查其是否达到安全生产所必需的安全条件。煤矿安全评价全部是由具有资质的中介评价机构来做。但是由于我国煤矿安全评价工作才刚刚起步，没有大量的实验结果和广泛的事故统计资料，因此，现在的煤矿安全评价都是根据经验和直观判断能力，对煤矿生产系统的工艺、设备、设施、环境、人员和管理等方面的状况进行定性分析，得到的评价结果也是一些定性的指标，随意性较大。煤矿安全评价所采用的评价方法也较单一，主要采用安全检查表方法进行评价。煤矿安全评价检查的标准依据是《安全生产法》《煤矿安全规程》《煤矿操作规程》和一些技术上的标准等。首先，对煤矿现有的资料进行检查；其次，对煤矿提供的资料进行实地核查。二者综合给出评价结论，即所评价煤矿是否具备安全生产所必要的生产条件。只有安全评价结论为合格的煤矿才能领到安全生产许可证。

该方法要求数据准确、充分，分析完整，判断和假设合理，并能准确地描述系统中的不确定性。对于煤炭行业，由于其系统复杂，其中的不确定因素多，且各种因素状态不明确，对系统进行完整的分解比较困难，因此使用这种方法时受到相当程度的限制。

随着安全生产法制建设的不断深入，煤矿安全评价工作将逐步得到普及和完善。开展煤矿安全评价，可以扭转煤矿安全生产的被动局面，使煤矿安全管理工作科学化、制度化、规范化，是实现煤矿安全生产的必由之路。

2.2.2 安全评价在非煤矿山企业中的应用

我国在 1996 年 10 月 17 日颁布的《建设项目（工程）劳动安全卫生监察规定》（劳动部令第 3 号）中首次规定 6 类建设项目必须进行安全卫生预评价；《中华人民共和国安全生产法》第 25 条规定，矿山建设项目和用于生产、储存危险品的建设项目，应当分别按照国家有关规定进行安全条件论证和安全评价；《安全生产许可证条例》第 6 条规定，企业取得安全生产许可证，应当具备的安全生产条件之一是依法进行安全评价；《非煤矿山企业安全生产许可证实施办法》第 5 条规定，非煤矿山企业取得安全生产许可证，应当具备的安全生产条件之一是依法进行安全评价；国家安全生产监督管理局先后颁布了《安全评价通则》《非煤矿山安全评价导则》《安全评级机构管理规定》等文件，以规范安全评价行为；在修订的技术标准中，如《尾矿库安全技术规程》，也将安全评价作为重要内容和强制性条款。从近几年国家颁布的法律法规及标准可明显看出，安全评价被赋予有力的法律法规依据支撑，安全评价作为非煤矿山建设项目（工程）和生产准入的前置条件之一，是政府实施安全监管和决策的科学依据。

根据多年的实践和总结，非煤矿山安全评价的方法主要有以下几种：

（1）安全检查表法（SCL）

该方法是将一系列项目列成检查表进行分析，以确定系统的状态，定性地对系统进行综合评价。该方法在安全验收评价和现状综合安全评价中较常用，是非煤矿山在安全管理和监督检查中常用的方法。

（2）工程类比法（PET）

该方法是已知两个类似的不同对象之间的互相联系规律，用其中一个对象的发展规模来预测另一个对象的发展，经调查研究、资料收集、现场测试、分析比较，运用类推原理来预测评价对象的劳动安全状况及可能存在的问题，在安全评价的4种类型中常被应用。

（3）专家评议法

该方法是一种吸收各专业的技术专家参加，根据系统的过去、现在和发展趋势3种时态进行积极的创造思维活动，对系统的未来进行综合分析评价，在安全评价的4种类型中常被应用。

（4）事故树分析法（FTA）

该方法是对系统的危险性进行识别，具有定性分析和定量分析功能，是安全分析评价和事故预测的一种先进科学方法，在安全评价的4种类型中常被应用。

（5）作业条件危险性评价法（LEC）

该方法常用于非煤矿山人员经常出入的采场、爆破和炸药库等评价系统。

（6）工程岩体稳定性分析法

该方法是采用安全评价软件作为手段和工具，用定性描述和定量评价相结合的方法，判断系统的危险程度。适用于非煤矿山安全评价的各个阶段，包括非煤矿山的边坡、排土场、尾矿库、采空区等系统的安全评价。

（7）机械工厂安全性评价法

该方法是我国引进和学习外国安全系统工程和安全管理方法后在企业应用的安全评价方法，对设备集中的企业开展安全性评价，不仅可以提高安全管理水平和安全程度，而且还可以有效地控制伤亡事故和职业病。非煤矿山的选矿厂、炸药厂和机修加工车间的情况与机械工厂类似，存在设备多、作业分散的特点，可以采用机械工厂安全性评价方法进行安全评价。

（8）故障类型及影响分析方法（FEMA）

该方法是安全系统工程用于识别危险的分析方法之一，在设计阶段对系统的各个组成部分进行归纳、定性的分析，找出可能产生的故障及其类型，判明故障严重程度，为采取相应的安全对策措施和安全评价提供依据。该方法适用于对机械设备较多或工艺过程较复杂的系统进行安全评价。

除以上几种主要的安全评价方法以外，日本劳动省化工厂安全定量评价法（JL－CSQA）、美国道化学公司火灾爆炸危险指数评价法（DOW’S－F&EI）、危险化学品评价参数（HCAF）等安全评价方法，同样适用于非煤矿山中爆破系统、炸药库系统和高含硫矿床的安全评价。

2.2.3 安全评价在石油化工企业中的应用

随着石油化工企业的发展，大量易燃、易爆、有毒、有害、有腐蚀性等的危险化学品不断问世，它们作为工业生产的原料或产品出现在生产、加工处理、储存、运输、经营过程中。化学品的固有危险性给人类的生存带来了极大的威胁。

自20世纪60年代初期以来，世界石油化工行业的安全评价经历了不断实践、不断完善的发展过程，实现了由定性评价向定量评价、由对单一的装置评价向系统综合性评价的扩展，目前已经进入到全面发展和广泛应用的阶段。

(1) 国际石油化工行业安全评价的发展状况

20世纪60年代初期，安全性分析方法在美国航空、航天工业领域应用之后，很快受到欧美等国石油化工企业的重视，并积极开发适用于石油化工行业特点的评价方法。到了70年代，世界石油化工迅速发展，相应储存的易燃易爆、有毒有害物质的数量和品种成倍增加，特别是由于对新工艺、新技术等的危险性认识不足，安全设计不完善等，导致了事故不断发生。企业积极寻求控制和消除事故隐患、预防事故的有效方法，从而为安全评价的进一步开发和应用提供了机遇。随后，安全评价又经历了80年代的提高阶段、90年代的全面发展阶段。当前，石油化工行业安全评价已经进入了全面发展和广泛应用的阶段，应用的方法更趋成熟和完善。主要应用的方法如下。

1）美国道化学公司的“火灾、爆炸危险指数评价法”，简称道氏危险指数法。该法自1964年第一版公布至今的30余年间，先后修改了6次，近期已发表了第七版。

2）英国帝国化学公司在道氏危险指数法的基础上，扩充了有毒有害物质的内容，提出了蒙德危险指数法。该公司又于1973年开发了“危险性和可接受操作”（HAZOP）研究。

3）美国杜邦公司开发的故障假设分析法（what...if）。

4）日本在1976年先后两次补充了道氏危险指数法，定名为匹田法和冈山法。在同年12月劳动省又颁布了适用于新建、改建化工装置的“化工厂安全评价指南”，俗称“化工厂安全评价六段法”。这是国际上第一部，也是迄今为止为数不多的由政府颁布的评价方法。近年来，日本石油化工企业开展的安全评价形式也有所变化，即以开展安全诊断为主，按照事先编制的检查表由车间进行自检。

国际劳工组织（ILO）于1993年通过了《预防重大工业事故》公约和建议书，该公约和建议书为建立国家重大危险源控制系统奠定了基础。欧共体于1982年6月颁布了《工业活动中重大事故危险法令》（82/501/EEC），即《塞维索法令》。该法令列出了180种危险化学品物质及其临界量标准。

国际上石油化工行业安全评价不仅用于在役装置的安全性分析上，同时也广泛应用在石油化工装置工程建设的各个阶段。例如可行性研究和设计各个阶段的安全审查、竣工验收和开工准备阶段的安全性确认等方面，并逐步延伸到编制安全操作规程和事故应急处理手册等文件。随着人们对评价认识的不断加深，安全评价应用的领域也在不断地拓宽，同时也为石油化工的安全管理进入“工艺过程安全管理”提供了条件。

(2) 国内石油化工安全评价状况

国务院曾于1987年发布了《化学危险物品安全管理条例》(简称"87"条例),但该条例已不适应现代经济的发展,具有很大局限性,而《危险化学品安全管理条例》(344号令,简称新《条例》)的发布与实施为当前危险化学品的安全管理提供了坚实的法律依据,它集中体现了国际社会有关化学品安全管理的170号公约。《危险化学品安全管理条例》中有三个条款规定了安全评价。其中第9条和第11条是对危险化学品生产、储存企业的审批前安全评价的规定。第9条所指为新建项目(工程)的安全预评价,第11条所指为改建、扩建项目(工程)的安全预评价。第17条是对危险化学品生产、储存在役装置定期安全评价的规定:"生产、储存、使用剧毒化学品的单位,应当对本单位的生产、储存装置每年进行一次安全评价;生产、储存、使用其他化学品的单位,应当对本单位的生产、储存装置每两年进行一次安全评价。"可见,安全评价贯穿整个生产过程,不仅要"预评价",而且还要定期进行在役装置评价。

20世纪90年代初,我国开始重视对重大危险源的评价和控制,"重大危险源评价和宏观控制技术研究"列入国家"八五"科技攻关项目。该课题提出了重大危险源的控制思想和评价方法,为我国开展重大危险源的普查、评价、分级监控和管理提供了良好的技术依托。国家经贸委安全科学技术研究中心提出了我国重大危险源辨识标准《危险化学品重大危险源辨识》(GB 18218—2009),辨识重大危险源的出发点仍旧采用了物质的危险性及其数量。该标准提供了爆炸性化学物质名称及其临界量、易燃化学物质名称及其临界量、活性化学物质名称及其临界量和毒性化学物质名称及其临界量4个表格。

2.2.4 安全评价在建筑企业中的应用

建筑业是国民经济重要的物质生产部门和快速成长的支柱产业。建筑产品的固有特性,决定了建筑施工企业的生产过程具有流动性大、劳动力密集、多工种交叉流水作业、手工操作多、劳动强度大、露天高处作业以及作业环境复杂多变等特点。这些特点决定了建筑施工的安全难度大,潜在的不安全因素多。

进入20世纪90年代,我国兴建了大量高层、超高层以及复杂体系结构建筑。由于一般施工场地都很狭小、工期紧迫,主体、安装、装饰交叉施工多,施工生产不安全因素也相应增多,较易出现伤亡事故。在我国,建筑行业安全事故在各行业事故中居第三位,排在交通、矿山行业之后,是事故多发行业。因此,强化建筑行业安全生产管理是当前必须严肃认真对待的重要问题。

目前,国内还没有针对建筑行业的安全评价导则。通常所说的建筑安全评价是指对施工企业安全生产能力的评价,对安全设施、安全管理体系等进行评分。对施工企业进行安全生产评价就是结合建筑行业的特点,依据国家现行有效的、与建筑业安全生产相关的法律、法规、标准和规范,全面评价企业安全生产管理文件的制定和企业制度的建立健全、企业安全生产过程的控制和监测,验证企业是否落实已确立的文件,是否坚持制度的执行。通过评价,分析企业在安全生产方面遵纪守法、资源配置、职责权限、相关人员的意识能力是否满足安全生产的需要;通过评价,确认企业是否对危险、有害因素进行了辨识和风险评价,是否采取了相应的对策措施;通过评价,验证企业在预防、纠正、应急预案等方面的业绩和持续改进的成效。

对施工企业进行的安全生产评价，主要是从企业安全生产条件和安全生产业绩两大方面对安全生产能力进行综合评价，判断企业安全生产管理体系实施的有效性。具体评价内容如下：

(1) 建筑企业安全生产条件评价

安全生产条件评价应主要从安全生产管理制度，资质、机构与人员管理，安全技术管理，设备与设施管理 4 个方面来确认建筑企业是否具备必要的安全生产条件。其中，安全生产管理制度分项主要从安全生产责任制度、安全生产资金保障制度、安全教育培训记录、安全检查制度、生产安全事故报告制度 5 个方面进行评价；资质、机构与人员管理分项主要从企业资质和从业人员资格、安全生产管理机构、分包单位资质和人员资格管理、供应单位管理 4 个方面进行评价；安全技术管理分项主要从危险控制、施工组织设计（方案）、专项安全技术方案、安全技术交底、安全技术标准、规范和操作规程、安全设备和工艺的选用 6 个方面进行评价；设备与设施管理分项主要从设备安全管理、大型设备装拆安全控制、安全设施和防护管理、特种设备管理、安全检查测试工具管理 5 个方面进行评价。

(2) 建筑企业安全生产业绩评价

安全生产业绩评价应主要评价安全生产事故控制、安全生产奖罚、项目施工安全检查、安全生产管理体系推行 4 个方面的相关记录或有效证明材料。

我国自 2002 年 1 月 1 日起实施对建筑物体的地震安全性评价《地震安全性评价管理条例》(国务院令第 323 号)。重大建设工程和可能发生严重次生灾害的建设工程，以及核电站和核设施工程等，都必须进行地震安全性评价，并根据地震安全性评价结果，确定建筑物的抗震设防要求。在建筑施工领域，进行安全评价应用最广泛的是安全检查表法。

2.2.5 安全评价在烟花爆竹企业中的应用

千百年来人们一直喜欢在婚礼、节日、祭祀场所燃放烟花爆竹，以此来表达情感。古老的文明传统和广阔的市场需求，赋予了烟花爆竹强大的生命力和悠久的生产历史，应该说烟花爆竹的产生、存在和发展是有着深远的历史背景的。其作为中华民族传统文化的一部分，应该得到发扬和光大。然而这一璀璨的艺术在给人们带去无限欢乐的同时，也给人们带来惊心动魄的伤害，生产中的不慎带来严重的人身伤亡，储运中的不慎酿成重大事故，燃放中的不慎造成重大火灾事故，尤其在生产过程中，屡屡有重大事故现于报端，给人民的生命财产造成严重损失，对社会稳定造成不良影响。如果不能有效地加强烟花爆竹行业的安全生产管理工作，将严重地制约该行业的生存和发展。

烟花爆竹行业安全评价的定义就是应用安全系统工程原理和方法，对特定烟花爆竹生产企业存在的危险、有害因素进行识别，分析烟花爆竹生产企业发生事故和职业危害的可能性及其严重程度，判断烟花爆竹生产企业安全生产条件符合有关法律法规、国家标准和行业标准的程度。

由于烟花爆竹生产企业多为手工操作，有许多问题尚待解决，对于它的安全性评价研究，国内还处于探索阶段。目前，烟花爆竹企业安全评价的方法主要有以下两种：

（1）安全检查表法

《烟花爆竹生产企业安全评价导则》中选用的是安全检查表法，表中所列项目是衡量企业是否符合安全生产条件的唯一判据。因此，许多评价机构和企业重点关注的是查找出不符合项，有的评价报告中也只采用这一种评价方法，而没有深入细致地去分析预测危险有害因素，这既导致评价水平不高，也达不到安全评价的目的。安全评价的目的是查找、分析和预测工程系统存在的危险、有害因素及可能导致的危险、危害后果的程度，提出合理可行的安全对策措施，指导危险源监控和事故预防，以达到最低事故率、最少损失和最优的安全投资效益。

（2）事故后果模拟分析法

有的评价报告中采用了事故后果模拟分析法，即用爆炸冲击波超压伤害模型来计算冲击波伤害分区和建筑物破坏分区。计算过程一般是根据爆炸反应方程式计算爆热，然后将爆热值换算成 TNT 当量，再计算出空气冲击波波阵面超压，因冲击波超压同人员损伤程度和建筑物破坏程度有着对应关系，从而可计算出人员伤害半径和建筑物损害半径。但一些报告中爆热采用的是理论计算值，算出的伤害半径偏高，则危害程度被加大。实际上，比如分析成品仓库，烟火药剂爆炸释放的总热量只有部分用于冲击波的形成和传播，还有部分用于纸壳的变形、破坏以及纸片和爆轰产物的飞散上。因此，如果按总能量的 50%来换算成 TNT 当量，再计算冲击波的超压，就会更接近实际。

3 安全评价原理

虽然安全评价的应用领域宽广，评价的方法和手段众多，而且评价对象的属性、特征及事件的随机性千变万化，各不相同，但究其思维方式却是一致的。将安全评价的思维方式和依据的理论统称为安全评价原理。常用的安全评价原理有相关性原理、类推原理、惯性原理和量变到质变原理等。

3.1 相关性原理

相关性是指一个系统的属性、特征与事故和职业危害存在着因果的相关性，这是系统因果评价方法的理论基础。

(1) 系统的基本特征

安全评价把研究的所有对象都视为系统。系统是指为实现一定的目标，由多种彼此有机联系的要素组成的整体。系统有大有小，千差万别，但所有的系统都具有以下普遍的基本特征：

1) 目的性。任何系统都具有目的性，要实现一定的目标（功能）。

2) 集合性。指一个系统是由若干个元素组成的一个系统整体，或是由各层次的要素（子系统、单元、元素集）集合组成的一个系统整体。

3) 相关性。即一个系统内部各要素（或元素）之间存在着相互影响、相互作用、相互依赖的有机联系，通过综合协调，实现系统的整体功能。在相关关系中，二元关系是基本关系，其他复杂的相关关系都是在二元关系基础上发展起来的。

4) 阶层性。在大多数系统中，存在着多阶层性，各个阶段相互作用，相互影响、制约，形成一个系统整体。

5) 整体性。系统的要素集、相关关系集、各阶层构成了系统的整体。

6) 适应性。系统对外部环境的变化有着一定的适应性。

每个系统都有着自身的总目标，而构成系统的所有子系统、单元都为实现这一总目标而实现各自的分目标。如何使这些目标达到最佳，这就是系统工程要研究解决的问题。

系统的整体目标（功能）是由组成系统的各子系统、单元综合发挥作用的结果。因此，不仅系统与子系统、子系统与单元有着密切的关系，而且各子系统之间、各单元之间、各元素之间也都存在着密切的相关关系。所以，在评价过程中只有找出这种相关关系，并建立相关模型，才能正确地对系统的安全性作出评价。

系统的结构可用下列公式表达：

$$E=\max f(X, R, C) \tag{3-1}$$

式中 E——最优结合效果；

X——系统组成的要素集，即组成系统的所有元素；

R——系统组成要素的相关关系集，即系统各元素之间的所有相关关系；

C——系统组成的要素及其相关关系在各阶层上可能的分布形式；

f——*X*、*R*、*C* 的结合效果函数。

对系统的要素集（*X*）、关系集（*R*）和层次分布形式（*C*）的分析，可阐明系统整体的性质。只有使上述三者达到最优结合，才能产生最优的结合效果 *E*。

对系统进行安全评价，就是要寻求 *X*、*R* 和 *C* 的最合理的结合形式，即具有最优结合效果 *E* 的系统结构形式在对应系统目标集和环境因素约束集的条件下，给出最安全的系统结合方式。例如，一个生产系统一般是由若干生产装置、物料、人员（*X* 集）集合组成的；其工艺过程是在人、机、物料、作业环境结合过程（人控制的物理、化学过程）中进行的（*R* 集）；生产设备的可靠性、人的行为的安全性、安全管理的有效性等因素层次上存在各种分布关系（*C* 集）。安全评价的目的，就是寻求系统在最佳生产（运行）状态下的最安全的有机结合。

因此，在评价之前要研究与系统安全有关的系统组成要素、要素之间的相关关系，以及它们在系统各层次的分布情况。例如，要调查、研究构成工厂的所有要素（人、机、物料、环境等），明确它们之间存在的相互影响、相互作用、相互制约的关系和这些关系在系统的不同层次中的不同表现形式等。

要对系统作出准确的安全评价，必须对要素之间及要素与系统之间的相关形式和相关程度给出量的概念。这就需要明确哪个要素对系统有影响，是直接影响还是间接影响；哪个要素对系统影响大，大到什么程度，彼此是线性相关，还是指数相关等。要做到这一点，就要求在分析大量生产运行、事故统计资料的基础上，得出相关的数学模型，以便建立合理的安全评价数学模型。例如，用加权平均法对生产经营单位进行安全评价，确定各子系统安全评价的权重系数，实际上就是确定生产经营单位整体与各子系统之间的相关系数；这种权重系数代表了各子系统的安全状况对生产经营单位整体安全状况的影响大小，也代表了各子系统的危险性在生产经营单位整体危险性中的比重；一般来说，权重系数都是通过大量事故统计资料的分析，权衡事故发生的可能性大小和事故损失的严重程度而确定下来的。

(2) 因果关系

有因才有果，这是事物发展变化的规律。事物的原因和结果之间存在着类似函数一样的密切关系。若研究、分析各个系统之间的依存关系和影响程度就可以探求其变化的特征和规律，并可以预测其未来状态的发展变化趋势。

事故和导致事故发生的各种原因（危险因素）之间存在着相关关系，表现为依存关系和因果关系；危险因素是原因，事故是结果，事故的发生是由许多因素综合作用的结果。分析各因素的特征、变化规律、影响事故发生和事故后果的程度以及从原因到结果的途径，揭示其内在联系和相关程度，才能在评价中得出正确的分析结论，采取恰当的对策措施。例如，可燃气体泄漏爆炸事故是由可燃气体泄漏、与空气混合达到爆炸极限和存在引燃能源 3 个因素综合作用的结果，而这 3 个因素又是设计失误、设备故障、安全装置失效、操作失误、环境不良、管理不当等一系列因素造成的，爆炸后果的严重程度又和可燃气体的性质（闪点、燃点、燃烧速度、燃烧热值等）、可燃性气体的爆炸量及空间密闭程度等因素有着密切的关系，在评价中需要分析这些因素的因果关系和相互影响程度，并定量地加以评述。

事故的因果关系是：事故的发生有其原因因素，而且往往不是由单一原因因素造成的，而是由若干个原因因素耦合在一起，当出现符合事故发生的充分与必要条件时，事故就必然会立即爆发；多一个原因因素不需要，少一个原因因素事故就不会发生。而每一个原因因素又由若干个二次原因因素构成；依此类推三次原因因素……

消除一次，或二次，或三次……原因因素，破坏发生事故的充分与必要条件，事故就不会产生，这就是采取技术、管理、教育等方面的安全对策措施的理论依据。

在评价系统中，找出事故发展过程中的相互关系，借鉴历史、同类情况的数据、典型案例等，建立起接近真实情况的数学模型，则评价会取得较好的效果，而且越接近真实情况，效果越好，评价得越准确。

3.2 类推原理

“类推”亦称“类比”。类推推理是人们经常使用的一种逻辑思维方法，常用来作为推出一种新知识的方法。它是根据两个或两类对象之间存在着某些相同或相似的属性，从一个已知对象具有某个属性来推出另一个对象具有此种属性的一种推理。它在人们认识世界和改造世界的活动中，有着非常重要的作用，在安全生产、安全评价中同样也有着特殊的意义和重要的作用。

其基本模式为：

若 A、B 表示两个不同的对象，A 有属性 P_1，P_2，…，P_m，P_n，B 有属性 P_1，P_2，…，P_m，则对象 A 与 B 的推理可用如下公式表示：

$$A\text{有属性}P_1,\ P_2,\ \cdots,\ P_m,\ P_n;$$

$$B\text{有属性}P_1,\ P_2,\ \cdots,\ P_m; \tag{3-2}$$

所以，B 也有属性 P_n（$n>m$）

类比推理的结论是必然性的，所以，应用时要注意提高其结论可靠性。具体方法有：

（1）要尽量多地列举两个或两类对象所共有或共缺的属性。

（2）两个类比对象所共有或共缺的属性越本质，则推出的结论越可靠。

（3）两个类比对象共有或共缺的对象与类推的属性之间具有本质和必然的联系，则推出结论的可靠性就高。

类比推理常常被人们用来类比同类装置或类似装置的职业安全的经验、教训，采取相应的对策措施防患于未然，实现安全生产。

类推评价法是经常使用的一种安全评价方法。它不仅可以由一种现象推算另一种现象，还可以依据已掌握的实际统计资料，采用科学的估计推算方法来推算得到基本符合实际的所需资料，以弥补调查统计资料的不足，供分析研究用。

类推评价法的种类及其应用领域取决于评价对象事件与先导事件之间联系的性质。若这种联系可用数字表示，则称为定量类推；如果这种联系关系只能定性处理，则称为定性类推。常用的类推方法有如下几种：

(1) 平衡推算法

平衡推算法指根据相互依存的平衡关系来推算所缺的有关指标的方法。例如，利用海因利希关于重伤、死亡、轻伤及无伤害事故比例 1∶29∶300 的规律，在已知重伤死亡数据的情况下，可推算出轻伤和无伤害事故数据；利用事故的直接经济损失与间接经济损失的比例为 1∶4 的关系，根据直接损失推算间接损失和事故总经济损失；利用爆炸破坏情况推算离爆炸中心多远处的冲击波超压（ΔP，MPa）或爆炸坑（漏斗）的大小，来推算爆炸物的 TNT 当量。这些都是一种平衡推算法的应用。

(2) 代替推算法

代替推算法指利用具有密切联系（或相似）的有关资料、数据，来代替所缺资料、数据的方法。例如，对新建装置的安全预评价，可使用与其类似的已有装置资料、数据对其进行评价；在职业卫生的评价中，人们常常类比同类或类似装置的工业卫生检测数据进行评价。

(3) 因素推算法

因素推算法指根据指标之间的联系，从已知因素的数据推算有关未知指标数据的方法。例如，已知系统事故发生概率 P 和事故损失严重度 S，就可利用风险率 R 与 P、S 的关系来求得风险率 R，见式 3—3。

$$R=PS \tag{3—3}$$

(4) 抽样推算法

抽样推算法指根据抽样或典型调查资料推算系统总体特征的方法。这种方法是数理统计分析中常用的方法，是以部分样本代表整个样本空间来对总体进行统计分析的一种方法。

(5) 比例推算法

比例推算法是根据社会经济现象的内在联系，用某一时期、地区、部门或单位的实际比例，推算另一类似时期、地区、部门或单位有关指标的方法。例如，控制图法的控制中心线的确定，是根据上一个统计期间的平均事故率来确定的。国外各行业安全指标的确定，通常也都是根据前几年的年度事故平均数值来进行确定的。

(6) 概率推算法

概率是指某一事件发生的可能性大小。事故的发生是一种随机事件；任何随机事件，在一定条件下是否发生是没有规律的，但其发生概率是一个客观存在的定值。因此，根据有限的实际统计资料，采用概率论和数理统计方法可求出随机事件出现各种状态的概率值，进而可以用概率值来预测未来系统发生事故可能性的大小，以此来衡量系统危险性的大小、安全程度的高低。例如，美国原子能委员会关于“商用核电站风险评估报告”采用的方法基本上就是概率推算法。

3.3 惯性原理

任何事物在其发展过程中，从其过去到现在以及延伸至将来，都具有一定的延续性，这种延续性称为惯性。利用惯性可以研究事物或一个评价系统的未来发展趋势。如从一个单位过去的安全生产状况、事故统计资料找出安全生产及事故发展变化趋势，以推测其未来安全状态。利用惯性原理进行评价时应注意以下两点：

(1) 惯性的大小

惯性越大，影响越大；反之，则影响越小。例如，一个生产经营单位如果疏于管理，违章作业、违章指挥、违反劳动纪律严重，事故就多，若任其发展则会愈演愈烈，而且有加速的态势，惯性越来越大。对此，必须要立即采取相应对策措施，破坏这种格局，亦即中止或改正这种不良惯性，才能防止事故的发生。

(2) 系统的惯性

一个系统的惯性是这个系统内的各个内部因素之间互相联系、互相影响，即互相作用按照一定的规律发展变化的一种状态趋势。因此，只有当系统是稳定的，受外部环境和内部因素的影响产生的变化较小时，其内在联系和基本特征才可能延续下去，该系统所表现的惯性发展结果才基本符合实际。但是，绝对稳定的系统是没有的，因为事物发展的惯性在受外力作用时，可使其加速或减速甚至改变方向。这样就需要对一个系统的评价进行修正，即在系统主要方面不变而其他方面有所偏离时，就应根据其偏离程度对所出现的偏离现象进行修正。

3.4 量变到质变原理

任何一个事物在其发展变化过程中都存在着从量变到质变的规律。同样，在一个系统中，许多有关安全的因素也都一一存在着量变到质变的规律；在评价一个系统的安全时，也都离不开从量变到质变的原理。例如，许多定量评价方法中，有关危险等级的划分无不一一应用着量变到质变的原理。如“道化学公司火灾、爆炸危险指数评价法”（第七版）中，关于按 F&EI（火灾、爆炸指数）划分的危险等级，从 1 开始经过了≤60、61～96、97～127、128～158、≥159 的量变到质变的不同变化层次，即分别为“最轻”级、“较轻”级、“中等”级、“很大”级、“非常大”级；而在评价结论中，“中等”级及其以下的级别是“可以接受的”，而“很大”级、“非常大”级则是“不能接受的”。

因此，在安全评价时，考虑各种危险、有害因素，对人体的危害，以及采用的评价方法进行等级划分等，均需要应用量变到质变的原理。

上述原理是人们经过长期研究和实践总结出来的。在实际评价工作中，人们综合应用基本原理指导安全评价，并创造出各种评价方法，进一步在各个领域中加以运用。

掌握评价的基本原理可以建立正确的思维程序，对于评价人员开拓思路、合理选择和灵活运用评价方法都是十分必要的。由于世界上没有一成不变的事物，评价对象的发展不是过去状态的简单延续，评价的事件也不会是自己的类似事件的机械再现，相似不等于相同。因此，在评价过程中，还应对客观情况进行具体细致的分析，以提高评价结果的准确程度。

4 安全评价模型

4.1 安全评价模型简介

在研究实际系统时，为了便于试验、分析、评价和预测，总是先设法对所要研究的系统的结构形态或运动状态进行描述、模拟和抽象。它是对系统或过程的一种简化，虽然不再包括原系统或过程的全部特征，但能描述原系统或过程输入、中间过程和输出的本质性特征，并与原系统或过程所处的环境条件相似。安全评价模型一般可分为以下三种类型：

(1) 形象模型

形象模型是系统实体的放大或缩小。例如，建造舰船和飞机用的模型、作战计划用的沙盘、土木工程用的建筑模型等。

(2) 模拟模型

模拟模型是在一组可控制的条件下，通过改变特定的参数来观察模型的响应，预测系统在真实环境条件下的性能和运动规律。例如，在水池中对船模进行航行模拟试验、飞机模型在风洞中模拟飞行过程等。

(3) 数学模型

数学模型也称符号模型，它是用数学表达式来描述实际系统的结构及其变量间的相互关系的。

安全评价模型不是直接研究现实世界的某一现象或过程的本身，而是设计出一个与该现象或过程相类似的模型，通过模型间接地研究该现象和过程。设计评价模型最本质的一条就是抓住“相似性”。具体地说，就是在两个对象之间可以找到某种相似性，这样，两个对象之间就存在着“原型—模型”关系。

对于庞大、复杂的系统，如社会系统或军事技术系统，要做的实验很难或根本不可能做，而评价模型可以取而代之。评价模型是现实系统的抽象或者模仿，是由那些与分析的问题有关的部分或者因素构成的，它表明了这些有关部分或因素之间的关系。使用评价模型的优点在于：

(1) 使现实系统被简化，易理解。

(2) 可操作性强，一些参数的改变比在实际中要容易。

(3) 敏感度大，可显示出哪些因素对系统影响更大，而且可通过不断改进，寻求更符合现实特性的模型，以此指导建立现实系统，并使之达到最佳状态。

(4) 通过模拟试验满足系统要求，耗资少。

安全评价模型是描述现实系统的，因此必须反映实际情况。由于它是抽象的，因而又高于实际，且又便于研究实际系统的共性，从而有助于解决被抽象的实际系统中的问题。同样，评价模型也能有助于指导其他有这些共性的实际问题的解决。

评价模型是现实系统的一个抽象表示形式，如果搞得太复杂甚至和实际情况一样，就失去了利用评价模型的意义。一般总是做一个比实际对象远为简单的模型，同时又希望在实际中使用它来预测及解释一些现象时有足够的精确度。任何一个实际现象总要涉及大量的因素（或变量），但确定导致其现象产生的本质因素时，往往只要抓住其主要因素即可。用字母、数字及其他符号来体现变量以及它们之间的关系，是最一般、最抽象的模型，它使人们一点也想象不出原来所代表的现实是什么。符号模型通常采用数学表达的形式。由于数学模型中的参数和变量最容易改变，因此最容易操作。数学模型在系统工程和运筹学等方面是十分重要的。

火灾、爆炸、中毒是常见的重大事故，经常造成严重的人员伤亡和巨大的财产损失，影响社会安定。这里重点介绍有关火灾、爆炸和中毒事故的数学模型。通常一个复杂的问题或现象用数学模型来描述，往往是在一系列的假设前提下按理想的情况建立的，有些模型经过小型试验的验证，有的则可能与实际情况有较大出入，但对辨识危险性来说是可参考的。

4.2 泄漏模型

由于设备损坏或操作失误引起泄漏，大量易燃、易爆、有毒有害物质的释放，将会导致中毒、爆炸、火灾等重大事故发生。

4.2.1 泄漏情况分析

(1) 泄漏的主要设备

根据各种设备泄漏情况分析，可将工厂中易发生泄漏的设备归纳为以下10类：管道、挠性连接器、过滤器、阀门、压力容器或反应器、泵、压缩机、储罐、加压或冷冻气体容器及火炬燃烧装置或放散管等，见表4—1。

表4—1 泄漏的主要设备

泄漏设备	典型泄漏情况	裂口尺寸
管道	管道泄漏	管径20%～100%
	法兰泄漏	管径20%
	接头损坏	管径20%～100%
挠性连接器。包括软管、波纹管和铰接器	连接器本体泄漏	管径20%～100%
	接头处泄漏	管径20%
	连接装置损坏	管径100%
过滤器。由过滤器本体、管道、滤网等组成	过滤器本体泄漏	管径20%～100%
	管道泄漏	管径20%
阀门	阀壳体泄漏	管径20%～100%
	阀盖泄漏	管径20%
	阀杆损坏	管径20%

续表

泄漏设备	典型泄漏情况	裂口尺寸
压力容器、反应器。包括化工生产中常用的分离器、气体洗涤器、反应釜、热交换器、各种罐和容器等	容器破裂而泄漏	容器本身尺寸
	容器本体泄漏	粗管道管径 100%
	孔盖泄漏	管径 20%
	喷嘴断裂而泄漏	管径 100%
	仪表管路破裂泄漏	管径 20%～100%
	容器内部爆炸	全部破裂
泵	泵体损坏泄漏	管径 20%～100%
	密封压盖处泄漏	管径 20%
压缩机。包括离心式、轴流式和往复式压缩机	压缩机机壳损坏而泄漏	管径 20%～100%
	压缩机密封套泄漏	管径 20%
储罐。露天储存危险物质的容器或压力容器，也包括与其连接的管道和辅助设备	罐体损坏而泄漏	本体尺寸
	接头泄漏	管径 20%～100%
	辅助设备泄漏	酌情确定
加压或冷冻气体容器。包括露天或埋地放置的储存器、压力容器或运输槽车等	内部气体爆炸	本体尺寸
	容器破裂而泄漏	本体尺寸
	焊接点（接管）断裂泄漏	管径 20%～100%
火炬燃烧装置或放散管。包括燃烧装置、放散管、多通接头、气体洗涤器和分离罐等	筒体、多通接头部位	管径 20%～100%

（2）造成泄漏的原因

从人—机系统来考虑造成各种泄漏事故的原因主要有 4 类，见表 4—2。

表 4—2　造成泄漏事故的原因

原因	具体说明
设计失误	①基础设计错误，如地基下沉，造成容器底部产生裂缝，或设备变形、错位等 ②选材不当，如强度不够、耐腐蚀性差、规格不符等 ③布置不合理，如压缩机和输出管没有弹性连接，因振动而使管道破裂 ④选用机械不合适，如转速过高、耐温、耐压性能差等 ⑤选用计测仪器不合适 ⑥储罐、储槽未加液位计，反应器未加溢流管或放散管等
设备原因	①加工不符合要求，或未经检验擅自采用代用材料 ②加工质量差，特别是不具有操作证的焊工焊接质量差 ③施工和安装精度不高，如泵和电动机不同轴、机械设备不平衡、管道连接不严密等 ④选用的标准定型产品质量不合格 ⑤对安装的设备没有按《机械设备安装工程及验收规范》进行验收 ⑥设备长期使用后未按规定检修期进行检修，或检修质量差造成泄漏 ⑦计测仪表未定期校验，造成计量不准 ⑧阀门损坏或开关泄漏，又未及时更换 ⑨设备附件质量差，或长期使用后材料变质、腐蚀或破裂等

续表

原因	具 体 说 明
管理原因	①没有制定完善的安全操作规程 ②对安全漠不关心，已发现的问题不及时解决 ③没有严格执行监督检查制度 ④指挥错误，甚至违章指挥 ⑤让未经培训的工人上岗，知识不足，不能判断错误 ⑥检修制度不严，没有及时检修已出现故障的设备，使设备带病运转
人为失误	①误操作，违反操作规程 ②判断错误，如记错阀门位置而开错阀门 ③擅自脱岗 ④思想不集中 ⑤发现异常现象不知如何处理

(3) 泄漏后果

泄漏一旦出现，其后果不仅与物质的数量、易燃性、毒性有关，而且与泄漏物质的相态、压力、温度等状态有关。这些状态可有多种不同的结合，在后果分析中，常见的可能结合有 4 种：常压液体、加压液化气体、低温液化气体、加压气体。此外，泄漏物质的物性不同，其泄漏后果也不同。

1）可燃气体泄漏。可燃气体泄漏后与空气混合达到燃烧极限时，遇到引火源就会发生燃烧或爆炸。泄漏后起火的时间不同，泄漏后果也不相同。

①立即起火。可燃气体从容器中往外泄出时即被点燃，发生扩散燃烧，产生喷射性火焰或形成火球，它能迅速地危及泄漏现场，但很少会影响到厂区的外部。

②滞后起火。可燃气体泄出后与空气混合形成可燃蒸气云团，并随风飘移，遇火源发生爆炸或爆轰，能引起较大范围的破坏。

2）有毒气体泄漏。有毒气体泄漏后形成云团在空气中扩散，有毒气体的浓密云团将笼罩很大的空间，影响范围大。

3）液体泄漏。一般情况下，泄漏的液体在空气中蒸发而生成气体，泄漏后果与液体的性质和储存条件（温度、压力）有关。

①常温常压下液体泄漏。这种液体泄漏后聚集在防液堤内或地势低洼处形成液池，液体由于池表面风的对流而缓慢蒸发，若遇引火源就会发生池火灾。

②加压液化气体泄漏。一些液体泄漏时将瞬时蒸发，剩下的液体将形成一个液池，吸收周围的热量继续蒸发。液体瞬时蒸发的比例决定于物质的性质及环境温度。有些泄漏物可能在泄漏过程中全部蒸发。

③低温液体泄漏。这种液体泄漏时将形成液池，吸收周围热量蒸发，蒸发量低于加压液化气体的泄漏量，高于常温常压下液体的泄漏量。

无论是气体泄漏还是液体泄漏，泄漏量的多少都是决定泄漏后果严重程度的主要因素。

4.2.2 泄漏量的计算

当发生泄漏的设备的裂口是规则的，而且裂口尺寸及泄漏物质的有关热力学、物理化学性质及参数已知时，可根据流体力学中的有关方程式计算泄漏量。当裂口不规则时，可采取等效尺寸代替；当遇到泄漏过程中压力变化等情况时，往往采用经验公式计算。

(1) 液体泄漏量

液体泄漏速度可用流体力学的伯努利方程计算，其泄漏速度为：

$$Q_0=C_d A\rho\sqrt{\frac{2\ (p+p_0)}{\rho}+2gh} \tag{4-1}$$

式中 Q_0——液体泄漏速度，kg/s；

C_d——液体泄漏系数，按表 4—3 选取；

A——裂口面积，m^2；

ρ——泄漏液体密度，kg/m^3；

p——容器内介质压力，Pa；

p_0——环境压力，Pa；

g——重力加速度，9.8 m/s^2；

h——裂口之上液位高度，m。

表 4—3　　液体泄漏系数 C_d

雷诺数 Re	裂口形状		
	圆形（多边形）	三角形	长方形
>100	0.65	0.60	0.55
≤100	0.50	0.45	0.40

常压下的液体泄漏速度，取决于裂口之上液位的高低；非常压下的液体泄漏速度，主要取决于窗口内介质压力与环境压力之差和液位高低。

当容器内液体是过热液体，即液体的沸点低于周围环境温度，液体流过裂口时由于压力减小而突然蒸发。蒸发所需热量取自于液体本身，而容器内剩下的液体温度将降至常压沸点。在这种情况下，泄漏时直接蒸发的液体所占百分比可按下式计算：

$$F=C_p\frac{T-T_0}{H} \tag{4-2}$$

式中 F——泄漏时蒸发液体所占百分比，%；

C_p——液体的比定压热容，J/（kg·K）；

T——泄漏前液体的温度，K；

T_0——液体在常压下的沸点，K；

H——液体的汽化热，J/kg。

按式 4-2 计算的结果，几乎总是在 0～1 之间。事实上，泄漏时直接蒸发的液体将以细小烟雾的形式形成云团，与空气相混合而吸收热蒸发。如果空气传给液体烟雾的热量不足以使其蒸发，有一些液体烟雾将凝结成液滴降落到地面，形成液池。根据经验，当 $F>0.2$

时，一般不会形成液池；当 $F<0.2$ 时，F 与带走液体之比有线性关系，即当 $F=0$ 时，没有液体带走（蒸发）；当 $F=0.1$ 时，有 50%的液体被带走。

(2) 气体泄漏量

气体从裂口泄漏的速度与其流动状态有关。因此，计算泄漏量时首先要判断泄漏时气体流动属于音速还是亚音速流动，前者称为临界流，后者称为次临界流。

当式 4－3 成立时，气体流动属音速流动：

$$\frac{p_0}{p}\leqslant\left(\frac{2}{k+1}\right)^{\frac{k}{k-1}} \tag{4-3}$$

当式 4－4 成立时，气体流动属亚音速流动：

$$\frac{p_0}{p}>\left(\frac{2}{k+1}\right)^{\frac{k}{k-1}} \tag{4-4}$$

式中 p——容器内介质压力，Pa；

p_0——环境压力，Pa；

k——气体的绝热指数，即定压比热 C_p 与定容比热 C_V 之比。

气体呈音速流动时，其泄漏量为：

$$Q_0=C_dA\rho\sqrt{\frac{Mk}{RT}\left(\frac{2}{k+1}\right)^{\frac{k+1}{k-1}}} \tag{4-5}$$

气体呈亚音速流动时，其泄漏量为：

$$Q_0=YC_dA\rho\sqrt{\frac{Mk}{RT}\left(\frac{2}{k+1}\right)^{\frac{k+1}{k-1}}} \tag{4-6}$$

式中 C_d——气体泄漏系数，当裂口形状为圆形时取 1.00，三角形时取 0.95，长方形时取 0.90；

Y——气体膨胀因子，它由式 4－7 计算：

$$Y=\sqrt{\left(\frac{1}{k-1}\right)\left(\frac{k+1}{2}\right)^{\frac{k+1}{k-1}}\left(\frac{p}{p_0}\right)^{\frac{2}{k}}\left[1-\left(\frac{p_0}{p}\right)^{\frac{k-1}{k}}\right]} \tag{4-7}$$

式中 M——分子量；

ρ——气体密度，kg/m^3；

R——气体常数，J/（mol·K）；

T——气体温度，K。

当容器内物质随泄漏而减少或压力降低而影响泄漏速度时，泄漏速度的计算比较复杂。如果流速小或时间短，在后果计算中可采用最初排放速度，否则应计算其等效泄漏速度。

(3) 两相流动泄漏量

在过热液体发生泄漏时，有时会出现气、液两相流动。均匀两相流动的泄漏速度可按式 4－8 计算：

$$Q_0=C_dA\sqrt{2\rho(p-p_c)} \tag{4-8}$$

式中 Q_0——两相流泄漏速度，kg/s；

C_d——两相流泄漏系数，可取 0.8；

A——裂口面积，m^2；

p——两相混合物的压力，Pa；

p_c——临界压力，Pa，可取 $p_c=0.55$ Pa；

ρ——两相混合物的平均密度，kg/m³，

$$\rho=\frac{1}{\frac{F_v}{\rho_1}+\frac{1-F_v}{\rho_2}} \tag{4-9}$$

式中 ρ_1——液体蒸发的蒸气密度，kJ/m³；

ρ_2——液体密度，kJ/m³；

F_v——蒸发的液体占液体总量的比例，%。

$$F_v=\frac{c_p\ (T-T_c)}{H} \tag{4-10}$$

式中 c_p——两相混合物的比定压热容，J/（kJ·K）；

T——两相混合物的温度，K；

T_c——临界温度，K；

H——液体的汽化热，J/kg。

当 $F_v>1$ 时，表明液体将全部蒸发成气体，这时应按气体泄漏公式计算；如果 F_v 很小，则可近似按液体泄漏公式计算。

4.2.3 泄漏后的扩散

如前所述，泄漏物质的特性多种多样，而且还受原有条件的强烈影响，但大多数物质从容器中泄漏出来后，都可发展成弥散的气团向周围空间扩散。可燃气体若遇到引火源会着火。这里仅讨论气团原形释放的开始形式，即液体泄漏后扩散、喷射扩散和绝热扩散。关于气团在大气中的扩散属环境保护范畴，在此不予考虑。

(1) 液体的扩散

液体泄漏后立即扩散到地面，一直流到低洼处或人工边界，如防火堤、岸墙等，形成液池。液体泄漏出来不断蒸发，当液体蒸发速度等于泄漏速度时，液池中的液体量将维持不变。

如果泄漏的液体是低挥发度的，则从液池中蒸发量较少，不易形成气团，对厂外人员没有危险；如果着火则形成池火灾；如果渗透进土壤，有可能对环境造成影响。如果泄漏的是挥发性液体或低温液体，泄漏后液体蒸发量大，大量蒸发在液池上面后会形成蒸气云，并扩散到厂外，对厂外人员有影响。

1）液池面积。如果泄漏的液体已达到人工边界，则液池面积即为人工边界围成的面积。如果泄漏的液体未达到人工边界，则从假设液体的泄漏点为中心呈扁圆柱形在光滑平面上扩散，这时液池半径 r 用式 4—11、式 4—12 计算：

瞬时泄漏（泄漏时间不超过 30 s）时，

$$r=\left(\frac{8gm}{\pi p}\right)^{\frac{\sqrt{t}}{4}} \tag{4-11}$$

连续泄漏（泄漏持续 10 min 以上）时，

$$r=\left(\frac{32gmt^3}{\pi p}\right)^{\frac{1}{4}} \tag{4-12}$$

式中　r——液池半径，m；

m——泄漏的液体质量，kg；

g——重力加速度，9.8 m/s^2；

p——设备中液体压力，Pa；

t——泄漏时间，s。

2）蒸发量。液池内液体蒸发按其机理可分为闪蒸、热量蒸发和质量蒸发 3 种，下面分别介绍。

①闪蒸。过热液体泄漏后，由于液体的自身热量而直接蒸发称为闪蒸。发生闪蒸时液体蒸发速度 Q_t 可由式 4—13 计算：

$$Q_t=F_v\cdot m/t \tag{4-13}$$

式中　F_v——直接蒸发的液体与液体总量的比例，%；

m——泄漏的液体总量，kg；

t——闪蒸时间，s。

②热量蒸发。当 $F_v<1$ 或 $Q_t<m$ 时，则液体闪蒸不完全，有一部分液体在地面形成液池，并吸收地面热量而汽化，称为热量蒸发。热量蒸发速度 Q_t 按式 4—14 计算：

$$Q_t=\frac{KA_1\ (T_0-T_b)}{H\sqrt{\pi\alpha t}}+\frac{K\ (Nu)\ A_1}{HL}\ (T_0-T_b) \tag{4-14}$$

式中　A_1——液池面积，m^2；

T_0——环境温度，K；

T_b——液体沸点，K；

H——液体蒸发热，J/kg；

L——液池长度，m；

α——热扩散系数，m^2/s，见表 4—4；

K——导热系数，J/（m・K），见表 4—4；

t——蒸发时间，s；

Nu——努塞尔（Nusselt）数。

表 4—4　　某些地面的热传递性质

地面情况	K/（$J\cdot m^{-1}\cdot K^{-1}$）	α/（$m^2\cdot s^{-1}$）
水泥	1.1	1.29×10^{-7}
土地（含水 8%）	0.9	4.3×10^{-7}
干涸土地	0.3	2.3×10^{-7}
湿地	0.6	3.3×10^{-7}
砂砾地	2.5	11.0×10^{-7}

③质量蒸发。当地面传热停止时，热量蒸发终止，转而由液池表面之上气流运动使液体

蒸发，称为质量蒸发。其蒸发速度 Q_1 为：

$$Q_1=\alpha\ (Sh)\ \frac{A}{L}\rho_1 \tag{4-15}$$

式中 α——分子扩散系数，m^2/s；

Sh——舍伍德（Sherwood）数；

A——液池面积，m^2；

L——液池长度，m；

ρ_1——液体的密度，kg/m^3。

(2) 喷射扩散

气体泄漏时从裂口喷出，形成气体喷射。大多数情况下气体直接喷出后，其压力高于周围环境大气压力，温度低于环境温度。在进行气体喷射计算时，应以等价喷射孔口直径计算。等价喷射的孔口直径按式 4－16 计算：

$$D=D_0\sqrt{\frac{\rho_0}{\rho}} \tag{4-16}$$

式中 D——等价喷射孔径，m；

D_0——裂口孔径，m；

ρ_0——泄漏气体的密度，kg/m^3；

ρ——周围环境条件下气体的密度，kg/m^3。

如果气体泄漏能瞬时间达到周围环境的温度、压力状况，即 $\rho_0=\rho$，则 $D=D_0$。

1）喷射的浓度分布。在喷射轴线上距孔口 x 处的气体浓度 $C(x)$ 为：

$$C(x)=\frac{b_1+b_2}{b_1}\Big/\left(0.32\frac{x}{D}\cdot\frac{\rho}{\sqrt{\rho}}+1-\rho\right) \tag{4-17}$$

式中 b_1、b_2——分布函数，$b_1=50.5+48.2\rho-9.95\rho^2$，$b_2=23+41\rho$。

其余符号意义同前。

如果把式 4－17 改写成 x 是 $C(x)$ 的函数形式，则给定某质量浓度值 $C(x)$，就可算出具有浓度的点至孔口的距离 x。

在过喷射轴线上点 x 且垂直于喷射轴线的平面内任一点处的气体质量浓度为：

$$\frac{C(x,\ y)}{C(x)}=e^{-b_2(y/x)^2} \tag{4-18}$$

式中 $C(x,\ y)$——距裂口距离 x 且垂直于喷射轴线的平面内 y 点的气体浓度，kg/m^3；

$C(x)$——喷射轴线上距裂口 x 处的气体浓度，kg/m^3；

b_2——分布参数，同式 4－17 中 b_2；

y——目标点到喷射轴线的距离，m。

2）喷射轴线上的速度分布。喷射速度随着轴线距离增大而减少，直到轴线上的某一点喷射速度等于风速为止，该点称为临界点。临界点以后的气体运动不再符合喷射规律。沿喷射轴线上的速度分布由式 4－19 得出：

$$\frac{v(x)}{v_0}=\frac{\rho_0}{\rho}\cdot\frac{b_1}{4}\left(0.32\frac{x}{D}\cdot\frac{\rho}{\rho_0}+1-\rho\right)\left(\frac{D}{x}\right)^2 \tag{4-19}$$

式中 ρ_0——泄漏气体的密度，kg/m^3；

ρ——周围环境条件下气体的密度，kg/m^3；

D——等价喷射孔径，m；

b_1——分布参数，同式 4－17 中 b_1；

x——喷射轴线上距裂口某点的距离，m；

v（x）——喷射轴线上距裂口 x 处一点的速度，m/s；

v_0——喷射初速，等于气体泄漏时流出裂口时的速度，m/s。

$$v_0=\frac{Q_0}{C_d\rho\pi\left(\frac{D_0}{2}\right)^2} \tag{4-20}$$

式中 Q_0——气体泄漏速度，kg/s；

C_d——气体泄漏系数；

D_0——裂口直径，m。

当临界点处的浓度小于允许浓度（如可燃气体的燃烧下限或者有害气体最高允许浓度）时，只需按喷射来分析；若该点浓度大于允许浓度时，则需要进一步分析泄漏气体在大气中扩散的情况。

(3) 绝热扩散

闪蒸液体或加压气体瞬时泄漏后，有一段快速扩散时间，假定此过程相当快以致在混合气团和周围环境之间来不及热交换，则称此扩散为绝热扩散。

根据荷兰应用科研院（TNO）1979 年提出的绝热扩散模式，泄漏气体（或液体闪蒸形成的蒸气）的气团呈半球形向外扩散。根据浓度分布情况，把半球分成内外两层，内层浓度均匀分布，且具有 50％的泄漏量；外层浓度呈高斯分布，具有另外 50％的泄漏量。

绝热扩散过程分为两个阶段：第一阶段，气团向外散降至大气压力，在扩散过程中，气团获得动能，称为“扩散能”；第二阶段，扩散能再将气团向外推，使紊流混合空气进入气团，从而使气团范围扩大。当内层扩散速度降到一定值时，可以认为扩散过程结束。

1）气团扩散能。在气团扩散的第一阶段，扩散的气体（或蒸气）的内能一部分用来增加动能，对周围大气做功。假设该阶段的过程为可逆绝热过程，并且是等熵的。

①气体泄漏扩散能。根据内能变化得出扩散能计算公式如下：

$$E=C_v(T_1-T_2)-0.98p_0(V_2-V_1) \tag{4-21}$$

式中 E——气体扩散能，J；

C_v——比定容热容，J/（kg·K）；

T_1——气团初始温度，K；

T_2——气团压力降至大气压力时的温度，K；

p_0——环境压力，Pa；

V_1——气团初始体积，m^3；

V_2——气团压力降至大气压力时的体积，m^3。

②闪蒸液泄漏扩散能。蒸发的蒸气团扩散能可以按下式计算：

$$E=[H_1-H_2-T_b(S_1-S_2)]W-0.98(p_1-p_0)V_1 \tag{4-22}$$

式中 E——闪蒸液体扩散能，J；

H_1——泄漏液体初始焓；J/kg；

H_2——泄漏液体最终焓；J/kg；

T_b——液体的沸点，K；

S_1——液体蒸发前的熵，J/（kg·K)；

S_2——液体蒸发热，J/（kg·K)；

W——液体蒸发量，kg；

p_1——初始压力，Pa；

p_0——周围环境压力，Pa；

V_1——初始体积，m^3。

2）气团半径与浓度。在扩散能的推动下气团向外扩散，并与周围空气发生紊流混合。

①内层半径与浓度。气团内层半径 R_1 和浓度 C 是时间的函数，表达如式 4—23、式 4—24：

$$R_1=2.27\sqrt{K_d\cdot t} \tag{4—23}$$

$$C=\frac{0.0059V_0}{\sqrt{(K_d\cdot t)^3}} \tag{4—24}$$

式中 t——扩散时间，s；

V_0——在标准温度、压力下气体体积，m^3；

K_d——紊流扩散系数，按式 4－25 计算：

$$K_d=0.0137\sqrt[3]{V_0}\cdot\sqrt{E}\cdot\left[\frac{\sqrt[3]{V_0}}{t\sqrt{E}}\right]^{\frac{1}{4}} \tag{4—25}$$

如上所述，当中心扩散速度（dR/dt）降到一定值时，第二阶段才结束。临界速度的选择是随机的且不稳定的。设扩散结束时扩散速度为 1 m/s，则在扩散结束时内层半径 R_1 和浓度 C 分别按式 4－26、式 4－27 计算：

$$R_1=0.08837E^{0.3}V_0^{\frac{1}{3}} \tag{4—26}$$

$$C=172.95E^{-0.9} \tag{4—27}$$

②外层半径与浓度。第二阶段末气团外层的大小可根据试验观察得出，即扩散终结时外层气团半径 R_2 由式 4－28 求得：

$$R_2=1.456R_1 \tag{4—28}$$

式中 R_1、R_2——分别为气团内层、外层半径，m。

外层气团浓度自内层向外呈高斯分布。

4.3 中毒模型

4.3.1 简述

有毒物质泄漏后生成有毒蒸气云，它在空气中飘移、扩散，直接影响现场人员，并可能波及居民区。大量剧毒物质泄漏可能带来严重的人员伤亡和环境污染。

毒物对人员的危害程度取决于毒物的性质、毒物的浓度和人员与毒物接触时间等因素。有毒物质泄漏初期，其毒气形成气团密集在泄漏源周围，随后由于环境温度、地形、风力和湍流等影响气团飘移、扩散，扩散范围变大，浓度减小。

4.3.2 毒物泄漏后果的概率函数法

概率函数法是用人们在一定时间接触一定浓度毒物所造成影响的概率来描述毒物泄漏后果的一种表示法。概率与中毒死亡百分率有直接关系，两者可以互相换算，见表 4—5。概率值在 0～9 之间。

表 4—5　　概率与中毒死亡百分率的换算

死亡百分率/%	0	1	2	3	4	5	6	7	8	9
0		2.67	2.95	3.12	3.25	3.36	3.45	3.52	3.59	3.66
10	3.72	3.77	3.82	3.87	3.92	3.96	4.01	4.05	4.08	4.12
20	4.16	4.19	4.23	4.26	4.29	4.33	4.26	4.39	4.42	4.45
30	4.48	4.50	4.53	4.56	4.59	4.61	4.64	4.67	4.69	4.72
40	4.75	4.77	4.80	4.82	4.85	4.87	4.90	4.92	4.95	4.97
50	5.00	5.03	5.05	5.08	5.10	5.13	5.15	5.18	5.20	5.23
60	5.25	5.28	5.31	5.33	5.36	5.39	5.41	5.44	5.47	5.50
70	5.52	5.55	5.58	5.61	5.64	5.67	5.71	5.74	5.77	5.81
80	5.84	5.88	5.92	5.95	5.99	6.04	6.08	6.13	6.18	6.23
90	6.28	6.34	6.41	6.48	6.55	6.64	6.75	6.88	7.05	7.33
99	0.0	0.1	0.2	0.3	0.4	0.5	0.6	0.7	0.8	0.9
	7.33	7.37	7.41	7.46	7.51	7.58	7.58	7.65	7.88	8.09

概率值 Y 与接触毒物浓度及接触时间的关系如下：

$$Y=A+B\ln\left(C^{n}\cdot t\right) \tag{4—29}$$

式中　A，B，n——取决于毒物性质系数，表 4—6 列出了一些常见有毒物质的有关参数；

C——接触毒物的浓度，10^{-6}；

t——接触毒物的时间，min。

表 4—6　　一些常见有毒物质的有关参数

物质名称	A	B	n	参考资料
氯	−5.3	0.5	2.75	DCMR　1984
氨	−9.82	0.71	2.0	DCMR　1984
丙烯醛	−9.93	2.05	1.0	USCG　1997
四氯化碳	0.54	1.01	0.5	USCG　1997
氯化氢	−21.76	2.65	1.0	USCG　1997
甲基溴	−19.92	5.16	1.0	USCG　1997
光气（碳酸氯）	−19.27	3.69	1.0	USCG　1997
氢氟酸（单体）	−26.4	3.35	1.0	USCG　1997

使用概率函数表达式时，必须计算评价点的毒性负荷（$C^n \cdot t$），因为在一个已知点，其毒物、浓度随着气团的稀释而不断变化，瞬时泄漏就是这种情况。确定毒物泄漏范围内某点的毒性负荷，可把气团经过该点的时间划分为若干区段，计算每个区段内该点的毒物浓度，得到各时间区段的毒性负荷，然后再求出总毒性负荷：

$$总毒性负荷 = \sum 时间区段内毒性负荷$$

一般来说，接触毒物的时间不会超过 30 min。因为在这段时间里人员可以逃离现场或采取保护措施。

当毒物连续泄漏时，某点的毒物浓度在整个云团扩散期间没有变化。当设定某死亡百分率时，由表 4—5 查出相应的概率 Y 值，根据式 4－29 有：

$$C^n \cdot t=e^{\frac{Y-A}{B}} \tag{4-30}$$

由式 4－30 可以计算出 C 值，于是按扩散公式可以算出中毒范围。

如果毒物泄漏是瞬时的，则有毒气团通过某点时该点处毒物浓度是变化的。这种情况下，考虑浓度的变化情况，计算气团通过该点的毒性负荷，算出该点的概率值 Y，然后查表 4—5 就可得出相应的死亡百分率。

4.3.3 有毒液化气体容器破裂时的毒害区估算

液化介质在容器破裂时会发生蒸气爆炸。当液化介质为有毒物质，如液氯、液氨、二氧化硫、硫化氢、氢氰酸等，爆炸后若不燃烧，会造成大面积的毒害区域。

设有毒液化气氧化质量为 W（单位：kg），容器破裂前器内介质温度为 t（单位：℃），液体介质比热为 C［单位：kJ/（kg·℃）］。当容器破裂时，器内压力降至大气压，处于过热状态的液化气温度迅速降至标准沸点 t_0（单位：℃），此时全部液体所放出的热量 Q 为：

$$Q=W \cdot C\ (t-t_0) \tag{4-31}$$

设这些热量全部用于器内液体的蒸发，如它的汽化热为 q（单位：kJ/kg），则其蒸发量 W'：

$$W'=\frac{Q}{q}=\frac{W \cdot C\ (t-t_0)}{q} \tag{4-32}$$

如介质的分子量为 M，则在沸点下蒸发蒸气的体积 V_g（单位：m^3）为：

$$V_g=\frac{22.4W}{M} \cdot \frac{273+t_0}{273}=\frac{22.4W \cdot C\ (t-t_0)}{M_q} \cdot \frac{273+t_0}{273} \tag{4-33}$$

为便于计算，现将压力容器最常用的液氨、液氯、氢氰酸等的有关物理化学性能列于表 4—7 中。关于一些有毒气体的危险浓度见表 4—8。

表 4—7　　一些有毒物质的有关物化性能

物质名称	分子量 M	沸点 t_0/℃	液体平均比热 C/（$kJ \cdot kg^{-1} \cdot ℃^{-1}$）	汽化热 q/（$kJ \cdot kg^{-1}$）
氨	17	－33	4.6	1.37×10^3
氯	71	－34	0.96	2.89×10^3
二氧化碳	64	－10.8	1.76	3.93×10^3

续表

物质名称	分子量 M	沸点 t_0/℃	液体平均比热 C/（$kJ \cdot kg^{-1} \cdot ℃^{-1}$）	汽化热 q/（$kJ \cdot kg^{-1}$）
丙烯醛	56.06	52.8	1.88	5.73×10^3
氢氰酸	27.03	25.7	3.35	9.75×10^3
四氯化碳	153.8	76.8	0.85	1.95×10^3

表 4—8　　有毒气体的危险浓度

物质名称	吸入 5～10 min 致死的浓度/%	吸入 0.5～1 h 致死的浓度/%	吸入 0.5～1 h 致重病的浓度/%
氨	0.5		
氯	0.09	0.003 5～0.005	0.001 4～0.002 1
二氧化硫	0.05	0.053～0.065	0.015～0.019
氢氰酸	0.027	0.011～0.014	0.01
硫化氢	0.08～0.1	0.042～0.06	0.036～0.05
二氧化氮	0.05	0.032～0.053	0.011～0.021

若已知某种有毒物质的危险浓度，则可求出其危险浓度下的有毒空气体积。如二氧化硫在空气中的浓度达到0.05%时，人吸入5～10 min即致死，则 V_g 的二氧化硫可以产生令人致死的有毒空气体积为：

$$V = V_g \times 100/0.05 = 2\ 000 V_g$$

假设这些有毒空气以半球形向地面扩散，则可求出该有毒气体扩散半径为：

$$R = \sqrt[3]{\frac{V_g/C}{\frac{1}{2} \times \frac{4}{3}\pi}} = \sqrt[3]{\frac{V_g/C}{2.094\ 4}} \qquad (4-34)$$

式中　R——有毒气体的半径，m；

V_g——有毒介质的蒸气体积，m^3；

C——有毒介质在空气中的危险浓度值，%。

4.4　爆炸模型

4.4.1　简述

爆炸是物质的一种非常急剧的物理、化学变化，也是大量能量在短时间内迅速释放或急剧转化成机械功的现象。它通常借助于气体的膨胀来实现。从物质运动的表现形式来看，爆炸就是物质剧烈运动的一种表现。物质运动急剧增速，由一种状态迅速地转变成另一种状态，并在瞬间内释放出大量的能量。

(1) 爆炸的特征

1）爆炸过程进行得很快。

2）爆炸点附近压力急剧升高，产生冲击波。

3）发出或大或小的响声。

4）周围介质发生震动或邻近物质遭受破坏。

一般将爆炸过程分为两个阶段：第一阶段是物质的能量以一定的形式（定容、绝热）转变为强压缩能；第二阶段强压缩能急剧绝热膨胀对外做功，引起作用介质变形、移动和破坏。

(2) 爆炸类型

按爆炸性质可分为物理爆炸和化学爆炸。

1）物理爆炸就是物质状态参数（温度、压力、体积）迅速发生变化，在瞬间放出大量能量并对外做功的现象。其特点是在爆炸现象发生过程中，造成爆炸发生的介质的化学性质不发生变化，发生变化的仅是介质的状态参数。例如，锅炉、压力容器和各种气体或液化气体钢瓶的超压爆炸以及高温液体金属遇水爆炸等。

2）化学爆炸就是物质由一种化学结构迅速转变为另一种化学结构，在瞬间放出大量能量并对外做功的现象。如可燃气体、蒸气或粉尘与空气混合形成爆炸性混合物的爆炸。化学爆炸的特点是：爆炸发生过程中介质的化学性质发生了变化，形成爆炸的能量来自物质迅速发生化学变化时所释放的能量。化学爆炸有 3 个要素，即反应的放热性、反应的快速性和生成气体产物。从工厂爆炸事故来看，有以下几种化学爆炸类型：

①蒸气云团的可燃混合气体遇火源突然燃烧，是在无限空间中的气体爆炸。

②受限空间内可燃混合气体的爆炸。

③化学反应失控或工艺异常所造成压力容器爆炸。

④不稳定的固体或液体爆炸。

总之，发生化学爆炸时会释放出大量的化学能，爆炸影响范围较大；而物理爆炸仅释放出机械能，其影响范围较小。

4.4.2 物理爆炸的能量

物理爆炸，如压力容器破裂时，气体膨胀所释放的能量（即爆破能量）不仅与气体压力和容器的容积有关，而且与介质在容器内的物性相态相关。因为有的介质以气态存在，如空气、氧气、氢气等；有的以液态存在，如液氨、液氯等液化气体、高温饱和水等。容积与压力相同而相态不同的介质，在容器破裂时产生的爆破能量不同，爆炸过程不完全相同，其能量计算公式也不同。

(1) 压缩气体与水蒸气容器爆破能量

当压力容器中介质为压缩气体，即以气态形式存在而发生物理爆炸时，其释放的爆破能量为：

$$E_g=\frac{\rho V}{k-1}\left[1-\left(\frac{0.1013}{p}\right)^{\frac{k-1}{k}}\right]\times 10^3 \tag{4-35}$$

式中 E_g——气体的爆破能量，kJ；

p——容器内气体的绝对压力，MPa；

V——容器的容积，m^3；

k——气体的绝热指数，即气体的定压比热与定容比热之比。

常用气体的绝热指数数值见表 4—9。

表 4—9　　常用气体的绝热指数数值

气体名称	空气	氮	氧	氢	甲烷	乙烷	乙烯	丙烷	一氧化碳
k 值	1.4	1.4	1.397	1.412	1.316	1.18	1.22	1.33	1.395

气体名称	二氧化碳	一氧化氮	二氧化氮	氨气	氯气	过热蒸气	干饱和蒸汽	氢氰酸
k 值	1.295	1.4	1.31	1.32	1.35	1.3	1.135	1.31

从表 4—9 中可看出，空气、氮、氧、氢、一氧化氮、一氧化碳等气体的绝热指数均为 1.4 或近似 1.4，若将 $k=1.4$ 代入式 4—35 中，则：

$$E_g=2.5\rho V\left[1-\left(\frac{0.1013}{p}\right)^{0.2857}\right]\times 10^3 \tag{4—36}$$

令

$$C_g=2.5\rho\left[1-\left(\frac{0.1013}{p}\right)^{0.2857}\right]\times 10^3$$

则式 4—36 可化简为：

$$E_g=C_gV \tag{4—37}$$

式中　C_g——常用压缩气体爆破能量系数，kJ/m^3。

压缩气体爆破能量 C_g 是压力 p 的函数，各种常用压力下的气体爆破能量系数列于表 4—10 中。

表 4—10　　常用压力下的气体容器爆破能量系数（$k=1.4$ 时）

表压力 p/MPa	0.2	0.4	0.6	0.8	1.0	1.6	2.5
爆破能量系数 C_g/（$kJ\cdot m^{-1}$）	2×10^2	4.6×10^2	7.5×10^2	1.1×10^3	1.4×10^3	2.4×10^3	3.9×10^3
表压力 p/MPa	4.0	5.0	6.4	15.0	32	40	
爆破能量系数 C_g/（$kJ\cdot m^{-1}$）	6.7×10^3	8.6×10^3	1.1×10^4	2.7×10^4	6.5×10^4	8.2×10^4	

若将 $k=1$ 代入式 4—35 中，可得干饱和蒸汽容器爆破能量为：

$$E_s=7.4\rho V\left[1-\left(\frac{0.1013}{p}\right)^{0.1189}\right]\times 10^3 \tag{4—38}$$

用式 4—38 计算有较大的误差，因为它没有考虑蒸气干度的变化和其他的一些影响，但它可以不用查明蒸气热力性质而直接进行计算，因此可供危险性评价参考。对于常用压力下的干饱和蒸汽容器的爆破能量可按式 4—39 计算：

$$E_s=C_sV \tag{4—39}$$

式中　E_s——水蒸气的爆破能量，kJ；

V——水蒸气的体积，m^3；

C_s——干饱和水蒸气爆破能量系数，kJ/m^3。

各种常用压力下的干饱和水蒸气容量爆破能量系数列于表 4—11 中。

表 4—11　　常用压力下干饱和水蒸气容量爆破能量系数

表压力 p/MPa	0.3	0.5	0.8	1.3	2.5	3.0
爆破能量系数 C_g/（kJ·m^{-1}）	4.37×10^2	8.31×10^2	1.5×10^3	2.57×10^3	6.24×10^3	7.77×10^3

（2）介质全部为液体时的爆破能量

通常将液体加压时所做的功作为常温液体压力容器爆炸时释放的能量，计算公式见式 4—40：

$$E_L=\frac{(p-1)^2V\beta_t}{2} \tag{4—40}$$

式中　E_L——常温液体压力容器爆炸时释放的能量，kJ；

p——液体的压力（绝），Pa^{-1}；

V——容器的体积，m^3；

β_t——液体在压力 p 和温度 T 下的压缩系数，Pa^{-1}。

（3）液化气体与高温饱和水的爆破能量

液化气体和高温饱和水一般在容器内以气、液两态存在，当容器破裂发生爆炸时，除了气体的急剧膨胀做功外，还有过热液体激烈的蒸发过程。在大多数情况下，这类容器内的饱和液体占有容器介质质量的绝大部分，它的爆破能量比饱和气体大得多，一般计算时考虑气体膨胀做的功。过热状态下液体在容器破裂时释放出的爆破能量可按式 4—41 计算：

$$E=[(H_1-H_2)-(S_1-S_2)T_1]W \tag{4—41}$$

式中　E——过热状态液体的爆破能量，kJ；

H_1——爆炸前饱和液体的焓，kJ/kg；

H_2——在大气压力下饱和液体的焓，kJ/kg；

S_1——爆炸前饱和液体的熵，kJ/（kg·℃）；

S_2——在大气压力下饱和液体的熵，kJ/（kg·℃）；

T_1——介质在大气压力下的沸点，kJ/（kg·℃）；

W——饱和液体的质量，kg。

饱和水容器的爆破能量按式 4—42 计算：

$$E_W=C_WV \tag{4—42}$$

式中　E_W——饱和水容器的爆破能量，kJ；

V——容器内饱和水所占的容积，m^3；

C_W——饱和水爆破能量系数，kJ/m^3，其值见表 4—12。

表 4—12　　常用压力下饱和水爆破能量系数

表压力 p/MPa	0.3	0.5	0.8	1.3	2.5	3.0
C_W/（kJ·m^{-1}）	2.38×10^4	3.25×10^4	4.56×10^4	6.35×10^4	9.56×10^4	1.06×10^4

4.4.3　爆炸冲击波及其伤害、破坏作用

压力容器爆炸时，爆破能量在向外释放时以冲击波能量、碎片能量和容器残余变形能量

5）根据 R_0 值在表 4—15 中找出距离为 R_0 处的超压 Δp_0（中间值用插入法），此即所求距离为 R 处的超压。

6）根据超压 Δp 值，从表 4—13、表 4—14 中找出对人员和建筑物的伤害、破坏作用。

(3) 蒸气云爆炸的冲击波伤害、破坏半径

爆炸性气体以液态储存，如果瞬间泄漏后遇到延迟点火或气态储存时泄漏到空气中，遇到火源，则可能发生蒸气云爆炸。导致蒸气云形成的力来自容器内含有的能量或可燃物含有的内能，或两者兼而有之。“能”的主要形式是压缩能、化学能或热能。一般来说，只有压缩能和热量才能单独导致形成蒸气云。

根据荷兰应用科研院 TNO（1979）建议，可按式 4－48 预测蒸气云爆炸的冲击波的损害半径：

$$R=C_s\ (N \cdot E)^{\frac{1}{3}} \tag{4—48}$$

式中 R——损害半径，m；

E——爆炸能量，kJ，可按式 4－49 取，

$$E=V \cdot H_C \tag{4—49}$$

V——参与反应的可燃气体的体积，m^3；

H_C——可燃气体的高燃烧值，kJ/m^3，取值情况见表 4—16；

N——效率因子，其值与燃烧浓度持续展开所造成的比例和燃料燃烧所得机械能的数量有关，一般取 $N=10\%$；

C_s——经验常数，取决于损害等级，其取值情况见表 4—17。

表 4—16　　某些气体的高燃烧值

气体名称		高热值/（$kJ \cdot m^{-3}$）
氢气		12 770
氨气		17 250
苯		47 843
一氧化碳		17 250
硫化氢	生成 SO_2	25 708
	生成 SO_3	30 146
甲烷		39 860
乙烷		70 425
乙烯		64 019
乙炔		58 985
丙烷		101 828
丙烯		94 375
正丁烷		134 026
异丁烷		132 016
丁烯		121 883

表 4—17　　损害等级表

损害等级	C_S	设备损坏	人员伤害
1	0.03	重创建筑物的加工设备	1%死亡于肺部伤害 >50%耳膜破裂 >50%被碎片击伤
2	0.06	损坏建筑物外表可修复性破坏	1%耳膜破裂 1%被碎片击伤
3	0.15	玻璃破碎	被碎玻璃击伤
4	0.40	10%玻璃破碎	

4.5　火灾模型

4.5.1　火灾燃烧方式及其分析计算

易燃、易爆的气体、液体泄漏后遇到引火源就会被点燃而着火燃烧。它们被点燃后的燃烧方式有池火、喷射火、火球、固体火灾和突发火 5 种。

(1) 池火

可燃液体（如汽油、柴油等）泄漏后流到地面形成液池，或流到水面并覆盖水面，遇到火源燃烧而成池火。

1）燃烧速度。当液池中的可燃液体的沸点高于周围环境温度时，液体表面上单位面积的燃烧速度为：

$$\frac{\mathrm{d}m}{\mathrm{d}t}=\frac{0.001H_C}{c_p\ (T_b-T_0)\ +H} \tag{4—50}$$

式中　$\mathrm{d}m/\mathrm{d}t$——单位表面积燃烧速度，$\mathrm{kg/m^2 \cdot s}$；

H_C——液体燃烧热，J/kg；

c_p——液体的定压比热，J/（kg·K）；

T_b——液体的沸点，K；

T_0——环境温度，K；

H——液体的汽化热，J/kg。

当液体的沸点低于环境温度时，如加压液化气或冷冻液化气，其单位面积的燃烧速度为：

$$\frac{\mathrm{d}m}{\mathrm{d}t}=\frac{0.001H_C}{H} \tag{4—51}$$

式中符号意义同前。

燃烧速度也可从手册中直接得到。表 4—18 列出了一些可燃液体的燃烧速度。

表 4—18　　一些可燃液体的燃烧速度

物质名称	汽油	煤油	柴油	重油	苯	甲苯	乙醚	丙酮	甲醇
燃烧速度（$kg/m^2\cdot s$）	92～81	55.11	49.33	78.1	165.37	138.29	125.84	66.36	57.6

2）火焰高度。设液池为一半径为 r 的圆池子，其火焰高度可按式 4－52 计算：

$$h=84r\left[\frac{\mathrm{d}m/\mathrm{d}t}{\rho_0\ (2gr)^{\frac{1}{2}}}\right]^{0.6} \tag{4-52}$$

式中　h——火焰高度，m；

r——液池半径，m；

ρ_0——周围空气密度，kg/m^3；

g——重力加速度，9.8 m/s^2；

$\mathrm{d}m/\mathrm{d}t$——燃烧速度，kg/（$m^2\cdot s$）。

3）热辐射通量。液池燃烧时放出的总热辐射通量为：

$$Q=(\pi r^2+2\pi rh)\frac{\mathrm{d}m}{\mathrm{d}t}\cdot\eta\cdot H_C/\left[72\left(\frac{\mathrm{d}m}{\mathrm{d}t}\right)^{0.60}+1\right] \tag{4-53}$$

式中　Q——总热辐射通量，W；

η——效率因子，可取 0.13～0.35；

其余符号意义同前。

4）目标入射热辐射强度。假设全部辐射热量由液池中心点的小球面辐射出来，则在距离池中心某一距离（x）处的入射热辐射强度为：

$$I=\frac{Qt_c}{4\pi x^2} \tag{4-54}$$

式中　I——热辐射强度，W/m^2；

Q——总热辐射通量，W；

t_C——热传导系数，在无相对理想的数据时，可取值为 1；

x——目标点到液池中心距离，m。

(2) 喷射火

加压的可燃物质泄漏时形成射流，如果在泄漏裂口处被点燃，则形成喷射火。这里所用的喷射火辐射热计算方法是一种包括气流效应在内的喷射扩散模式的扩展。把整个喷射火看成是由沿喷射中心线上的全部点热源组成，每个点热源的热辐射通量相等。

点热源的热辐射通量按式 4－55 计算：

$$q=\eta Q_0 H_C \tag{4-55}$$

式中　q——点热源热辐射通量，W；

η——效率因子，可取 0.35；

Q_0——泄漏速度，kg/s；

H_C——燃烧热，J/kg。

从理论上讲，喷射火的火焰长度等于从泄漏口到可燃混合气燃烧下限（LFL）的射流轴线长度。对表面火焰热通量，则集中在 LFL/1.5 处。对危险评价分析而言，点热源数 n 一般取 5 就可以了。

射流轴线上某点热源 i 到距离该点 x 处一点的热辐射强度为：

$$I_i=\frac{q\cdot f}{4\pi x^2} \tag{4-56}$$

式中 I_i——点热源 i 至目标点 x 处的热辐射强度，W/m^2；

f——辐射系数，可取 0.2；

x——点热源到目标点的距离，m。

某一目标点处的入射热辐射强度等于喷射火的全部点热源对目标的热辐射强度的总和：

$$I=\sum_{i=1}^{n} I_i \tag{4-57}$$

式中 n——计算时选取的点热源数，一般取 $n=5$。

(3) 火球

低温可燃液化气由于过热，容器内压增大，使容器爆炸，内容物释放并被点燃，发生剧烈的燃烧，产生强大的火球，形成强烈的热辐射。

1）火球半径：

$$R=2.665M^{0.327} \tag{4-58}$$

式中 R——火球半径，m；

M——急剧蒸发的可燃物质的质量，kg。

2）火球持续时间：

$$t=1.089M^{0.327} \tag{4-59}$$

式中 t——火球持续时间，s。

3）火球燃烧时释放出的辐射热通量：

$$Q=\frac{\eta H_C M}{t} \tag{4-60}$$

式中 Q——火球燃烧时辐射热通量，W；

H_C——燃烧热，J/kg；

η——效率因子，取决于容器内可燃物质的饱和蒸汽压 p，$\eta=0.27p^{0.32}$；

其他符号同前。

4）目标接受到的入射热辐射强度为：

$$I=\frac{QT_C}{4\pi x^2} \tag{4-61}$$

式中 T_C——传导系数，保守取值为 1；

x——目标距火球中心的水平距离，m；

其他符号同前。

(4) 固体火灾

固体火灾的热辐射参数按点源模型估计。此模型认为火焰射出的能量为燃烧的一部分，并且辐射强度与目标至火源中心距离的平方成反比，即：

$$q_r=fM_CH_C/(4x^2) \tag{4-62}$$

式中 q_r——目标接受到的辐射强度，W/m^2；

f——辐射系数，可取 $f=0.25$；

M_C——燃烧速率，kg/s；

H_C——燃烧热，J/kg；

x——目标至火源中心点的水平距离，m。

(5) 突发火

泄漏的可燃气体、液体蒸发的蒸气在空中扩散，遇到火源发生突然燃烧而没有爆炸。此种情况下，处于气体燃烧范围内的室外人员将会全部被烧死；建筑物内将有部分人被烧死。

突发火后果分析，主要是确定可燃混合气体的燃烧上极限、下极限的边界线及其下极限随气团扩散到达的范围。为此，可按气团扩散模型计算气团大小和可燃混合气体的浓度。

4.5.2 火灾损失

火灾通过辐射热的方式影响周围环境。当火灾产生的热辐射强度足够大时，可使周围的物体燃烧或变形，强烈的热辐射可能烧毁设备甚至造成人员伤亡等。

火灾损失估算建立在辐射通量与损失等级的相应关系的基础上，表 4—19 为不同入射通量造成伤害或损失的情况。从表中可看出，在较小辐射等级时，致人重伤需要一定的时间，这时人们可以逃离现场或掩蔽起来。

表 4—19 热辐射的不同入射通量所造成的损失

入射通量/（$kW\cdot m^{-2}$）	对设备的损害	对人的伤害
37.5	操作设备全部损坏	1%死亡/10 s； 100%死亡/1 min
25	在无火焰、长时间辐射下，木材燃烧的最小能量	重大烧伤/10 s； 100%死亡/1 min
12.5	有火焰时，木材燃烧、塑料熔化的最低能量	1 度烧伤/10 s； 1%死亡/1 min
4.0		20 s 以上感觉疼痛，未必起泡
1.6		长期辐射无不舒服感

5　安全评价方法概述

安全评价是以实现工程、系统安全为目的，应用安全系统工程原理和方法，对工程、系统中存在的危险、有害因素进行辨识与分析，判断工程、系统发生事故和职业危害的可能性及其严重程度，从而为制定防范措施和管理决策提供科学依据。

为了保证生产和产品安全，需要对工程或系统进行各种类型的安全评价或评估。这些安全评价或评估的种类繁多，从大的方面来说，包括安全预评价、安全验收评价、安全现状综合评价和专项安全评价。根据行业的不同，安全评价的对象又各不相同，如有针对生产过程、产品、企业生产系统、建设工程项目等的安全评价。根据《安全生产法》和国家安全生产监督管理局的有关规定，所有生产经营单位的新建、改建、扩建工程项目要进行安全预评价，对在役项目或工程、生产单元要进行安全现状综合评价，同时根据国家有关规定，还应进行某些专项安全评价，如职业安全健康评价、危险化学品安全评价等。其中每种评价使用各种不同的安全评价方法，各种不同的安全评价方法在使用上和技术要求上存在较大的区别，使得安全评价本身是一种技术要求极强的工作。

安全评价是通过科学的方法，查找出被评价主体（建设项目、工程、企业、设施、岗位、物品等）存在的危险、有害因素，通过评价判断出发生事故和职业危害的可能性及其严重程度，提出合理可行的安全对策措施及建议。并且以此为依据制定防范措施和做出管理决策，真正实现安全生产，使被评价主体处于安全、健康、和谐的环境之中。在安全评价的过程中，安全评价人员所采用的方法和手段则统称为安全评价方法。

5.1　安全评价方法的分类

安全评价方法有多种分类标准，常用的有按评价结果的量化程度分类法、按评价的逻辑推理过程分类法、按评价要达到的目的分类法、按评价的系统性质（评价对象）分类法等多种分类方法，下面对这几种分类方法分别进行介绍。

(1) 按评价结果的量化程度分类法

按评价结果的量化程度，安全评价方法可分为定性安全评价方法和定量安全评价方法。

1）定性安全评价方法。定性安全评价方法主要是借助于对事物的经验知识及其发展变化规律的了解，通过直观判断对生产系统的工艺、设备、设施、环境、人员和管理等方面的状况进行科学的定性分析、判断的一类方法。评价的结果是一些定性的指标，如是否达到了某项安全指标、事故类别和导致事故发生的因素等。依据评价结果，可从技术上、管理上对危险和危害因素提出对策措施加以控制，达到使系统处于安全状态的目的。目前，常用的定性安全评价方法有：安全检查分析法（safety review，SR）、安全检查表分析法（safety checklist analysis，SCA）、专家评议法、预先危险性分析法（preliminary hazard analysis，PHA）、作业条件危险性评价法（LEC）、故障类型及影响分析法（failure mode effects analysis，FMEA）、故障假设分析法（What... If，WI）、危险和可操作性研究（hazard and operability study，HAZOP）以及人的可靠性分析法（human reliability analysis，HRA）等。

定性安全评价方法的特点是容易理解，便于掌握，评价过程简单。目前，定性安全评价方法在国内外企业安全管理工作中被广泛使用。但定性安全评价方法往往依靠经验判断，带有一定的局限性。

2）定量安全评价方法。定量安全评价方法是运用基于大量的实验结果和广泛的事故资料统计分析获得的指标或规律（数学模型），对生产系统的工艺、设备、设施、环境、人员和管理等方面的状况，按有关标准，应用科学的方法构造数学模型，进行定量评价的一类方法。评价的结果是一些定量的指标，如事故发生的概率、事故的伤害（或破坏）范围、定量的危险性、事故致因因素的关联度或重要度等。定量安全评价主要有以下两种类型。

①以可靠性、安全性为基础，先查明系统中存在的隐患并求出其损失率、有害因素的种类及其危害程度，然后再与国家规定的有关标准进行比较、量化。常用的方法有：故障树分析法（fault tree analysis，FTA）、事件树分析法（event tree analysis，ETA）、模糊数学综合评价法、层次分析法、作业条件危险性分析法（LEC）、机械工厂固有危险性评价法、原因后果分析法（cause-consequence analysis，CCA）等。

②以物质系数为基础，采用综合评价的危险度分级方法。常用的方法有：美国道化学公司的“火灾、爆炸危险指数评价法”（dow hazard index，DOW）、英国ICI公司蒙德部的“火灾、爆炸、毒性指数法”（Mond index，ICI）、日本劳动省的“化工企业六阶段法”以及“单元危险指数快速排序法”等。

按照定量结果类别的不同，定量安全评价方法还可以分为概率风险评价法、伤害（或破坏）范围评价法和危险指数评价法（hazard index，HI）。

①概率风险评价法。根据事故基本致因因素的事故发生概率，应用数理统计中的概率分析方法，求取事故基本致因因素的关联度（或重要度）或整个评价系统的事故发生概率的安全评价方法。如故障类型及影响分析、故障树（事故树）分析等。

②伤害（或破坏）范围评价法。如事故后果计算模型。

③危险指数评价法。如道化学公司火灾爆炸危险指数评价法，蒙德火灾、爆炸、毒性指数评价法，易燃、易爆、有毒重大危险源评价法。

(2）按评价的逻辑推理过程分类法

按照安全评价的逻辑推理过程，安全评价方法可分为归纳推理评价法和演绎推理评价法。归纳推理评价法是从事故原因推论结果的评价方法，即从最基本的危险、危害因素开始，逐渐分析导致事故发生的直接因素，最终分析出可能导致的事故。演绎推理评价法是从结果推论原因的评价方法，即从事故开始，推论导致事故发生的直接因素，再分析与直接因素相关的间接因素，最终分析和查找出导致事故发生的最基本的危险、危害因素。

(3）按评价要达到的目的分类法

按照安全评价要达到的目的，安全评价方法可分为事故致因因素安全评价方法、危险性分级安全评价方法和事故后果安全评价方法。事故致因因素安全评价方法是采用逻辑推理的方法，由事故推论最基本的危险、危害因素或由最基本的危险、危害因素推论事故的评价法，适用于识别系统的危险、危害因素和分析事故。该类方法一般属于定性安全评价法。危险性分级安全评价方法是通过定性或定量分析给出系统危险性等级的安全评价方法，适用于系统的危险性分级。该类方法可以是定性安全评价法，也可以是定量安全评价法。事故后果安全评价方法可以直接给出定量的事故后果，给出的事故后果可以是系统事故发生的概率、事故的伤害（或破坏）范围、事故的损失或定量的系统危险性等。

(4) 按评价的系统性质（评价对象）分类法

按照评价系统的性质不同，安全评价方法可分为设备（设施或工艺）故障率评价法、人员失误率评价法、物质系数评价法、系统危险性评价法等。

由于安全评价不仅涉及自然科学，而且涉及管理学、逻辑学、心理学等社会科学的相关知识，并且安全评价指标及其权值的选取又与生产技术水平、安全管理水平、生产者和管理者的素质以及社会和文化背景等因素密切相关，因此，每种评价方法都有一定的适用范围和限度。

5.2 常用的安全评价方法

(1) 安全检查分析法（Safety Review，SR）

安全检查分析法可以说是第一个安全评价方法，它有时也称为工艺安全审查或“设计审查”及“损失预防审查”。它可以用于建设项目的任何阶段。对现有装置（在役装置）进行评价时，传统的安全检查主要包括巡视检查、正规日常检查或安全检查。

安全检查分析法的目的是辨识可能导致事故、引起伤害、造成重要财产损失或对公共环境产生重大影响的装置条件或操作规程。一般安全检查人员主要包括与装置有关的人员，即操作人员、维修人员、工程师、管理人员、安全员等，具体视工厂的组织情况而定。

安全检查的目的是为了提高整个装置的安全操作度，而不是干扰正常操作或对发现的问题进行处罚。完成了安全检查后，评价人员对亟待改进的地方应提出具体的措施、建议。

(2) 安全检查表分析法（Safety Checklist Analysis，SCA）

为了查找工程、系统中各种设备设施、物料、工件、操作、管理和组织措施中的危险、有害因素，事先把检查对象加以分解，将大系统分割成若干小的子系统，以提问或打分的形式，将检查项目列表逐项检查，避免遗漏，这种表称为安全检查表。

(3) 危险指数方法（Risk Rank，RR）

危险指数方法是通过对几种工艺现状及运行的固有属性进行比较计算，确定各种工艺危险特性的重要性，并根据评价结果，确定进一步评价的对象的评价方法。

危险指数评价法可用在工程项目的各个阶段（可行性研究、设计、运行等），或在详细的设计方案完成之前，或在现有装置危险分析计划制订之前。当然它也可用于在役装置，作为确定工艺及操作危险性的依据。目前已有好几种危险等级方法得到了广泛的应用。

危险指数方法使用起来可繁可简，形式多样，既可定性，又可定量。例如，评价者可依据对作业现场危险度、事故概率、事故严重度的定性评估，对现场进行简单分级，通过对工艺特性赋予一定的数值组成数值图表，可用此表计算数值化的分级因子。常用危险指数方法有：危险度评价法，道化学火灾、爆炸危险指数评价法，蒙德火灾、爆炸、毒性指标评价法，日本化工企业六阶段评价法，以及其他危险等级评价法。下面简单介绍几种常用的危险指数方法。

1）日本化工企业六阶段评价法。该评价法又称“化工装置安全评价方法”，是应用安全检查表、定量危险性评价、事故信息评价、故障树分析以及事件树分析等方法，分成六个阶段，采取逐步深入，进行定性评价和定量评价的综合评价方法，是一种考虑较为周到的评价方法。

2）道化学火灾、爆炸危险指数评价法。美国道化学公司提出了物质指数作为系统安全工程的评价方法。1966 年，该公司又进一步提出了火灾、爆炸指数的概念，表示火灾、爆炸的危险程度。1972 年，他们又提出了以物质的闪点（或沸点）为基础，代表物质潜在能量的物质系数，结合物质的特定危险值、工艺过程及特殊工艺的危险值，计算出系统的火灾、爆炸指数，以评价该系统火灾、爆炸危险程度的评价方法，即道化学评价法第三版。之后他们又以第三版为蓝本，陆续推出了新的版本，1993 年推出了最新的第七版。

3）蒙德火灾、爆炸、毒性指标评价法。英国帝国化学公司在对现有装置和设计建设中的装置的危险性进行研究时，既肯定了道化学公司的道化学火灾、爆炸危险指数法，又在其定量评价的基础上对第三版作了重要的改进和扩充，增加了毒性的概念和计算方法，并提出了一些补充系数。

(4) 预先危险性分析法（preliminary hazard analysis，PHA）

预先危险性分析方法是一种起源于美国军用标准安全计划要求的方法。主要用于对危险物质和装置的主要区域等进行分析，包括设计、施工和生产前，首先对系统中存在的危险性类别、出现条件、导致事故的后果进行分析，其目的是识别系统中的潜在危险，确定其危险等级，防止危险发展成事故。

预先危险性分析可以达到以下 4 个目的：①大体识别与系统有关的主要危险；②鉴别产生危险原因；③预测事故发生对人员和系统的影响；④判别危险等级，并提出消除或控制危险性的对策措施。

预先危险性分析方法通常用于对潜在危险了解较少和无法凭经验觉察的工艺项目的初期阶段。通常用于初步设计或工艺装置的 R&D（研究和开发），当分析一个庞大现有装置或当环境无法使用更为系统的方法时，常优先考虑 PHA 法。

(5) 故障假设分析法（what...if，WI）

故障假设分析法是一种对系统工艺过程或操作过程的创造性进行分析的方法。使用该方法的人员应对工艺熟悉，通过提问（故障假设）的方式来发现可能的潜在的事故隐患（实际上是假想系统中一旦发生严重的事故，找出促成事故的所有潜在因素，在最坏的条件下，这些导致事故的可能性）。

与其他方法不同的是，要求评价人员了解基本概念并用于具体的问题中，有关故障假设分析法及其应用的资料甚少，但是它在工程项目发展的各个阶段都可能经常采用。

故障假设分析法一般要求评价人员用“What...if”作为开头，对有关问题进行考虑。任何与工艺安全有关的问题，即使它与之不太相关，也可提出加以讨论。例如，提供的原料不对，如何处理？如果在开车时泵停止运转，怎么办？如果操作工打开阀B而不是阀A，怎么办？

通常，将所有的问题都记录下来，然后将问题分门别类，例如，按照电气安全、消防、人员安全等问题分类，分头进行讨论。对正在运行的现役装置，则与操作人员进行交谈，所提出的问题要考虑到任何与装置有关的不正常的生产条件，而不仅仅是设备故障或工艺参数的变化。

(6) 故障假设分析/检查表分析法（what... if/checklist analysis，WI/CA）

故障假设分析/检查表分析法是由具有创造性的假设分析法与安全检查表分析法组合而成的，它弥补了单独使用时各自的不足。

例如，安全检查表分析法是一种以经验为主的方法，用它进行安全评价时，成功与否很大程度取决于检查表编制人员的经验水平。如果检查表编制得不完整，评价人员就很难对危险性状况作出有效的分析。而故障假设分析法鼓励评价人员思考潜在的事故和后果，它弥补了检查表编制时可能存在的经验不足；相反，检查表分析法比故障假设分析法更系统化。

故障假设分析/检查表分析法可用于工艺项目的任何阶段。与其他大多数的评价方法相类似，这种方法同样需要由丰富工艺经验的人员完成，常用于分析工艺中存在的最普遍的危险。虽然它也能够用来评价所有层次的事故隐患，但故障假设分析/检查表分析法一般主要对过程危险初步分析，然后可用其他方法进行更详细的评价。

(7) 危险和可操作性研究（hazard and operability study，HAZOP）

HAZOP是一种定性的安全评价方法，基本过程以引导词为引导，找出过程中工艺状态的变化（即偏差），然后分析找出偏差的原因、后果及可采取的对策。

危险和可操作性研究技术是基于这样一种原理，即背景各异的专家们若在一起工作，就能够在创造性、系统性和风格上互相影响和启发，能够发现和鉴别更多的问题，要比他们独立工作并分别提供工作结果更为有效。虽然危险和可操作性研究技术起初是专门为评价新设计和新工艺而开发的，但是这一技术同样可以用于整个工程、系统项目生命周期的各个阶段。

危险和可操作性分析的本质，就是通过系列会议对工艺流程图和操作规程进行分析，由各种专业人员按照规定的方法对偏离设计的工艺条件进行过程危险和可操作性研究，英国帝国化学工业公司最早确定要由一个多方面人员组成的小组执行危险和可操作性研究工作。鉴于此，虽然某一个人也可能单独使用危险与可操作性分析方法，但这绝不能称为危险和可操作性分析。所以，危险和可操作性分析技术与其他安全评价方法的明显不同之处是其他方法可由某人单独去做，而危险和可操作性研究则必须由一个多方面的、专业的、熟练的人员组成的小组来完成。

(8) 故障类型及影响分析法（failure mode effects analysis，FMEA）

故障类型及影响分析法是系统安全工程的常用的一种评价方法，根据系统可以划分为子系统、设备和元件的特点，按实际需要将系统进行分割，然后分析各自可能发生的故障类型及其产生的影响，以便采取相应的对策，提高系统的安全可靠性。

1）故障。元件、子系统、系统在运行时，达不到设计规定的要求，因而完不成规定的任务或完成得不好。

2）故障类型。系统、子系统或元件发生的每一种故障的形式称为故障类型。例如，一个阀门故障可以有4种故障类型，即内漏、外漏、打不开、关不严。

3）故障等级。根据故障类型对系统或子系统影响的程度不同而划分的等级称为故障等级。

(9) 故障树分析法（fault tree analysis，FTA）

故障树是一种描述事故因果关系的有方向的“树”，是安全系统工程中的重要分析方法之一。它能对各种系统的危险性进行识别评价，既适用于定性分析，又能进行定量分析，具有简明、形象化的特点，体现了以系统工程方法研究安全问题的系统性、准确性和预测性。FTA作为安全分析评价和事故预测的一种先进的科学方法，已得到国内外的公认和广泛采用。

FTA不仅能分析出事故的直接原因，而且能深入提示事故的潜在原因，因此在工程或设备的设计阶段、在事故查询或编制新的操作方法时，都可以使用FTA对它们的安全性作出评价。日本劳动省积极推广FTA方法，并要求安全干部学会使用该种方法。

从1978年起，我国开始了FTA的研究和运用工作。实践证明，FTA适合我国国情，应该在我国得到普遍推广和使用。

(10) 事件树分析法（event tree analysis，ETA）

事件树分析法是用来分析普通设备故障或过程波动（称为初始事件）导致事故发生的可能性的一种方法。

事故是典型设备故障或工艺异常（称为初始事件）引发的结果。与故障树分析法不同，事件树分析法是使用归纳法（而不是演绎法），事件树可提供记录事故后果的系统性的方法，并能确定导致事件后果事件与初始事件的关系。事件树分析法适合被用来分析那些产生不同后果的初始事件。事件树分析法强调的是事故可能发生的初始原因以及初始事件对事件后果的影响，事件树的每一个分支都表示一个独立的事故序列，对一个初始事件而言，每一个独立事故序列都清楚地界定了安全功能之间的功能关系。

(11) 人员可靠性分析法（human reliability analysis，HRA）

人员可靠性行为是人一机系统成功的必要条件，人的行为受很多因素影响。这些“行为成因要素”（performance shopping factors，PSFs）可以是人的内在属性，比如紧张、情绪、教养和经验；也可以是外在因素，比如工作间、环境、监督者的举动、工艺规程和硬件界面等。影响人员行为的PSFs数不胜数。尽管有些PSFs是不能控制的，许多却是可以控制的，可以对一个过程或一项操作的成功或失败产生明显的影响。

例如，评价人员可以把人为失误考虑进故障树之中去，一项故障假设分析法/检查表分析法可以考虑这种情况——在异常状况下，操作人员可能将本应关闭的阀门打开了。典型的危险和可操作性研究通常也把操作人员失误作为工艺失常（偏差）的原因考虑进去。尽管这些安全评价技术可以用来寻找常见的人为失误，但它们还是主要集中于引发事故的硬件方面。当工艺过程中手工操作很多时，或者当人一机界面很复杂，难以用标准的安全评价技术评价人为失误时，就需要特定的方法去评估这些人为因素。

人为因素是研究机器设计、操作、作业环境以及它们与人的能力、局限和需求如何协调一致的学科。有许多不同的方法可供人为因素专家用来评估工作情况。一种常用的方法叫做作业安全分析法（job safety analysis，JSA），但该方法的重点是作业人员的个人安全。JSA是一个良好的开端，但就工艺安全分析而言，人员可靠性分析法更为有用。人员可靠性分析技术可被用来识别和改进 PSFs，从而减少人为失误的机会。这种技术分析的是系统、工艺过程和操作人员的特性，识别失误的源头。

不与整个系统的分析相结合而单独使用 HRA 技术的话，似乎是太突出人的行为而忽视了设备特性的影响。如果上述系统是一个已知易于由人为失误引起事故的系统，这样做就不合适了。所以，在大多数情况下，建议将 HRA 方法与其他安全评价方法结合使用。一般来说，HRA 技术应该在其他评价技术（如 HAZOP、FMEA、FTA）之后使用，从而识别出具体的、有严重后果的人为失误。

（12）作业条件危险性评价法（LEC）

美国的 K. J. 格雷厄姆和 G. F. 金尼研究了人们在具有潜在危险环境中作业的危险性，他们以所评价的环境与某些作为参考环境的对比为基础，将作业条件的危险性作因变量（*D*），事故或危险事件发生的可能性（*L*）、暴露于危险环境的频率（*E*）及危险严重程度（*C*）为自变量，确定了它们之间的函数式。根据实际经验，他们给出了 3 个自变量的各种不同情况的分数值，首先对所评价的对象根据情况进行“打分”，然后根据公式计算出其危险性分数值，再在按经验将危险性分数值划分的危险程度等级表或图上查出其危险程度。这是一种简单易行的评价作业条件危险性的方法。

6 安全评价过程控制

6.1 安全评价过程控制概述

6.1.1 安全评价过程控制的含义

安全评价过程控制是保证安全评价工作质量的一系列文件。安全评价作为一项有目的的行为，必须具备一定的质量水平，才能满足企业安全生产的需要。所谓安全评价的质量是指安全评价工作的优劣程度，也就是安全评价工作体现客观公正性、合法性、科学性和针对性的程度。

安全评价质量有广义和狭义之分。狭义的安全评价质量仅指安全评价项目的操作过程和评价结果对安全生产发挥作用的优劣程度；广义的安全评价质量则以安全评价机构为考察单位，是指安全评价机构全部工作的优劣程度，包括安全评价操作和评价的作用、评价机构内部组织机构、安全评价管理工作对评价过程及评价结果的保障程度以及安全评价的社会效益等。前者主要体现安全评价项目执行过程中技术性、规范性的要求，如对法律法规是否清楚，获取的资料是否确凿，评价是否公正，评价方法使用的是否准确，评价单元划分是否合理，措施建议是否可行等。后者体现评价机构在运行中所要达到一定目标的要求，包括评价工作的深度，安全评价机构内部职能部门分工协作，安全评价人员及专家的资格要求和配备，安全评价的信息反馈和综合效益等。

安全评价作为搞好安全生产工作的重要技术手段，在为企业安全管理提供科学依据的同时，也为政府部门安全生产监督管理提供了决策依据。安全评价质量如何，直接或间接地影响到企业安全生产。因此，在安全评价发展初期，就已经意识到安全评价质量的重要性。为此，在安全评价机构资质审批和日常监督管理过程中，要求评价机构使用先进的管理模式，建立、完善质量管理体系，保证安全评价工作质量。安全评价过程控制从安全评价内在规律出发，充分吸收了质量管理体系的精髓，也是安全评价机构在实践中不断探索和创新的结果，是保证安全评价事业健康发展的重要管理手段之一。

6.1.2 安全评价过程控制的目的及作用

(1) 安全评价过程控制的目的

安全评价是安全生产管理的一个重要组成部分，是预测、预防事故的重要手段。但要使安全评价工作真正发挥作用，必须要有质量保证，安全评价过程控制就是要使安全评价的质量管理工作规范化、标准化。

(2) 安全评价过程控制的作用

1）强化安全评价质量管理，提高安全评价工作的质量水平。

2）有利于安全评价规范化、法制化及标准化的建设和安全评价事业的发展。

3）提高了安全评价的质量就能使安全评价在安全生产工作中发挥更有效的作用，确保人民生命安全、生活安定，具有重要的社会效益。

4）有利于安全评价结构管理层实施系统和透明的管理，学习运用科学的管理思想和方法。

5）促进安全评价工作的有序进行，使安全评价人员在评价过程中做到各负其责，提高工作效率。

6）加强对安全评价人员的培训，促进其工作交流，持续不断地提高其业务技能和工作水平。

7）提高安全评价机构的市场信誉，在市场竞争中取胜。

6.1.3 安全评价过程控制的依据

安全评价过程控制的主要依据：管理学原理、国家对安全评价机构的监督管理要求，以及安全评价机构自身的特点。安全评价过程控制体系以戴明原理、目标原理和现场改善原理为基础；遵循戴明原则——PDCA 管理模式，基于法制化的管理思想：预防为主、领导承诺、持续改进、过程控制；运用了系统论、控制论、信息论的方法。

国家安全生产监督管理总局颁布了《安全评价过程控制编写提要》和《安全评价过程控制编写指南》，为评价机构建立并不断改进安全评价过程控制文件指明了方向。

《安全评价机构管理规定》（国家安全生产监督管理总局 22 号令）第 6 条规定，申请甲级资质应具有健全的机构章程、管理制度、工作规则和质量管理体系。

6.2 安全评价过程控制的内容

安全评价过程控制内容可划分为“硬件管理”和“软件管理”。

硬件管理主要指安全评价机构建设的管理，包括安全评价机构内部机构的设置，各职能部门职责的划定、相互间分工协作的关系，安全评价人员及专家的配备等管理。

软件管理主要指“硬件”运行中的管理，包括项目单位的选定，合同的签署，安全评价资料的收集，安全评价报告的编写，安全评价报告内部评审，安全评价技术档案的管理，安全评价信息的反馈，安全评价人员的培训等一系列管理活动。

6.2.1 安全评价过程控制方针与目标

（1）安全评价过程控制方针

安全评价过程控制方针是评价机构安全评价工作的核心，表明了评价机构从事安全评价工作的发展方向和行动纲领。安全评价机构应有经最高管理者批准的安全评价过程控制方针，以阐明安全评价机构的质量目标和改进安全评价绩效的管理承诺。方针在内容上应适合安全评价机构安全评价工作的性质和规模，确保其对具体工作的指导作用；应包括对持续改进的承诺；并包括遵守现行的安全评价法律法规和其他要求的承诺。

方针确保与员工及其代表进行协商，并鼓励员工积极参与；文件化，付诸实施，予以保持；传达到全体员工；可为相关方所获取。安全评价过程控制方针应定期评审，以适应评价机构不断变化的内外部条件和要求，确保体系的持续适宜性。

(2) 安全评价过程控制目标

评价机构应针对其内部相关职能和层次，建立并保持文件化的安全评价机构过程控制目标。评价机构在确立和评审其过程控制目标时，应考虑法律法规及其他要求，可选安全评价技术方案，财务、运行和经营要求。目标应符合安全评价过程控制方针，并遵循过程控制体系对持续改进的承诺。

6.2.2 机构与职责

为了做好安全评价工作，必须对安全评价机构相关部门与人员的作用、职责和权限加以界定，使之文件化并予以传达。

安全评价机构要求有独立的法人资格，即有明确的法定代表人。评价机构的最高管理者应确定评价机构的过程控制方针，提供实施安全评价方案和活动以及绩效测量和监测工作所需的人力、专项技能与技术、财力资源，并在安全评价活动中起领导作用。评价机构还应明确与评价资质业务范围相适应的技术负责人和安全评价过程控制负责人。

明确安全评价机构内部的组织机构及职责是安全评价过程控制体系运行的关键环节。职责不清、权限不明，会造成许多问题。评价机构中只有每一个人按照规定做好自己的本职工作，共同参与安全评价过程控制体系的建设与维护，过程控制体系才能真正实现持续改进和保证安全评价的工作质量。过程控制体系的建立、实施和维护均是以评价机构为单位，按职能和层次展开，在体系运行过程中明确各职能部门与层次间的相互关系，规定其作用、职责与权限是体系建立的必要条件，也是体系运行的有力保障。而且组织机构与职责的明确也为培训需求的确定、信息沟通的渠道与方式、文件的编写与管理等若干环节的实施与保持提供了基本的框架。

6.2.3 人员培训、业务交流

安全评价人员的业务水平对安全评价的质量起着至关重要的作用。定期的人员培训非常重要，同时应加强与外部的业务交流。人员培训、业务交流是保持一支高质量的安全评价队伍的必要途径。加强人员培训、业务交流的要求如下：

(1) 根据评价人员的作用和职责，确定各类人员所必需的安全评价能力。

(2) 制订并保持确保各类人员具备相应能力的培训计划。

(3) 定期评审培训计划，必要时予以修订，以保证其适宜性和有效性。

(4) 在制订和保持培训计划或方案时，其内容应重点针对以下领域：

1) 机构人员的作用与职责培训。

2) 新员工的安全评价知识培训。

3) 针对安全评价的法律、法规、标准和指导性文件的培训。

4) 针对中高层管理者的管理责任和管理方法的培训。

5) 针对分包方、委托方等所需要的培训。

6.2.4 合同评审

合同评审是安全评价工作非常重要的一部分，同时也是财务进行合同监督的重要组成部分。安全评价机构的合同评审要求市场开发人员、安全评价技术负责人等共同参与完成。合同评审应包括以下内容：客户的各项要求是否明确；合同要求与委托书内容是否一致，所有与委托书不一致的要求是否得到解决；安全评价机构能否满足全部要求。

在签订了一个评价项目的合同之后，安全评价机构便开始了一次针对某个企业的评价活动，即启动了安全评价质量保证程序，每一次评价活动都将为下一次评价活动提供新的经验、新的技术支持和现场改进的依据。

6.2.5 安全评价计划编制

在安全评价项目合同签订之后，首先要制订安全评价计划，以保证评价项目有效地实施，确保评价项目根据合同规定的进度和质量要求如期完成。

6.2.6 安全评价报告编制

编制安全评价报告是安全评价工作的核心内容。安全评价报告编制程序文件是编制各项目安全评价报告的通用程序规范。对于不同的评价项目，编制安全评价报告的具体操作的指导属于作业指导书的内容，应根据评价对象的不同编制安全评价作业指导书。

6.2.7 安全评价报告内部评审

安全评价报告内部评审是保证安全评价报告质量的一个重要环节。在适当的时候，应有计划地对安全评价报告进行内部评审。安全评价报告内部评审的主要内容应包括：报告的格式是否符合要求，报告文字是否准确，报告的依据是否充分、有效，报告中危险源辨识是否全面，报告评价方法的选择是否适当，报告的对策措施是否切实可行，报告的结论是否准确等。安全评价机构应确定安全评价报告内部评审的时机和选取的准则，将内部评审工作细致化和规范化，使内部评审真正发挥质量监督的作用。

6.2.8 跟踪服务

在合同规定的项目全部完成之后，对于评价机构而言，还应进行跟踪服务，对评价报告中提出的对策措施与建议的实施情况进行跟踪，考察其适用性及有效性，及时为其调整安全措施。规定跟踪服务的基本要求，对跟踪服务各环节实施控制，妥善解决客户提出的问题，提高服务质量，密切与客户的关系，保证为顾客提供满意服务。

6.2.9 档案管理

评价项目完成后，应对评价项目涉及的所有文件进行归档，并在此基础上生成数据库，设专人管理，以便资料查询，保证安全评价的质量。数据库在为评价项目提供支持的同时，新的评价项目反过来又不断充实数据库的内容。

6.2.10 纠正预防措施

纠正预防措施、投诉申诉是对过程控制运行情况的监督。对发生偏离方针、目标的情况应及时加以纠正，预防不合格事件的再次发生。纠正预防措施能帮助机构防止问题的重复发生。评价机构应建立并保持投诉申诉处理程序，用来规定有关的职责和权限，以满足以下要求：调查、处理事故和不符合事件，制定措施纠正和预防由事故和不符合事件产生的影响，采取纠正和预防措施并予以完成，确认所采取的纠正和预防措施的有效性。

在策划与启动纠正预防措施时，应考虑如下因素：国家法律法规、自愿计划和共同协议，评价机构的质量目标，内部审核的结果，管理评审的结果，评价机构成员对持续改进的建议，所有新的相关信息，有关安全评价报告质量改进计划的结果。

6.2.11 文件记录

记录应字迹清楚、标志明确，并可追溯相关的活动。安全评价过程控制体系记录应便于查询，避免损坏、变质或遗失，应规定并记录其保存期限。文件记录规定了对各项工作过程中形成的各类记录编目、归档、保存及处理实施控制，以确定记录的完整有效。

记录是为已完成的活动或达到的结果提供客观证据的文件，它是重要的信息资料，为证实可追溯性以及采取预防措施和纠正措施提供依据。安全评价机构所产生的记录覆盖于过程控制的各个环节。记录具有如下功能：

（1）是安全评价过程控制体系文件的组成部分，是安全评价职能活动的反映和载体。

（2）是验证评价过程控制体系运行结果是否达到预期目标的主要证据，具有可追溯性。记录可以是书面形式，也可以是其他形式，如电子格式等。

（3）安全评价质量管理记录为采取预防和纠正措施提供了依据。

6.3 安全评价过程控制体系文件的构成及编制

6.3.1 安全评价过程控制体系文件的构成及层次关系

安全评价机构应建立并保持系统化的安全评价过程控制文件，所建立的过程控制文件应满足《安全评价过程控制文件编写指南》的要求，严格按照过程控制文件的规定运行并保持相关记录，不断改进、完善安全评价过程控制文件。

《安全评价过程控制文件编写指南》对安全评价过程控制编写提要的内容进行了细化，明确了每一部分内容的理解要点和实施要求，建立了风险分析、实施评价、报告审核、技术支撑、作业文件、内部管理、档案管理和检查改进 8 个方面的联系。

安全评价过程控制体系是安全评价机构为保障安全评价工作的质量而形成的文件化的体系，是安全评价机构实现其质量管理方针、目标和进行科学管理的依据。

安全评价过程控制体系文件一般分为管理手册（一级）、程序文件（二级）、作业文件（三级）三个层次，其层次关系和内容如图 6—1 和图 6—2 所示。

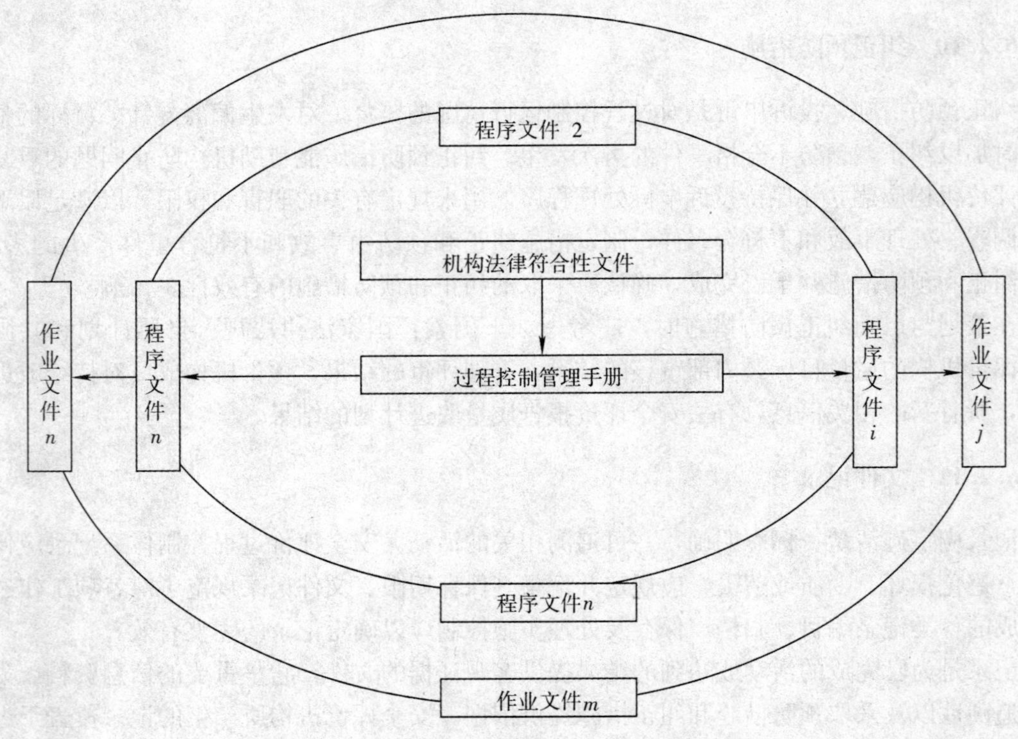

图 6—1　安全评价过程控制体系文件的层次关系

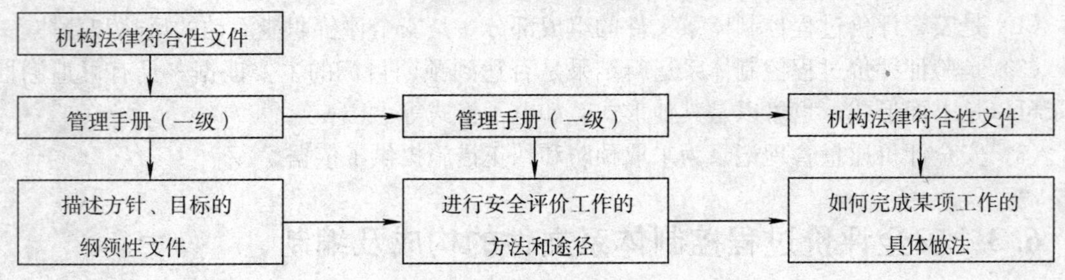

图 6—2　安全评价过程控制体系文件的内容

（1）管理手册

管理手册是评价机构根据安全评价过程控制的方针、目标全面地描述安全评价过程控制体系的文件，主要供机构中、高层管理人员和客户以及第三方审核时使用。管理手册应表述本机构的安全评价质量保证能力。管理手册涉及以下内容：方针目标、职责权限、人员培训和安全评价过程控制的有关要求，关于程序文件的说明和查询途径，关于手册的评审、修改和控制规定。

（2）程序文件

程序文件是机构根据安全评价过程控制体系的要求，为达到既定的安全评价过程控制方针、目标所需要的程序和对策，描述实施安全评价涉及的各个职能部门活动的文件，供各职能部门使用。程序文件处于安全评价过程控制体系文件的第二层。因此，程序文件起到一种承上启下的作用：对上，它是管理手册的展开和具体化，使得管理手册中原则性和纲领性的要求得到展开和落实；对下，它应引出相应的支持性文件，包括作业指导书和记录表格等。

(3) 作业文件

作业文件是围绕管理手册和程序文件的要求，描述具体的工作岗位和工作现场如何完成某项工作任务的具体做法，是一个详细的操作性工作文件。作业文件是第三层文件，包括作业指导书、记录表格等。作业指导书通常包括三方面内容：干什么、如何干和出了问题怎么办。根据安全评价机构申请的资质类型及业务范围的不同，需要编制的作业指导书种类也有所不同。按评价类型的不同，作业指导书分为安全预评价作业指导书、安全验收评价作业指导书、安全现状评价作业指导书、专项安全评价作业指导书等。

(4) 记录

记录是体系文件的组成部分，是安全评价职能活动的反映和载体；是验证安全评价过程控制体系的运行结果是否达到预期目标的主要证据，是过程控制有效性的证明文件，具有可追溯性；为采取预防和纠正措施提供依据。在编写程序文件和作业文件的同时，应分别制定与各程序相适应的记录表格，附在程序文件和作业文件的后面。

需要指出的是，安全评价过程控制体系文件应相互协调一致。各评价机构可以根据自身的规模大小和实际情况来划分体系文件的层次等级。

6.3.2　安全评价过程控制体系文件的意义及编写指南

(1) 意义

为规范评价机构的安全评价行为，规避安全评价风险，提高安全评价水平，确保安全评价质量和评价机构健康有序发展，国家安全生产监督管理总局颁发了《安全评价机构管理规定》等一系列规范性文件，要求评价机构结合实际情况建立并不断改进安全评价过程控制文件，达到规范安全评价活动的目的。因此，在安全评价机构中建立一套科学、合理、适用的安全评价过程控制文件指导安全评价工作具有现实意义。

1) 强化安全评价质量管理，提高安全评价水平，树立为企业安全生产服务的思想。

2) 有利于安全评价规范化和安全评价健康有序发展。

3) 只有提高安全评价质量，才能使安全评价在安全生产中发挥更有效的作用。

4) 有利于安全评价机构运用科学的管理思想和方法，对安全评价实施系统化管理，规避从事安全评价活动的风险。

5) 促进安全评价有序进行，使安全评价人员在评价过程中做到各负其责，提高工作效率和社会责任意识。

6) 有利于提高安全评价人员的业务技能和工作能力。

7) 有利于提高安全评价机构的市场信誉。

(2) 编写指南

1) 要建立符合机构自身特点的过程控制文件。评价机构千差万别，因此在编写安全评价过程控制文件时，应密切结合评价机构安全评价工作的特点，充分反映出评价机构过程控制的现状。因为安全评价过程控制要素只对评价机构实施安全评价过程控制提出了基本要求，也就是提出了应该做什么，但如何做并没提出具体要求。这就需要评价机构根据自身的特点及原有安全评价质量管理的经验，来策划、实施和建立安全评价过程控制文件，并且在安全评价过程控制文件中应充分体现这个特点。

2）要使过程控制文件成为评价机构管理的基础。依据《安全评价过程控制编写指南》，所编制的安全评价过程控制文件应是评价机构全面管理体系的一个组成部分，利用安全评价过程控制文件规范评价机构安全评价活动，以提高评价机构安全评价水平。这是安全生产发展的需要，也是评价机构生存和发展的基础。但安全评价过程控制文件与管理体系不同，它不仅对安全评价活动进行规范，而且还对评价机构的内部管理提出了基本要求。此外，安全评价过程控制文件是在安全评价质量管理体系的基础上发展起来的，因此，评价机构可在安全评价质量管理体系文件的基础上，按照《安全评价过程控制编写指南》的要求，建立安全评价过程控制文件，并使之成为评价机构管理的基础。

3）要不断改进、完善过程控制文件。安全评价过程控制文件在运用的过程中，不仅要保证其正确、有效地运行，还要达到持续改进的目的。评价机构在不断完善安全评价过程控制文件的同时，要达到持续改进的目的，就应完成每一个 PDCA 循环，通过 PDCA 循环来实现机构所确定的安全评价过程控制方针和目标。在此基础上，机构应根据内部条件和外部环境的变化，制定新的安全评价过程控制方针和目标，通过不断检查和改进，来实现新的方针和目标，实现安全评价过程控制文件的持续改进。

4）要认真做好安全评价机构的考核管理。紧紧围绕《安全评价机构考核管理规则》的实施，国家安监总局将加大监督检查的力度，重点对评价机构安全评价过程控制文件、安全评价报告以及过程控制文件的运行情况进行检查，通过机构资质行政许可、年审、检查和抽查，严格规范机构的准入和评价机构的行为。

6.3.3 安全评价过程控制管理手册的编写

安全评价过程控制管理手册的编写要有系统性，避免面面俱到、冗长重复。管理手册不可能像具体工作标准或管理制度那样详尽，对各重要环节和控制要求只需概括地作出原则性规定。在编写时，要求文字准确、语言精练、结构严谨，还要通俗易懂，以便评价机构全体员工能理解和掌握。编写管理手册时一般应遵循下列原则：

（1）指令性原则

管理手册应由机构最高管理者批准签发。手册的各项规定是机构全体员工（包括最高管理者）都必须遵守的内部法规，它能够保证安全评价过程控制体系管理的连续性和有效性。因此，管理手册各项规定具有指令性。

（2）目的性原则

管理手册应围绕质量方针、目标，对为实现安全评价质量方针、目标所要开展的各项活动作出规定。

（3）符合性原则

管理手册应符合国家有关法规、条例、标准，同时还要与外部环境条件相适应。

（4）系统性原则

管理手册所阐述的安全评价质量保障体系，应当具有整体性和层次性。管理手册应就安全评价全程中影响安全评价的技术、管理和人员的各环节进行控制。管理手册所阐述的安全评价过程控制体系，应当结构合理、接口明确、层次清楚，各项活动有序而且连续，要从整体出发，对安全评价机构运行的重要环节进行阐述，作出明确规定。

(5) 协调性原则

管理手册中各项规定之间、管理手册与机构其他安全评价文件之间，必须协调一致。首先，管理手册中各项规定要协调；其次，管理手册与机构其他文件（管理程序、标准、制度）之间要协调。无论是在管理手册编写阶段，还是在体系运行阶段，都应该及时记录、处理管理手册中的规定与目前管理制度中不一致的部分。

(6) 可行性原则

管理手册中的规定，应从机构运行的实际情况出发，能够做到或经过努力可以达到。某些规定，尽管内容先进，如果组织不具备实施条件，可暂不列入管理手册中。

(7) 先进性原则

管理手册的各项规定，应当在总结机构安全评价管理实践经验的基础上，尽可能采用国内外的先进标准、技术和方法，加以科学化、规范化。

(8) 可检查性原则

管理手册的各项规定不但要明确，而且要有定量的考核要求，便于实施监督和审核，使编写出来的管理手册有可检查性。也只有具有可检查性与可考核的管理手册，方能真正被认真实施。管理手册内容要简练，重点要突出。

管理手册应当按照评价机构安全评价工作分析的结果，对体系的构成、涉及的内容及其相互之间的联系作出系统、明确和原则性的规定。过程控制管理手册编写流程如图 6—3 所示。

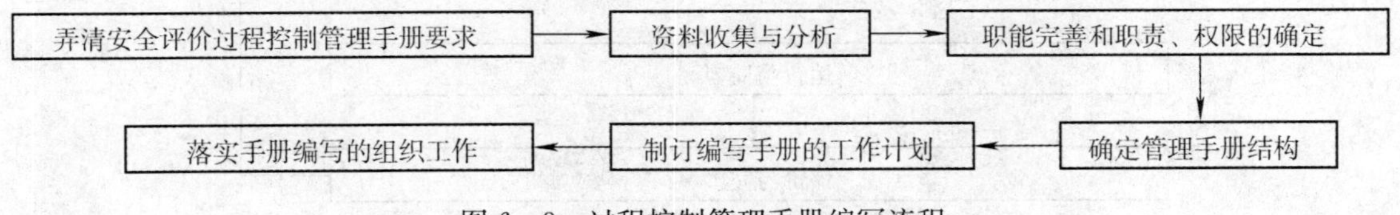

图 6—3　过程控制管理手册编写流程

安全评价过程控制管理手册一般应包括如下内容：

(1) 安全评价过程控制方针和目标。

(2) 组织结构及安全评价管理工作的职责和权限。

(3) 描述安全评价机构运行中涉及的重要环节。

(4) 安全评价过程控制管理手册的审批、管理和修改的规定。

6.3.4　安全评价过程控制程序文件的编写

程序是为实施某项活动而规定的方法，安全评价过程控制程序文件是指为进行某项活动所规定的途径。由于程序文件是管理手册的支持性文件，是手册中原则性要求的进一步展开和落实，因此，编制程序文件必须以安全评价管理手册为依据，符合安全评价管理手册的有关规定和要求，并从评价机构的实际出发，进行系统编制。程序文件的编写要求如下：

(1) 程序文件至少应包括体系重要控制环节的程序。

(2) 每一个程序文件在逻辑上都应是独立的，程序文件的数量、内容和格式由机构自行确定。程序文件一般不涉及纯技术的细节，细节通常在工作指令或指导书中规定。

（3）程序文件应结合评价机构的业务范围和实际情况具体阐述。

（4）程序文件应有可操作性和可检查性。

机构程序文件的多少，每个程序的详略、篇幅和内容，在满足安全评价过程控制的前提下，应做到越少越好。每个程序之间应有必要的衔接，但要避免相同的内容在不同的程序之间重复。

在编写程序文件时，应明确每个环节包括的内容，规定由谁干，干什么，干到什么程度，达到什么要求，如何控制，形成什么样的记录和报告等；同时，应针对可能出现的问题，采取相应的预防措施，以及一旦发生问题应采取的纠正措施。

程序文件的结构和格式由机构自行确定，文件编排应与安全评价过程控制管理手册和作业指导书以及机构的其他文件形成一个完整的整体。

程序文件编写的工作程序如图 6—4 所示。

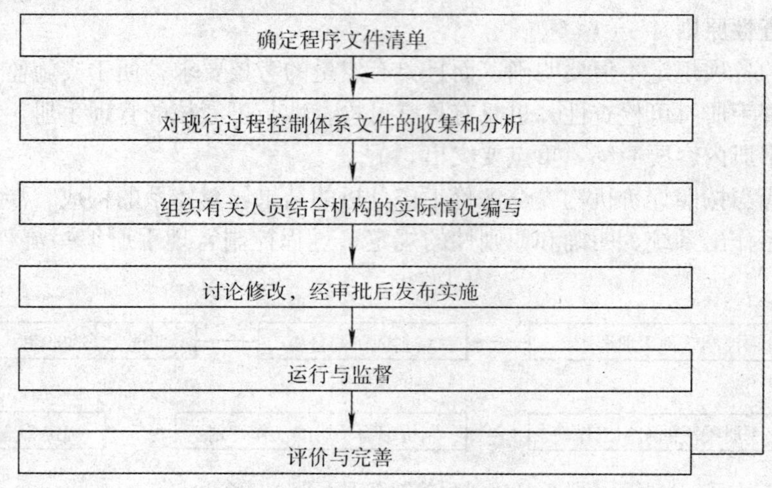

图 6—4　程序文件编写的工作程序

6.3.5　安全评价过程控制作业文件的编写

作业文件是程序文件的支持性文件。为了使各项活动具有可操作性，一个程序文件可能涉及几个作业文件。能在程序文件中交代清楚的活动，不用再编制作业文件。作业文件应与程序文件相对应，是对程序文件的补充和细化。

评价机构现行的许多制度、规定、办法等文件，很多具有与作业文件相同的功能。在编写作业文件时，可按作业文件的格式和要求进行改写。到目前为止，我国已经陆续颁发了《安全评价通则》《安全预评价导则》《安全现状评价导则》《安全验收评价导则》《非煤矿山安全评价导则》《危险化学品经营单位安全评价导则（试行）》《陆上及石油天然气安全评价导则》《烟花爆竹企业评价导则》《煤矿安全评价导则》《民用爆破器材安全评价导则》以及《危险化学品生产企业安全评价导则（试行）》等，用于指导安全评价工作。评价机构在建立评价过程控制体系过程中，应将导则的要求与评价工作密切结合，编制具有指导意义的安全评价作业指导书。

6.3.6 安全评价过程控制记录的编写

记录的设计应与编制程序文件和作业文件同步进行，应使记录与程序文件和作业文件协调一致、接口清楚。

根据管理手册和程序文件的要求，应对安全评价过程控制所需记录进行统一规划，同时对表格的标记、编目、表式、表名、审批程序等作出统一规定。记录可附在程序文件和作业文件的后面。将所有的记录表格统一编号，汇编成册发布执行。必要时，对某些较复杂的记录表格要规定填写说明。记录编制要求如下：

（1）应建立并保持有关评价过程控制记录的标志、编目、查阅、归档、储存、保管、收集和处理的文件化程序。

（2）记录应在适宜的环境中储存，以减少编制或损坏并防止丢失，且便于查询。

（3）应明确记录所采用的方式。

（4）按规定表格填写或输入记录，做到记录内容准确、真实。

（5）应根据需要规定记录的保存期限。一般应遵循的原则是，需要永久保存的记录应整理成档案，长期保管。

（6）应规定对过期或作废记录的处理方法。

记录的内容一般应包括以下几个方面：

（1）记录名称。简短反映记录的对象。

（2）记录编码。编码是每种记录的识别标记，每种记录只有一个编码。

（3）记录顺序号。顺序号是某种记录中每张记录的识别标记，如记录为成册票据，印有流水序号，可视为记录顺序号。

（4）记录内容。按记录对象要求，确定编写内容。

（5）记录人员。记录填写人、审批人等。

（6）记录时间。按活动时间填写，一般应写明年、月、日。

（7）记录单位名称。

（8）保存期限和保存部门。

6.4 安全评价过程控制的实施

安全评价过程控制的实施包括以下几个阶段：

（1）风险分析（即项目的策划）

安全评价机构根据委托方的要求、自身的业务能力和业务范围，分析、预测承担评价项目的风险程度，策划评价过程，确定实施评价项目的可行性。

（2）实施评价（实施阶段）

按照安全评价导则和本机构确定的目标，组建评价项目组，实施安全评价过程控制，按照要求完成安全评价工作。根据被评价单位的性质规模，组建评价项目组，包括组长的选择、人员构成和规模、分工。

相关法律、法规、技术标准、安全规程的收集；制订项目评价计划（书）、实施方案，评价实施过程中资料、现场证据的采集等程序，评价单元的划分，样本的科学选择（代表性、覆盖性），评价方法的选择，评价结论和安全技术措施及项目组内部的评审，评价报告的编制。

（3）报告审核

报告审核的内容包括评价依据资料的完整性、危险有害因素识别的充分性、评价方法的适用性、对策措施的针对性、评价结论的准确性，以及评价报告的格式是否符合要求等。

评价报告的内部审核制度，如"评价报告三级评审制度"，即项目负责人、本机构技术负责人、所聘技术专家（组）的审核。

（4）技术支撑

安全评价过程控制中应具有相应的基础数据库、评价软件、检测检验及科研开发能力或建立协作支撑渠道。

安全评价的科学性是通过科学技术、大量实际的科学数据和检测证据来客观反映被评价单位的具体情况，应避免主观猜测、妄加评论。同时，要注意到安全评价工作是需要不断进行科学研究发展的一种现代安全管理手段，应注意随时将先进的科学手段和方法运用到现代安全评价工作当中，以提高安全评价水平。

（5）作业文件

安全评价机构应根据自身的特点制定相应的工作步骤及规程。包括安全评价人员岗位在内的各岗位工作人员作业指导书或作业程序、规程，以标准化规范其工作行为。

此外，还应根据安全评价工作的特点，建立规范、明确、细致的作业规程或指导书，使各岗位人员按照规程或指导书的要求，明确职责、了解程序、工作规范、标准一致。指导书是对法律法规的要求和本机构管理制度的综合体现。

（6）内部管理

安全评价过程控制中的内部管理包括安全评价人员和技术专家的管理，评价人员业绩考核、业务培训、信息通报、跟踪服务、保密、资质和印章管理等内容。安全评价质量控制不仅牵涉到安全评价岗位人员，其他辅助工作和人员的管理也同样重要。具体如下：

1）评价人员和技术专家管理。劳动合同、聘用手续管理制度、人员业绩考核制度等。

2）培训内容。法律法规、本机构管理制度和规程等，安全评价业务定期培训制度。

3）定期进行信息通报的制度，项目完成后的跟踪服务、信息反馈，以利于工作的改进。

4）由于安全评价工作牵涉到被评价单位的商业机密，因此对此方面应有严格制度去规定，除法律规定外，不经许可，不得泄露给第三方。

5）委托方的基本背景情况分析（地理位置、技术经济实力、经营性质、所处行业位置）。

6）委托方的行业安全风险特性分析。

7）是否为本机构安全评价资质业务范围之内。

8）安全评价专业人员的技术能力（技术构成、专业覆盖）。

9）是否需请专业技术专家。

10）项目的经济性分析。

11）项目承担的风险性（责任）分析。

6.5 安全评价过程控制体系的建立与保持

安全评价过程控制体系建立和保持示意如图 6—5 所示。

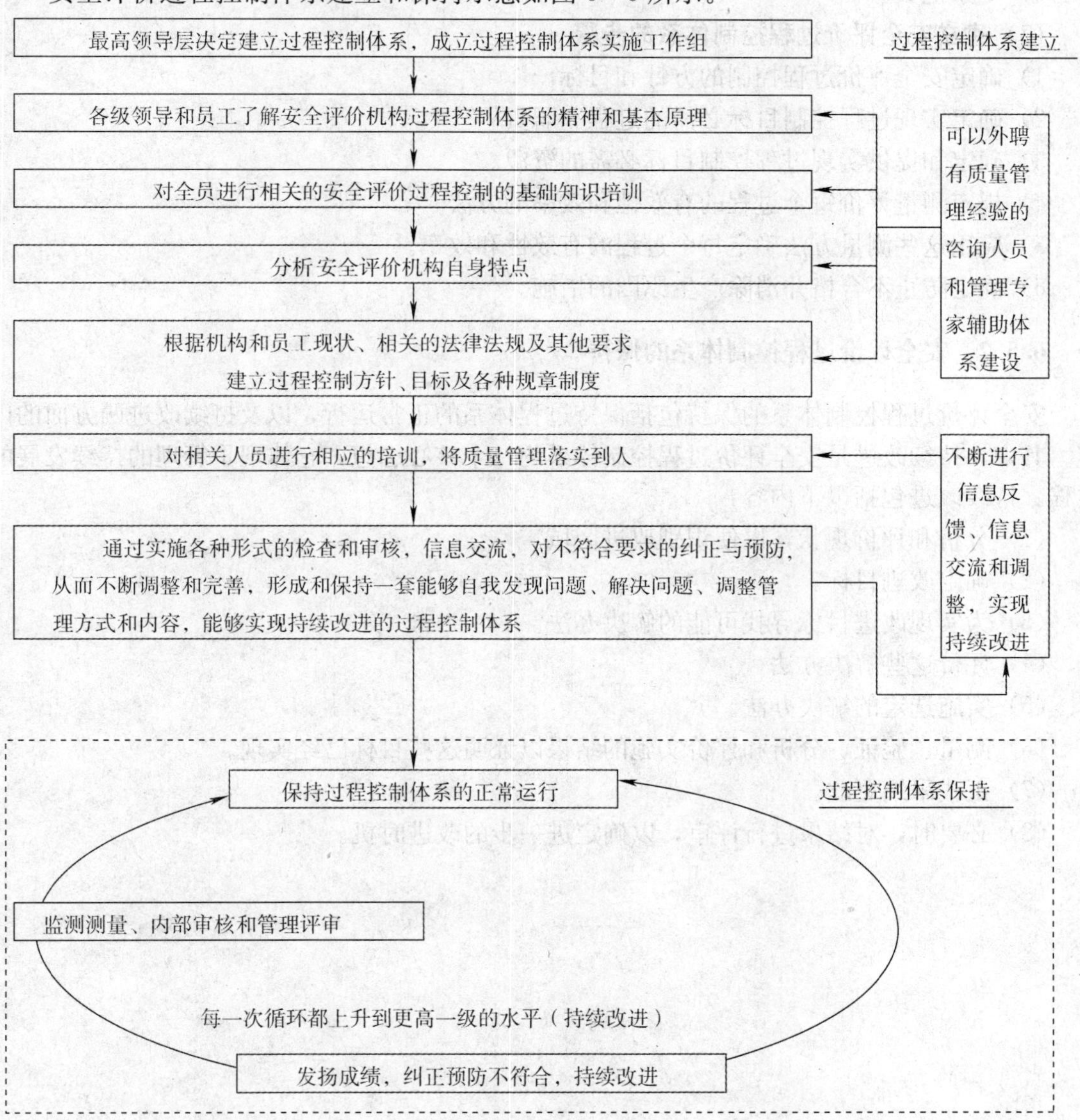

图 6—5　安全评价过程控制体系建立和保持示意图

6.5.1 安全评价过程控制体系的建立

(1) 建立安全评价过程控制体系时应考虑的因素

1）管理学原理。

2）国家对评价机构的监督管理要求。

3）机构自身的特点。

(2) 建立安全评价过程控制体系的原则

1）领导层真正重视。

2）员工积极参与。

3）专家把关。

(3) 建立安全评价过程控制体系的步骤

1）确定安全评价过程控制的方针和目标。

2）确定实现过程控制目标必需的过程和职责。

3）确定和提供实现过程控制目标必需的资源。

4）规定测量评价每个过程的有效性和效率的方法。

5）应用这些测量方法确定每个过程的有效性和效率。

6）确定防止不合格并消除产生原因的措施。

6.5.2 安全评价过程控制体系的保持

安全评价过程控制体系的保持包括保持过程体系的正常运行，以及持续改进两方面的内容。其中，持续改进是安全评价过程控制体系的一个核心思想，它体现了管理的持续发展的过程。持续改进包括以下内容：

(1) 分析和评价现状，以便识别改进区域。

(2) 确定改进目标。

(3) 为实现改进目标寻找可能的解决办法。

(4) 评价这些解决办法。

(5) 实施选定的解决办法。

(6) 测量、验证、分析和评价实施的结果以证明这些目标已经实现。

(7) 正式采纳更改。

(8) 必要时，对结果进行评审，以确定进一步的改进时机。

7 安全生产技术知识

7.1 机械电气安全技术

7.1.1 机械安全基础知识

机械是由若干相互联系的零部件按一定规律装配起来，能够完成一定功能的装置。机械装置在制造及运行使用过程中，会带来撞击、挤压、切割等机械伤害和触电、噪声、高温等非机械危害。

(1) 机械生产的主要产品及机械企业生产用主要机械分类

1）机械生产的主要产品。机械行业系统生产的机械产品主要有：农业机械、重型矿山机械、工程机械、石化通用机械、电工机械、机床、汽车、仪器仪表、基础机械、包装机械、环保机械及其他机械。

非机械行业系统生产的主要机械产品有：铁道机械、建筑机械、纺织机械、轻工机械、船舶等。

2）机械企业生产用主要机械分类。机械企业生产用主要机械分为 6 大类，即金属切削机床、锻压机械、起重机械、木工铸造机械、专用生产用机械及其他机械。

(2) 机械设计本质安全及安全装置

1）机械设计本质安全。

①本质安全。本质安全是指机械的设计者，在设计阶段采取措施来消除机械危险的一种机械安全方法。包括：在设计中消除危险的部件，减少或避免在危险区域内处理工作需求，提供自动反馈设备并使运动的部件处于密封状态之中等。

②失效安全。失效安全是指设计者应该保证当机器发生故障时不出危险的一种机械安全方法。这一类装置包括操作限制开关，限制不应该发生的冲击及运动的预设制动装置，设置把手和预防下落的装置，失效安全的限电开关等。

③定位安全。定位安全是指把机器的部件安置到不可能触及的地点，通过定位达到的一种机械安全方法。但设计者必须考虑到在正常情况下不会触及的危险部件，而在某些情况下可能会接触到，例如蹬着梯子对机器进行维修等情况。

④机器布置安全。车间合理的机器安全布局，可以使事故明显减少。安全布局时要考虑如下因素：空间上便于操作、管理、维护、调试和清洁；管、线布置不要妨碍在机器附近的安全出入，避免磕绊，有足够的上部空间；照明防止炫目，为操作机器而特需的照明；维护时的出入安全。

2）机器的安全装置设计。机器安全装置见表 7—1。

表 7—1　　机器安全装置

机器安全装置	控制方式或作用原理
固定安全装置	在可能的情况下，应该设计设置防止接触机器危险部件的固定安全装置。装置应能自动地满足机器运行的环境及过程条件。装置的有效性取决于其固定的方法和开口的尺寸，以及在其开启后距危险点应有的距离。安全装置应设计成只有用如旋具、扳手等专用工具才能拆卸的装置
联锁安全装置	联锁安全装置的基本原理：只有当安全装置闭合时，机器才能运转；而只有当机器的危险部件停止运动时，安全装置才能开启。联锁安全装置可采用机械、电气、液压、气动或组合的形式。在设计联锁装置时，必须使其在发生任何故障时，都不使人员暴露在危险之中
控制安全装置	要求机器能迅速地停止运动，可以使用控制装置。控制装置的原理：只有当控制装置完全闭合时，机器才能开动；当操作者接通控制装置后，机器的运行程序才开始工作；如果控制装置断开，机器的运动就会迅速停止或者反转。通常，在一个控制系统中，控制装置在机器运转时不会锁定在闭合状态
自动安全装置	自动安全装置的机制是，把暴露在危险中的人体从危险区域中移开。它仅能使用在有足够的时间来完成这样的动作而不会导致伤害的环境下，因此仅限于在低速运动的机器上采用
隔离安全装置	隔离安全装置是一种阻止身体的任何部位靠近危险区域的设施，例如固定的栅栏等
可调安全装置	在无法实现对危险区域进行隔离的情况下，可以使用部分可调的固定安全装置。这些安全装置可能起到的保护作用在很大程度上有赖于操作者的使用和对安全装置正确的调节以及合理的维护
自动调节安全装置	自动调节安全装置由于工件的运动而自动开启，当操作完毕后又回到关闭的状态
跳闸安全装置	跳闸安全装置的作用是：在操作到危险点之前，自动使机器停止或反向运动。该类装置依赖于敏感的跳闸机构，同时也有赖于机器能够迅速停止
双手控制安全装置	这种装置迫使操纵者要用两只手来操纵控制器。但是，它仅能对操作者而不能对其他有可能靠近危险区域的人提供保护。因此，还要设置能为所有的人提供保护的安全装置。当使用这类装置时，其两个控制点之间应有适当的距离，而机器也应当在两个控制开关都开启后才能运转，而且控制系统需要在机器的每次停止运转后重新启动

（3）常见事故

1）卷入和挤压。这种伤害主要来自旋转机械的旋转零部件，即两旋转件之间或旋转件与固定件之间的运动将人体某一部分卷入或挤压。这是造成机械事故的主要原因，其发生的频率最高，约占机械伤害事故的 47.7%。

2）碰撞和撞击。这种伤害主要来自直线运动的零部件和飞来物或坠落物。例如，做往复直线运动的工作台或滑枕等执行件撞击人体；高速旋转的工具、工件及碎片等击中人体等。

3）接触伤害。接触伤害主要是指人体某一部分接触到运动或静止机械的尖角、棱角、锐边、粗糙表面等发生的划伤或割伤的机械伤害和接触到过冷过热及绝缘不良的导电体而发生冻伤、烫伤及触电等伤害事故。

（4）事故原因

1）机械设备存在先天性潜在缺陷。属于这一类的潜在安全隐患涉及面很广，从设计到制造诸如零件材料缺陷及材料选择不当、基础设计不当、强度计算不准、结构设计不当、操纵控制机构设计不当、显示装置设置不当、无安全防护装置以及制造中的加工装配不当等。

2）设备磨损或老化。使用过程中由于磨损、老化降低了设备的可靠性而产生新的潜在危险因素，如裂纹、腐蚀等缺陷，但由于未被发现而“带病”运转。

3）人的不安全行为。有的是由于人的安全意识淡薄而做的有意的行为或错误的行为，有的则是由于人的大脑对信息处理不当而所做的无意行为，如误操作或误动作。人的任何一种不安全行为都可能导致事故发生。

(5) 机械伤害预防的对策

机械危害风险的大小取决于机器的类型、用途、使用方法，人员的知识、技能、工作态度；同时，还与人们对危险的了解程度和所采取的避免危险的技能有关。正确判断什么是危险和什么时候会发生危险是十分重要的。

1）实现机械安全。

①消除产生危险的原因。

②减少或消除接触机器的危险部件的需求。

③使人们难以接近机器的危险部位（或提供安全装置，使得接近这些部位不会导致受到伤害）。

④提供保护装置或者防护服。

2）保护操作者和有关人员的安全。

①通过培训来提高人们辨别危险的能力。

②通过对机器的重新设计，使危险更加醒目（或者使用警示标志）。

③通过培训，提高避免伤害的能力。

④增强采取必要的行动来避免伤害的自觉性。

7.1.2 通用机械安全技术

(1) 金属切削机床

1）金属切削机床的危险因素和常见事故。

①危险因素。碰撞、夹击、剪切、卷入。

②常见事故。设备接地不良、漏电，未采用安全电压；旋转运动部位未加防护罩；清除铁屑无专用工具，操作者未戴护目镜；加工细长杆轴料时尾部无防弯装置或托架；零部件装卡不牢；防护保险装置、防护栏、保护盖不全或维修不及时；砂轮有裂纹或装卡不合规定；操作旋转机床戴手套。

2）机床运转时出现的异常。

①温升异常。

②机床转速异常。

③机床在运转时出现振动和噪声。

④机床出现撞击声。

⑤机床的输入输出参数异常。

3）易损件的故障检测。

一般机械设备的故障较多表现为容易损坏的零件成为易损件，因此提高易损件的质量和使用寿命，及时更新报废件，是预防事故的重要任务。

4）金属切削机床常见危险因素的控制措施。

①设备可靠接地，照明采用安全电压。

②防护罩、保护盖、防护栏等应完备、可靠。

③防止夹具与卡具松动或脱落的装置应完好。

④机床应根据操作情况设置保护装置。

⑤备有清除切削屑的专用工具。

⑥选用合格砂轮，装卡合理。

⑦佩戴个人防护用品。

⑧严格执行操作规程。

（2）锻压机械和冲压机械

1）锻压机械。锻压机械包括成形用的锻锤、机械压力机、液压机、螺旋压力机和平锻机，以及开卷机、矫正机、剪切机、锻造操作机等辅助机械。

①锻压机械的危险因素。

a. 热辐射。

b. 冲击载荷等使锻锤活塞杆突然断裂。

c. 模具、工件突然破裂，锻件、料头、氧化皮等飞出。

d. 操纵机构失灵或误开动手动、脚踏开关。

e. 辅助工具选择不合理，在锤击中被打飞。

f. 噪声和振动。

②锻压机械的安全技术要求。

a. 不得有棱角或毛刺。

b. 各种外露传动装置设防护罩/网或防护栏。

c. 按规范装设安全防护装置。

d. 蓄力器都应有安全阀、荷重位置指示器。

e. 锤头砧体安装紧固。

f. 高压蒸汽管道上必须装有安全阀和凝结罐，以消除水击现象。

g. 操纵手柄、踏板连杆、按钮、制动手柄等灵活不卡阻。

h. 及时清除氧化皮。

i. 遵章守纪，定期检查维护设备。

2）冲压机械。冲压机械包括剪板机、曲柄机和液压机。

①冲压作业的危险因素和事故原因

a. 对安全影响最大的是冲压机械设备、模具、作业方式。

b. 冲压事故主要发生在模具行程间，主要伤害部位为手部。

c. 冲压机械危险包括设备结构具有的危险、动作失控、开关失灵、模具的危险。

②冲压作业安全技术措施

a. 改进冲压作业方式。

b. 改革冲模结构。

c. 实现机械化、自动化。

d. 设置模具和设备的防护装置。

(3) 木工机械

1）木工机械的危险特点。

a. 木工机械刀具运动速度高（2 500～4 000 r/min）。

b. 木材特性（节疤、弯曲或其他缺陷、易燃）。

c. 敞开式作业和手工操作（没有安全防护装置或失灵）。

d. 木工机械生产过程中噪声大，振动大，工人劳动强度大、易疲劳。

2）木工机械的安全装置。木工机械的安全装置包括安全保护装置、安全控制装置和安全报警信号装置。其技术要求如下：

a. 木工机械应装吸尘排屑装置、消声或通风装置。

b. 凡外露的皮带盘、转盘、转轴等部位应装设防护罩。

c. 每台木工机械的刀轴和电器应有联锁装置。

d. 尽可能装自动进料装置，使用自动进料器也应有防护罩。

e. 木料有反弹危险的地方，应装防弹装置。

f. 专门设置遇事故需紧急停机的安全控制装置。

g. 机床的周围应经常清理。

(4) 焊接设备

1）气焊与气割。气焊与气割的主要危险是爆炸与火灾，加工过程中产生的高温、金属熔渣飞溅、烟气、弧光也会危及操作人员的健康。

①电石储存和使用安全要求。电石（CaC）是气焊与气割作业的基本原料。电石遇水生成的乙炔（C_2H_2），与空气能形成爆炸性混合物；水量不足且散热不好时，局部过热引起乙炔热分解，也可能导致爆炸。电石储存和使用过程中应注意以下安全要求：

a. 电石应避免受潮，库房必须严防漏雨，盛放容器应密封良好，电石桶上应有防火防湿安全标志。

b. 电石库不得设在可能积水处，库房地面应高出室外地面 0.25～0.6 m。

c. 电石库房应为耐火建筑，房顶应设有自然通风的风帽，库房周围 10 m 以内不得有明火，库房内设施应符合防爆要求。

d. 搬运电石桶时应防止碰撞或滚动。

e. 开启电石桶时应使用不发生火花的铍铜合金工具；使用铜制工具时，其含铜量应低于 70%。

f. 空电石桶内可能滞留有可燃气体，其附近不得有明火。

g. 电石库应备有黄沙、干粉、二氧化碳等不含水的灭火器。

②乙炔发生器装置。乙炔是爆炸性气体，在一定温度和压力下能自行发生爆炸。使用乙炔发生器应注意以下安全问题：

a. 乙炔发生器本体及安全阀、回火防止器（水封安全阀）、安全膜（或卸压孔）应保持完好，不得有泄漏、堵塞。

b. 乙炔发生器、回火防止器内的水量应符合要求，乙炔发生器内水温不得超过 60℃，气体温度不得超过 90℃。

c. 宜采用块度 25～80 mm 的电石，不宜采用块度 15 mm 以下的电石和电石粉粒，以防分解太快。

d. 如乙炔发生器内部冻结，只能用热水、蒸汽解冻，而不能用明火或电热器具加热。

e. 不得用氧气顶吹乙炔皮管。

f. 使用前，应尽量放出乙炔发生器内乙炔与空气的混合物；每班工作结束前，应放出乙炔发生器内的电石灰和污水。

g. 乙炔发生器应放置在通风良好的场所，附近不得有引燃源。

h. 回火防止器只能接用一把焊枪；水封式回火防止器应垂直安装；使用水封式回火防止器前，应放出其内乙炔与空气的混合物；在冰冻季节，工作完毕后应放出水封式回火防止器内的存水；冰冻季节宜采用干式回火防止器。

i. 乙炔发生器安全膜的膜片应采用响应快的脆性材料制作，其强度按工作压力的 1.5 倍确定。

j. 乙炔发生器内的压力不得超过 150 kPa（表压）。

③氧气瓶。氧气瓶内压力高达 1.5 MPa，有较大的爆炸危险。使用氧气瓶应注意以下安全问题：

a. 氧气瓶本体及氧气表等附件应保持完好。

b. 装减压器前稍稍开启阀门，吹去阀门内的灰尘；减压器应安装牢固；装好后先缓缓打开氧气瓶阀门，再渐渐旋紧减压器的螺杆；装好的减压器不得漏气。

c. 氧气瓶或减压器冻结时不得用明火、炽热铁块烘烤或用铁器敲击，而只能用温水解冻。

d. 使用时拧紧皮管接头螺母后，应先打开气门吹出皮管内的灰尘和渣屑；不用时应将皮管挂起。

e. 氧气操作人员不应穿戴有油污的工作服、手套，使用有油污的工具。

f. 氧气瓶内的氧气不能全部用尽，充气前应留有 100～150 kPa 的压力。

g. 氧气瓶应远离高温场所和明火，夏季应避免阳光直射。

2）电焊。电焊是带有电击、弧光伤害、灼伤、爆炸和火灾等多种危险的作业。电焊分为电弧焊、电阻焊等焊接方法。其中，电弧焊是利用电弧作为热源，局部加热并熔化焊件金属完成焊接的方法。用手工操作焊条进行焊接的电弧焊称为手工电弧焊。手工电弧焊设备由弧焊机、软导线、焊钳等部件组成。交流弧焊机空载输出电压多为 60～75 V。当焊条与工件之间产生电弧时，焊钳上的工作电压维持在 30 V 左右。

①交流弧焊机使用安全要求。

a. 弧焊机应远离易燃、易爆物品；弧焊机应与安装环境条件相适应；弧焊机应避免受潮，并能防止异物进入。

b. 弧焊机外壳应可靠接保护导体；为了防止高压窜入低压带来的危险，弧焊机二次侧的某个点也应当接保护导体。

c. 弧焊机一次额定电压应与电源电压相符合，工作电流不得超过相应暂载率下的许用电流。

d. 弧焊机应经端子排接线；接线应正确，应避免产生有害的环流。

e. 多台焊机应尽量均匀地分接于三相电源，尽量保持三相平衡。

f. 弧焊机的一、二次电源线均应采用铜芯橡胶电缆（橡胶套软线）；一次电源线长度不宜超过 2～3 m。

g. 弧焊机一、二次线圈绝缘电阻合格。

h. 移动焊机必须停电进行。

i. 在电击危险性大的环境中作业，弧焊机二次侧宜装设熄弧自动断电装置。

j. 弧焊作业时应穿戴绝缘鞋、手套、工作服、面罩等防护用品；在金属容器中工作时，还应戴上头盔、护肘等防护用品。

②电焊作业防火、防爆安全要求。

a. 离焊接作业点 5 m 以内及下方不得有易燃物品，10 m 以内不得有乙炔发生器或氧气瓶。

b. 不得在储存汽油、煤油等易燃物品的容器上进行焊接作业。

c. 焊接管子时，管子两端应当打开，并不得有易燃物品。

d. 不得带压焊接压力容器。

e. 不论是电焊还是气焊，焊接盛过可燃气体或可燃液体的容器前，均应先打开盖反复清洗容器内残留的危险物质；在锅炉内、管道内、井下、地坑内实施焊接作业前，也应先清除其内残留的危险物质。

7.1.3 电气安全技术

(1) 电气事故种类

电气事故是与电相关联的事故。电气事故包括人身事故和设备事故。人身事故和设备事故都可能导致二次事故，而且二者很可能是同时发生的。按照电能的形态，电气事故可分为触电事故、雷击事故、静电事故、电磁辐射事故和电气装置故障事故。

1）触电事故。触电事故是由电流及其转换成的其他形式的能量造成的事故。触电事故分为电击和电伤。电击是电流直接作用于人体所造成的伤害。电伤是电流转换成热能、机械能等其他形式的能量作用于人体造成的伤害。

2）雷击事故。雷击事故是由自然界中相对静止的正、负电荷形式的能量造成的事故。

3）静电事故。静电事故是工艺过程中或人们活动中产生的，相对静止的正电荷和负电荷形式的能量造成的事故。

4）电磁辐射事故。电磁辐射事故是指电磁波形式的能量辐射造成的事故。辐射电磁波指频率在 100 kHz 以上的电磁波。高频电磁波除对人体有伤害外，还能造成感应放电和高频干扰。各种无线电设备均可能产生电磁辐射。高频金属加热设备（如高频淬火设备、高频焊接设备）、高频介质加热设备（如高频热合机、绝缘材料干燥设备）也是有电磁辐射危险的设备。

5）电气装置故障事故。电气装置故障引发的事故包括异常停电、异常带电、电气设备损坏、电气线路损坏、短路、断线、接地、电气火灾等。

(2) 触电事故预防技术

1）直接接触电击预防技术。

①绝缘。用绝缘物把带电体封闭起来。应符合其相应的电压等级、环境条件和使用条件。其电气指标为绝缘点电阻用欧表测量不得低于每伏电压 1 000 Ω。

②屏蔽。采用遮栏、护罩、护盖、箱闸等将带电体同外界隔绝。有足够尺寸的安全距离。遮栏与低压裸导体的距离不应小于 0.8 m；网眼遮栏与裸导体之间的距离，低压设备不宜小于 0.15 m，10 kV 设备不宜小于 0.35 m。屏护装置应安装牢固。金属材料制成的屏护装置应可靠接地（或接零）。遮栏、栅栏应根据需要挂标示牌。遮栏出入口的门上应根据需要安装信号装置和联锁装置。

③间距。将可能触及的带电体置于可能触及的范围之外。安全距离的大小决定于电压高低、设备类型、环境条件和安装方式等因素。架空线路的间距须考虑气温、风力、覆冰和环境条件的影响。在低压操作中，人体及其所携带工具与带电体的距离不应小于 0.1 m。在高压作业中，人体及其所携带工具与带电体的距离应满足表 7—2 所列各项最小距离的要求。

表 7—2　　高压作业的各项最小距离

类别	电压等级/kV	
	10	35
无遮栏作业，人体及其所携带工具与带电体之间①最小距离/m	0.7	1.0
无遮栏作业，人体及其所携带工具与带电体之间最小距离（用绝缘杆操作）/m	0.4	0.6
线路作业，人体及其所携带工具与带电体之间②最小距离/m	1.0	2.5
带电水冲洗，小型喷嘴与带电体之间最小距离/m	0.4	0.6
喷灯或气焊火焰与带电体之间③最小距离/m	1.5	3.0

注：①不足所列距离时，应装设临时栅栏。
②不足所列距离时，邻近线路应当停电。
③火焰不应喷向带电体。

在架空线路进行起重工作时，起重机具（包括被吊物）与线路导线之间的最小距离可参考表 7—3 所列数值。

表 7—3　　起重机具与线路导线的最小距离

线路电压/kV	≤1	10	35
最小距离/m	1.5	2	4

2）间接接触电击预防技术。

①IT 系统（保护接地）。保护接地是把故障情况下可能呈现危险的对地电压的导电部分同大地紧密地连接起来的接地。只要适当地控制保护接地电阻的大小，即可以限制漏电设备对地电压在安全范围内。

保护接地适用于不接地电网。在这种电网中，凡由于绝缘破坏或其他原因可能呈现危险电压的金属部分，除另有规定外，均应接地。

IT 系统如图 7—1 所示。IT 系统的字母：I 表示配电网不接地或经高阻抗接地，T 表示电气设备外壳接地。

380 V 不接地低压系统中接地电阻≤4 Ω；

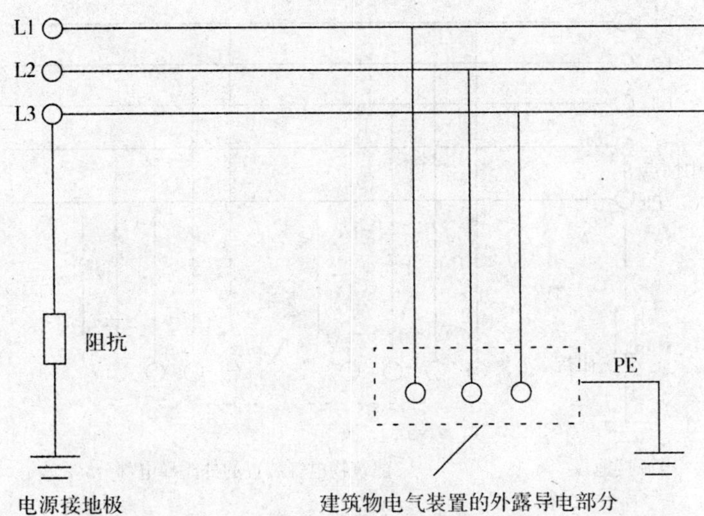

图 7—1 IT 系统

100 kV·A 配电网中接地电阻不超过 10 Ω。

②TT 系统。TT 系统如图 7—2 所示。

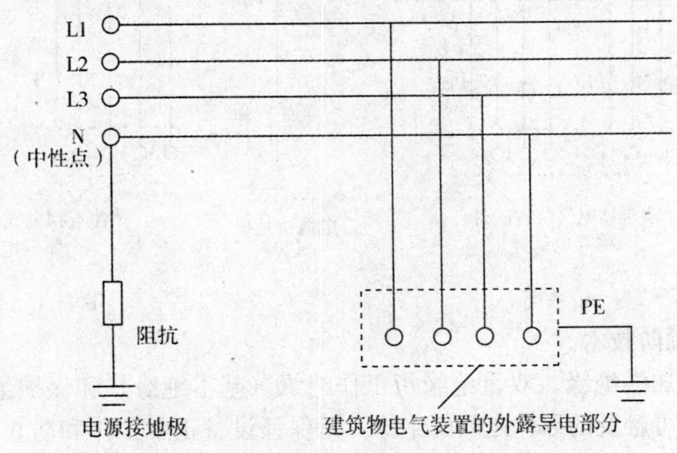

图 7—2 TT 系统

TT 系统的字母：一个 T 表示配电网接地，另一个 T 表示电气设备外壳接地。

TT 系统中必须装设漏电保护装置或过电流保护装置，主要适用于低压用户。中性点的接地 RN 叫做工作接地，中性点引出的导线叫中性线（也叫工作接零）。

③TN 系统（保护接零）。保护接零指电气设备在正常情况下不带电的金属部分与电网的保护零线的相互连接。其基本作用是，当某带电部分碰连设备外壳时，通过设备外壳形成该相对零线的单独短路，短路电流能促使线路上过电流保护装置迅速动作，从而断开故障部分电源，消除触电危险。保护接零用于中性点直接接地的 380/220 V 三相四线电网。

TN 系统如图 7—3、图 7—4、图 7—5 所示。TN 系统的字母：T 表示配电网直接地，N 表示电气设备在正常情况下不带电的金属部分与配电网中性点之间，亦即与保护接零之间紧密连接。

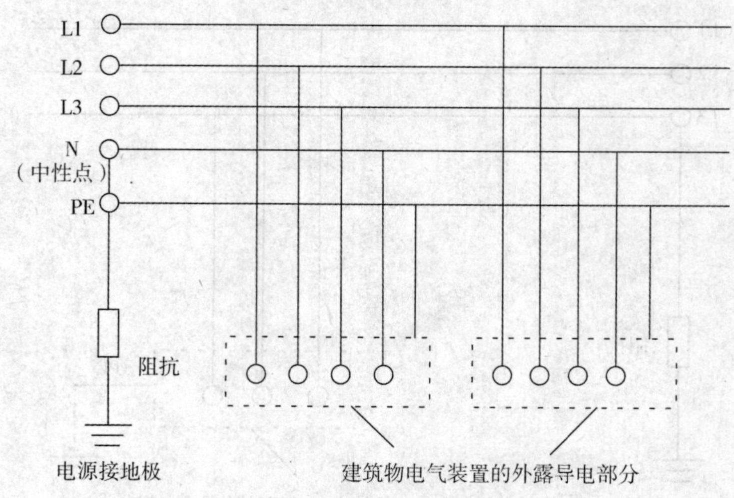

图 7—3　TN－S系统

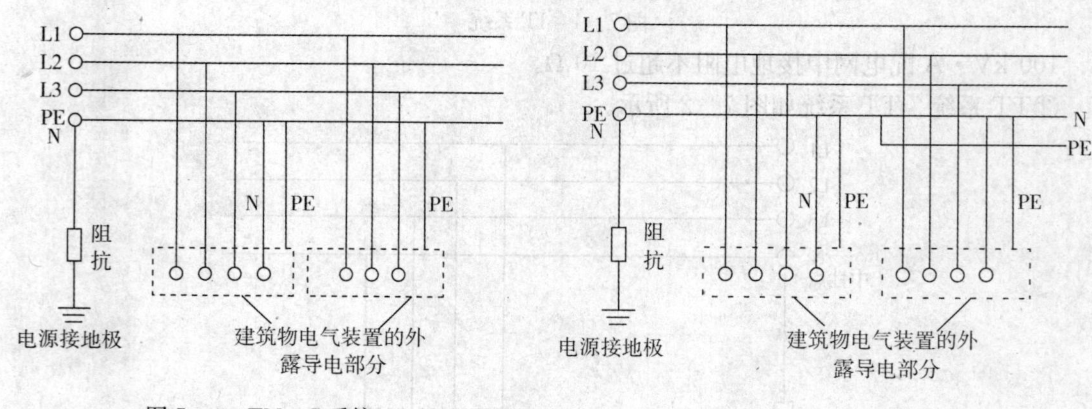

图 7—4　TN－C 系统

图 7—5　TN－C－S系统

3）其他电击预防技术。

①双重绝缘和加强绝缘。双重绝缘指工作绝缘（基本绝缘）和保护绝缘（附加绝缘）。前者是带电体与不可触及的导体之间的绝缘，是保证设备正常工作和防止电击的基本绝缘；后者是不可触及的导体与可触及的导体之间的绝缘，是当工作绝缘损坏后用于防止电击的绝缘。加强绝缘是具有与上述双重绝缘相同水平的单一绝缘。

②安全电压。安全电压是在一定条件下、一定时间内不危及生命安全的电压。安全电压限值是在任何情况下，任意两导体之间都不得超过的电压值。我国标准规定工频安全电压有效值的限值为 50 V。我国规定工频有效值的额定值有 42 V、36 V、24 V、12 V 和 6 V。凡是特别危险环境使用的携带式电动工具应采用 42 V 安全电压；凡有电击危险环境使用的手持照明灯和局部照明灯应采用 36 V 或 24 V 安全电压；金属容器内、隧道内、水井内以及周围有大面积接地导体等工作地点狭窄、行动不便的环境应采用 12 V 安全电压；水上作业等特殊场所应采用 6 V 安全电压。

③电气隔离。电气隔离指工作回路与其他回路实现电气上的隔离。电气隔离是通过采用 1∶1，即一次侧、二次侧电压相等的隔离变压器来实现的。电气隔离的安全实质是阻断二次边工作的人员单相触电时电流的通路。电气隔离的电源变压器必须是隔离变压器，二次边必

须保持独立，应保证电源电压 $U\leqslant500$ V、线路长度 $L\leqslant200$ m。

④漏电保护。漏电保护装置主要用于防止间接接触电击和直接接触电击。漏电保护装置也用于防止漏电火灾和监测一相接地故障。

(3) 雷电事故预防技术

1）雷电的种类和危害。

①雷电种类。

a. 直击雷。直击雷是带电积云接近地面至一定程度时，与地面目标之间的强烈放电。直击雷的每次放电含有先导放电、主放电、余光三个阶段。大约50%的直击雷有重复放电特征。每次雷击有三四个冲击至数十个冲击。一次直击雷的全部放电时间一般不超过500 ms。

b. 感应雷。感应雷也称做雷电感应，分为静电感应雷和电磁感应雷。静电感应雷是由于带电积云在架空线路导线或其他导电凸出物顶部感应出大量电荷，在带电积云与其他客体放电后，感应电荷失去束缚，以大电流、高电压冲击波的形式，沿线路导线或导电凸出物的传播。电磁感应雷是由于雷电放电时，巨大的冲击雷电流在周围空间产生迅速变化的强磁场，从而在邻近的导体上产生的很高的感应电动势。

c. 球雷。球雷是雷电放电时形成的发红光、橙光、白光或其他颜色光的火球。从电学角度考虑，球雷应当是一团处在特殊状态下的带电气体。

此外，直击雷和感应雷都能在架空线路或在空中金属管道上产生沿线路或管道的两个方向迅速传播的雷电冲击波。

②雷电危害。雷电具有雷电流幅值大（可达数十千安至数百千安）、雷电流陡度大（可达50 kA/μs)、冲击性强、冲击过电压高（可达数百千安至数千千安）的特点。其特点与其破坏性有紧密的关系。

雷电有电性质、热性质、机械性质等多方面的破坏作用，均可能带来极为严重的后果。

a. 火灾和爆炸。直击雷放电的高温电弧、二次放电、巨大的雷电流、球雷侵入可直接引起火灾和爆炸；冲击电压击穿电气设备的绝缘等破坏可间接引起火灾和爆炸。

b. 触电。积云直接对人体放电、二次放电、球雷打击、雷电流产生的接触电压和跨步电压可直接使人触电，电气设备绝缘因遭受雷击而损坏也可使人遭到电击。

c. 设备和设施毁坏。雷击产生的高电压、大电流伴随的汽化力、静电力、电磁力可毁坏重要电气装置和建筑物及其他设施。

d. 大规模停电。电力设备或电力线路破坏后即可能导致大规模停电。

2）防雷技术。

①防雷建筑物分类。建筑物按其火灾和爆炸的危险性、人身伤亡的危险性、政治经济价值分为三类。不同类别的建筑物有不同的防雷要求。

a. 第一类防雷建筑物。指制造、使用或储存炸药、火药、起爆药、火工品等大量危险物质，遇电火花会引起爆炸，从而造成巨大破坏或人身伤亡的建筑物。

b. 第二类防雷建筑物。指对国家政治或国民经济有重要意义的建筑物以及制造、使用和储存爆炸危险物质，但电火花不易引起爆炸，或不致造成巨大破坏和人身伤亡的建筑物。

c. 第三类防雷建筑物。指除第一类、第二类防雷建筑物以外需要防雷的建筑物。

②直击雷防护。第一类防雷建筑物、第二类防雷建筑物、第三类防雷建筑物的易受雷击部位，遭受雷击后果比较严重的设施或堆料，高压架空电力线路、发电厂和变电站等，应采取防直击雷的措施。装设避雷针、避雷线、避雷网、避雷带是直击雷防护的主要措施。其中，避雷针又分为独立避雷针和附设避雷针。独立避雷针不应设在人经常通行的地方。避雷针的保护范围按滚球法计算。

③二次放电防护。为了防止二次放电，不论是空气中或地下，都必须保证接闪器、引下线、接地装置与邻近导体之间有足够的安全距离。在任何情况下，第一类防雷建筑物防止二次放电的最小距离不得小于 3 m，第二类防雷建筑物防止二次放电的最小距离不得小于 2 m。不能满足间距要求时应予跨接。

④感应雷防护。有爆炸和火灾危险的建筑物、重要的电力设施应考虑感应雷防护。为了防止静电感应雷的危险，应将建筑物内不带电的金属装备、金属结构连成整体并予以接地。为了防止电磁感应雷的危险，应将平行管道、相距不到 100 mm 的管道用金属线跨接起来。

⑤雷电冲击波防护。变配电装置、可能有雷电冲击波进入室内的建筑物应考虑雷电冲击波防护。为了防止雷电冲击波侵入变配电装置，可在线路引入端安装阀型避雷器。阀型避雷器上端接在架空线路上，下端接地。正常时，避雷器对地保持绝缘状态；当雷电冲击波到来时，避雷器被击穿，将雷电引入大地，冲击波过去后，避雷器自动恢复绝缘状态。对于建筑物，可采用以下措施：

a. 全长直接埋地电缆供电，入户处电缆金属外皮接地。

b. 架空线供电，架空线与电缆连接处装设阀型避雷器，避雷器、电缆金属外皮、绝缘子铁脚、金具等一起接地。

c. 架空线供电，入户处装设阀型避雷器或保护间隙，并与绝缘子铁脚、金具一起接地。

⑥人身防雷措施。雷暴时，应尽量减少在户外或野外逗留；在户外或野外最好穿塑料等不浸水的雨衣；如有条件，可进入有宽大金属构架或有防雷设施的建筑物、汽车或船内。应尽量离开小山、小丘、隆起的小道，应尽量离开海滨、湖滨、河边、池塘旁，应尽量避开铁丝网、金属晒衣绳以及旗杆、烟囱、宝塔、单棵树木附近，还应尽量离开没有防雷保护的小建筑物或其他设施。在户内应离开照明线、动力线、电话线、广播线、收音机和电视机电源线、收音机和电视机天线以及与其相连的各种金属设备。雷雨天气，应注意关闭门窗。

(4) 静电事故预防技术

1）静电的特征。静电事故是工艺过程中或人们活动中产生的、相对静止的正电荷和负电荷形式的能量造成的事故。最常见产生静电的方式是接触分离起电。

①静电电压高。固体静电可达 2×10^5 V 以上，液体静电和粉体静电可达数万伏，气体和蒸气静电可达 10 000 V 以上，人体静电也可达 10 000 V 以上。

②静电泄漏慢。由于积累静电的材料的电阻率都很高，其上静电泄漏很慢。

③静电影响因素多。静电的产生和积累受材质、杂质、物料特征、工艺设备（如几何形状、接触面积）和工艺参数（如作业速度）、湿度和温度、带电历程等因素的影响。

2）静电危害。工艺过程中产生的静电可能引起爆炸和火灾，也可能给人以电击，还可能妨碍生产。其中，爆炸或火灾是最大的危害和危险。

3）防静电措施。

①工艺控制。为了有利于静电的泄漏，可采用导电性工具。为了减轻火花放电和感应带电的危险，可采用阻值为 10^7～10^9 Ω左右的导电性工具。为了防止静电放电，在液体灌装过程中不得进行取样、检测或测温操作。进行上述操作前，应使液体静置一定的时间，使静电得到足够的消散或松弛。为了避免液体在容器内喷射和溅射，应将注油管延伸至容器底部；装油前清除罐底积水和污物，以减少附加静电。

②接地。接地的作用主要是消除导体上的静电。金属导体应直接接地。为了防止火花放电，应将可能发生火花放电的间隙跨接连通起来，并予以接地。防静电接地电阻原则上不超过 1 MΩ 即可；对于金属导体，为了检测方便，可要求接地电阻不超过 100～1 000 Ω。对于产生和积累静电的高绝缘材料，宜通过 10^6 Ω或稍大一些的电阻接地。

③增湿。为防止大量带电，相对湿度应在 50%以上；为了提高降低静电的效果，相对湿度应提高到 65%～70%。增湿的方法不宜用于防止高温环境里的绝缘体上的静电。

④抗静电添加剂。抗静电添加剂是化学药剂。在容易产生静电的高绝缘材料中加入抗静电添加剂之后，能降低材料的体积电阻率或表面电阻率以加速静电的泄漏，消除静电的危险。

⑤静电中和器。静电中和器是能产生电子和离子的装置。由于产生了电子和离子，物料上的静电电荷得以与异性电荷中和，从而消除静电的危险。静电中和器主要用来消除非导体上的静电。

⑥加强静电安全管理。静电安全管理包括制定关联静电安全操作规程、静电安全指标、静电安全教育、静电检测管理等内容。

(5) 电磁辐射预防技术

1）电磁辐射概要。在一定强度的高频电磁波照射下，人体所受到的伤害主要表现为头晕、记忆力减退、睡眠不好等神经衰弱症状。严重者除神经衰弱症状加重外，还伴有心血管系统症状。电磁波对人体的伤害有滞后性，并可能通过遗传因子影响到后代。除对人体有伤害外，高频电磁波还能造成高频感应放电和高频干扰。

除无线电设备外，高频金属加热设备、高频介质加热设备也是有电磁辐射危险的设备。

2）电磁辐射防护。为防止电磁辐射的危害，应采取屏蔽、吸收等专门的预防措施。屏蔽分为主动场屏蔽和被动场屏蔽。主动场屏蔽是指将辐射源置于屏蔽体之内，将电磁场限制在某一范围内，使其不对屏蔽体以外的工作人员或仪器设备产生有害影响的屏蔽方式。被动场屏蔽是指屏蔽室、个人防护等屏蔽方式。用于高频防护的板状屏蔽和网状屏蔽均可用铜材、铝材或钢材制成。必要时可考虑双层屏蔽。屏蔽上孔洞直径不宜超过电磁波波长的1/5，缝隙宽度不宜超过电磁波波长的 1/10。如果在板状屏蔽上涂上一层有微小颗粒的材料，则可减少电磁波的反射，从而更有效地吸收电磁波的能量，构成所谓吸收屏蔽。高频接地的接地线不宜太长。接地线长度最好能限制在电磁波波长的 1/4 之内。如无法达到这一要求，也应避免波长为 1/4 的奇数倍。高频接地线宜采用多股铜线或多层铜皮制成。屏蔽接地只宜在屏蔽的一点与接地体相连。

此外，可以利用电磁波能在波导管内自由传播的特点，人为改变可能传播电磁波的金属管的几何尺寸和几何形状，以抑制电磁波的泄漏；可以利用谐振，消耗辐射能量；应注意改进高频设备及其馈线的设计，以减小其有效的辐射功率；应注意作业场所高频设备的合理布局，以减轻电磁波的干涉、反射和二次发射。

7.2 防火、防爆安全技术

防火、防爆安全技术，是一门为了防止火灾和爆炸事故的综合性技术，涉及多种工程技术学科，范围广泛，技术复杂。火灾和爆炸是安全生产的大敌，一旦发生，极易造成人员的重大伤亡和财产损失。所以，必须贯彻“以防为主，以消为辅”的消防工作方针，严格控制和管理各种危险物及发火源，消除危险因素，将火灾和爆炸危险控制在最小范围内；发生火灾事故后，作业人员能迅速撤离险区，安全疏散，同时要及时有效地将火灾扑灭，防止蔓延和发生灾害。

7.2.1 防火安全技术

(1) 火灾

火灾是火失去控制而蔓延形成的一种灾害性燃烧现象，它通常造成人或物的损失。

1）火灾发生的必要条件。火三角是助燃剂、可燃物和引火源的简称，也叫火灾三要素。这三个条件缺少任何一个，则火灾燃烧不能发生和维持，因此火三角是火灾发生的必要条件。

2）火灾的分类。按发生地点，火灾通常分为森林火灾、建筑火灾、工业火灾、城市火灾等。森林火灾是指在森林和草原发生的火灾，它包括地下火、地表火、树冠火等形式，具有大尺度、开放性等特点；建筑火灾是建筑物内发生的火灾，往往在受限空间中蔓延，具有多种发展方式和火行为；工业火灾指工业场所，尤其是油类生产、加工和储存场所发生的火灾，这类火灾往往蔓延迅速、火强度大。城市火灾是城市中发生的火灾，由于城市中建筑和植被邻接、混杂在一起，这类火灾既有建筑火灾的特点，又有森林火灾的特点。

按燃料性质，火灾又可分为A类、B类、C类和D类火灾。A类火灾为固体物质火灾，B类火灾为液体或可熔化的固体火灾，C类火灾为气体火灾，D类火灾为金属火灾。

3）不同可燃物燃烧的过程。火灾中气态可燃物通常为扩散燃烧，即可燃物和氧气边混合边燃烧；液态可燃物（包括受热后先液化后燃烧的固态可燃物）通常先是蒸发为可燃蒸气，可燃蒸气与氧化剂再发生燃烧；固态可燃物先是通过热解等过程产生可燃气体，可燃气体与氧化剂再发生燃烧。

4）火灾发生特点。

①火旋风。由于风向、地理形态、建筑物的影响，火灾在蔓延的过程中会形成旋转火焰，即火旋风。它通常分为垂直火旋风和水平火旋风，它的出现使得火蔓延速度和火强度大大增加。

②轰燃。轰燃的常见定义有：

a. 室内火灾由局部火向大火的转变，转变完成后室内所有可燃物表面都开始燃烧。

b. 室内燃烧由燃料控制向通风控制的转变，转变使得火灾由发展期进入最盛期。

c. 在室内顶棚下方积聚的未燃气体或蒸气突然着火而造成火焰迅速扩展。

在工程上应用最广的轰燃判据：一个是上层热烟气平均温度达到600℃，另一个是已对地面处接受的热流密度达到20 kW/m²。满足了这两个条件，可燃物通常可以发生轰燃。影响轰燃发生最重要的两个因素是辐射和对流情况，也就是上层烟气的热量得失关系，如果接收的热量大于损失的热量，则轰燃可以发生。轰燃的其他影响因素有通风条件、房间尺寸和烟气层的化学性质等。

③回燃。由于开始时的燃烧过程以及燃烧结束后的高温环境，使室内可燃物仍然进行着热解反应，室内会逐渐积聚大量的可燃气体，此时一旦通风条件改善，空气会以重力流的形式补充进来与室内的可燃气体混合。当混合气被灰烬点燃后，就会形成大强度、快速的火焰传播，在室内燃烧的同时，在通风口外形成巨大的火球，从而同时对室内和室外造成危害，这种“死灰复燃”现象就称为回燃。回燃具有隐蔽性和突发性，因此对生命财产安全危害极大。

5）闪点、燃点、自燃点的概念。

①闪点。即在规定条件下，材料或制品加热到释放出的气体瞬间着火并出现火焰的最低温度。

②燃点。即在规定的条件下，用标准火焰使材料引燃并继续燃烧一段时间所需的最低温度。

③自燃点。即在规定条件下，不用任何辅助引燃能源而达到引燃的最低温度。

6）闪燃、阴燃、爆燃、自燃的概念。

①闪燃。即可燃物表面或上方在很短时间内（0～1 s）重复出现火焰一闪即灭的现象。

②阴燃。即没有火焰和可见光的燃烧。

③爆燃。即伴随爆炸的燃烧波，以亚音速传播。

④自燃。即由于自加热引起的自发引燃。自加热可以是内部发热反应引起的温度升高，也可以是由于通电发热而产生的温度升高。

7）火灾发展变化及防治途径。火灾发展变化一般经过初起期、发展期、最盛期和熄灭期四个阶段。

火灾防治途径一般有设计与评估、阻燃、火灾探测、灭火等。在建筑及工程的设计阶段就可以考虑到火灾安全，进行安全设计，对已有的建筑和工程可以进行危险性评估，从而确定人员和财产的火灾安全性能；对于建筑材料和结构可以进行阻燃处理，降低火灾发生的概率和发展的速率；一旦火灾发生，要准确、及时地发现它，并克服误报警因素；发现火灾之后，要合理配置资源，迅速、安全地扑灭火灾。目前，火灾防治的趋势是“性能化设计与评估、清洁阻燃、智能探测、清洁高效灭火”。火灾防治途径环环相扣，构成了火灾防治系统。

8）火灾探测。在火灾的孕育与初期阶段，建筑物内会出现特殊现象或征兆，如发热、发光、发声，以及散发烟尘、可燃气体、特殊气味等，可分析研究这些特征，用探测器探测这些特征，用于火灾报警或预报。

根据探测元件与探测对象之间的关系，火灾探测可分为接触式和非接触式探测两种基本类型。

①接触式探测。在火灾的初期阶段，烟气是反映火灾特征的主要方面。接触式探测就是利用某种装置直接接触烟气来实现火灾探测的，只有当烟气到达该装置所安装的位置时感受

元件方可发生响应。烟气的浓度、温度、特殊产物的含量等都是探测火灾的常用参数。在普通建筑物中使用最多的是点式探测器。

②非接触式探测。非接触式火灾探测器主要是根据火焰或烟气的光学效果进行探测的。由于探测元件不必触及烟气，可以在离起火点较远的位置进行探测，所以探测速度较快，适宜探测那些发展较快的火灾。这类探测器主要有光束对射式探测器、感光（火焰）式探测器和图像式探测器。

9）灭火。

①灭火的基本概念。灭火一般是使着火物降到着火点以下，或者阻止其与空气的化学反应。按照燃烧原理，一切灭火方法的原理是将灭火剂直接喷射到燃烧的物体上或者将灭火剂喷洒在火源附近的物质上，使其不因火焰热辐射作用而形成新的火点。

②灭火方法。发生了火灾，要运用正确的方法进行灭火。灭火的基本原理主要是破坏燃烧过程及维持物质燃烧的条件。通常采用隔离法、窒息法、冷却法和化学抑制法四种方法，见表 7—4。

表 7—4　　灭火方法分类

灭火方法	原　理
隔离法	这种灭火法是将正在燃烧的物质和周围未燃烧的可燃物质隔离或移开，中断可燃物质的供给，使燃烧因缺少可燃物而停止
窒息法	这种灭火法是阻止空气流入燃烧区或用不燃烧区、不燃物质冲淡空气，使燃烧物得不到足够的氧气而熄灭的灭火方法
冷却法	这种灭火法是将灭火剂直接喷射到燃烧的物体上，以降低燃烧的温度于燃点之下，使燃烧停止。或者将灭火剂喷洒在火源附近的物质上，使其不因火焰热辐射作用而形成新的火点
化学抑制法	这种灭火法是将含氟、氯、溴的化学灭火剂（如 1211 等）喷向火焰，让灭火剂参与燃烧反应，从而抑制燃烧过程，使火迅速熄灭

上述四种方法有时是可以同时采用的。例如，用水或灭火器扑救火灾，就同时具有两个方面以上的灭火作用，但是，在选择灭火方法时，还要视火灾的原因采取适当的方法，不然，就可能适得其反，扩大灾害，如对电器火灾，就不能用水浇的方法，而宜用窒息法；对油火，宜用化学灭火剂等。

③火灾烟气控制。火灾烟气控制指所有可以单独或组合起来使用以减轻或消除火灾烟气危害的方法。火灾烟气控制方法有挡烟和排烟两种，见表 7—5。

表 7—5　　火灾烟气控制方法

火灾烟气控制方法	原　理
挡烟	用某些耐火性能好的物体或材料把烟气阻挡在限定区域，不让它流到可对人和物产生危害的地方。这种方法适用于建筑物与起火区没有开口、缝隙或漏洞的区域
排烟	使烟气沿着对人和物没有危害的渠道排到建筑外，从而消除烟气的有害影响。排烟有自然排烟和机械排烟两种形式。排烟囱、排烟井是建筑物中常见的自然排烟形式，它们主要适用于烟气具有足够大的浮力、可能克服其他阻碍烟气流动的驱动力的区域。机械排烟可克服自然排烟的局限，有效地排出烟气

10）火灾危险性分析。古斯塔夫（Gustav Purt）提出的危险度法是目前常用的火灾危险性分析方法。建筑物的火灾危险度包括火灾对建筑物本身的破坏以及对建筑物内部人员和物质的伤害两个方面。对建筑物本身的破坏用 GR（建筑物火灾危险度）来表示，对建筑物内人员和物质的伤害用 IR（建筑物内火灾危险度）来表示，两方面的危险度共同决定了建筑物的火灾危险度。

①GR 分析。根据古斯塔夫提出的有关公式，GR 可用下式计算：

$$GR=\frac{(Q_m\cdot C+Q_i)\ B\cdot L}{W\cdot R_i} \tag{7—1}$$

式中 Q_m——可移动的火灾负荷因子；

C——易燃性因子；

Q_i——固定的火灾负荷因子；

B——火灾区域及位置因子；

L——灭火延迟因子；

W——建筑物耐火因子；

R_i——危险度减小因子。

下面分别对各个因子的取值进行讨论。

Q_m 表示建筑物室内可移动的燃烧物对 GR 的影响，家具、衣物等都归入此类，通常采用折合标准木材的方法来表示。

C 表示可燃物的易燃性能，依据易燃性能分成 4 个等级，每一等级对应一个 C 的取值。

Q_i 表示建筑物构件中的可燃材料，一般也用折合木材量表示。

B 表示建筑物火灾区域对灭火活动难易程度的影响，一般分为 4 级。

L 表示灭火设施以及其他和人力有关的因素。

W 指建筑的耐火能力，根据耐火时间长短分为 7 级。

上述 6 个因子计算出来的是最大危险度，实际要考虑使火灾危险度下降的因素是 R_i。

②IR 分析。根据古斯塔夫建议的有关公式，IR 的计算采用如下公式：

$$IR=H\cdot D\cdot F \tag{7—2}$$

式中 H——人员危险因子；

D——财产危险因子；

F——烟气因子。

H 的取值受人员多少、对建筑物疏散通道的熟悉程度、出口位置及数量等因素影响。

D 的取值受财产本身的价值、数量、易损情况等条件影响。

F 为烟气因子，主要考虑烟气的毒性、烟气浓度、哪些材料容易产生烟、烟的各种间接腐蚀性等。

对 GR 和 IR 计算完成后，绘制建筑物火灾危险度分布图，如图 7—6 所示。

GR 和 IR 在不同的区域，其防火措施是不同的。当 GR 较大时，建议该区域采用自动灭火系统，以加强建筑物的自救能力；当 IR 较大时，建议采用火灾早期报警系统。当两者都较大时，应采取双重保护系统。

11）点火源。点火源是指能够使可燃物与助燃物发生燃烧反应的能量来源。这种能量既

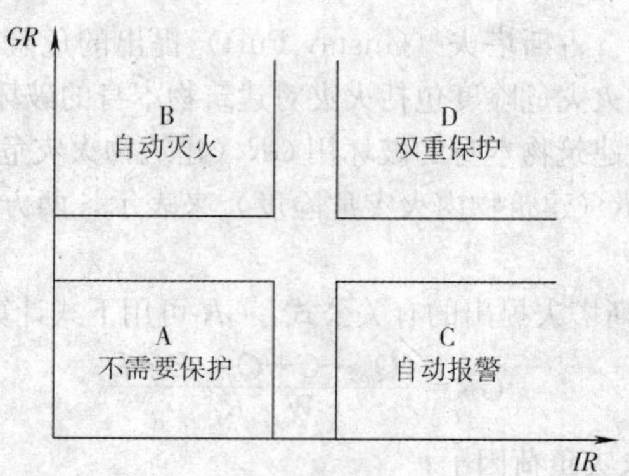

图 7—6　建筑物火灾危险度分布图

可以是热能、光能、电能、化学能，也可以是机械能。根据点火源产生能量的来源不同，点火源可分为火焰、火星、高热物体、电火花、静电火花、撞击、摩擦化学反应热、光线聚焦等。常见点火源见表 7—6。

表 7—6　　常见点火源

常见点火源		特　点
化学点火源	化学自热着火	在常温常压下，可燃物不需要外界加热，而是依靠特定条件下自身的反应放出的热量着火。这里讲的特定条件包括：与水作用、与空气作用、性质相抵触的物品相互作用等
	蓄热自热着火	煤、植物、涂油等可燃物质都有蓄热自热的特点，长期堆积在一起，会发生蓄热自热着火
电气火源		电器短路或者负荷过载引起的点火源
机械点火源		由撞击和摩擦等机械作用形成的点火源

（2）消防设施

1）火灾自动报警系统。火灾自动报警系统一般由触发元件、火灾报警装置、火灾警报装置和电源四部分组成。复杂的火灾自动报警系统还包括消防控制设备。

此处所讲的是适用于工业与民用建筑和场所内设置的火灾自动报警系统，不是适用于生产和储存火药、炸药、弹药、火工品等场所设置的火灾自动报警系统。

2）灭火系统。灭火系统分为水灭火系统、泡沫灭火系统、气体灭火系统。

①水灭火系统。灭火原理：冷却、窒息。不适宜用水扑救的火灾：过氧化物、轻金属、高温黏稠的可燃液体，及其他用水扑救会使对象遭受严重破坏的火灾。

②泡沫灭火系统。灭火原理：冷却、窒息。适用范围：低倍数泡沫灭火系统适用于开采，提炼加工，储存运输，装卸和使用甲、乙、丙类液体的场所，不适用于船舶、海上石油平台以及储存液化烃的场所；中、高倍数适用于汽油、煤油、柴油、工业苯等 B 类火灾，木材、纸张、橡胶、纺织品等 A 类火灾，封闭带电设备场所的火灾，及液化石油气流淌火灾。

③气体灭火系统。灭火原理：卤代烷灭火机理主要是通过溴和氟等卤素氢化物的化学催

化作用和化学净化作用大量捕捉、消耗火焰中的自由基，抑制燃烧的链式反应，迅速将火焰扑灭。二氧化碳灭火剂主要是根据稀释氧浓度、窒息燃烧和冷却等物理机理进行灭火。适用范围：卤代烷和二氧化碳都适用于扑救A类火灾中一般固体物质的表面火灾；二氧化碳灭火系统还适用于扑救棉、毛、织物、纸张等部分固体的深位火灾。

(3) 建筑灭火器配置

1）建筑灭火器的适用范围及危险场所划分。扑救A类火灾应选用水型、泡沫、磷酸铵盐干粉、卤代烷型灭火器。扑救B类火灾应选用干粉、泡沫、卤代烷、二氧化碳型灭火器。扑救极性溶剂B类火灾不得选用化学泡沫灭火器。扑救C类火灾应选用干粉、卤代烷、二氧化碳、干粉型灭火器。扑救A类、B类、C类和带电火灾应选用磷酸铵盐干粉、卤代烷型灭火器。扑救D类火灾的灭火器材应由设计部门和当地公安消防监督部门协商解决。危险场所分为严重危险级、中危险级、轻危险级。

2）建筑灭火器的配置基准与设置。灭火器配置场所的火灾种类，灭火有效程度，对保护物品的污损程度，设置点的环境温度，使用灭火器人员的素质。

3）建筑灭火器的灭火级别与选择。建筑灭火器的灭火级别应由数字和字母组成，数字应表示灭火级别的大小，字母（A或B）应表示灭火级别的单位及适用扑救火灾的种类。

4）建筑灭火器的使用与维护。灭火器应设置在明显和便于取用的地点，且不得影响安全疏散。灭火器应设置稳固，其铭牌必须朝外。手提式灭火器宜设置在挂钩、托架上或灭火器箱内，其顶部离地面高度应小于1.5 m；底部离地面高度不宜小于0.15 m。灭火器不应设置在潮湿或强腐蚀性的地点，当必须设置时，应有相应的保护措施。设置在室外的灭火器，应有保护措施。灭火器不得设置在超出其使用温度范围外的地点。灭火器的使用温度范围应符合规范规定。

在卤代烷灭火器定期维修、水压试验或作报废处理时，必须使用经国家认可的装置（方法）回收卤代烷灭火剂。已配置在工业与民用建筑及人防工程内的所有卤代烷灭火器，除用于扑灭火灾外，不得随意向大气中排放。在非必要配置卤代烷灭火器的场所已配置的卤代烷灭火器，当其超过规定的使用年限或达不到产品质量标准要求时，应将其撤换，并应作报废处理。

7.2.2　防爆安全技术

(1) 爆炸的概念

1）爆炸的机理及其分类。在自然界中存在各种爆炸现象。广义地讲，爆炸是物质系统的一种极为迅速的物理的或化学的能量释放或转化过程，是系统蕴藏的或瞬间形成的大量能量在有限的体积和极短的时间内，骤然释放或转化的现象。在这种释放和转化的过程中，系统的能量将转化为机械功以及光和热的辐射等。

爆炸可以由不同的原因引起，但不管是何种原因引起的爆炸，归根结底必须有一定的能量。按照能量的来源，爆炸可分为物理爆炸、化学爆炸和核爆炸3类。

①物理爆炸。物理爆炸是由系统释放物理能引起的爆炸。例如，当高压蒸汽锅炉的过热蒸汽压力超过锅炉能承受的程度时，锅炉破裂，高压蒸汽骤然释放出来，形成爆炸；物理爆炸是机械能或电能的释放和转化过程，参与爆炸的物质只是发生物理状态或压力的变化，其

性质和化学成分不发生改变。

②化学爆炸。化学爆炸是由于物质的化学变化引起的爆炸，如炸药爆炸，可燃气体（如甲烷、乙炔等）爆炸。悬浮于空气中的粉尘（如煤粉、面粉等）以一定的比例与空气混合时，在一定的条件下所产生的爆炸也属于化学爆炸。化学爆炸是通过化学反应，将物质内潜在的化学能，在极短的时间内释放出来，使其化学反应产物处于高温、高压状态的结果。一般气体爆炸和粉尘爆炸的压力可以达到 2×10^{6} Pa，高能炸药爆炸时的爆轰压可达 2×10^{10} Pa 以上，二者爆炸时产物的温度均可达到 $3\times10^{3}\sim5\times10^{3}$ K，因而使爆炸产物急剧向周围膨胀，产生强冲击波，造成对周围介质的破坏。化学爆炸时，参与爆炸的物质在瞬间发生分解或化合，变成新的爆炸产物。

③核爆炸。核爆炸是核裂变（如原子弹是用铀 235、钚 239 裂变）、核聚变（如氢弹是用氘、氚或锂核的聚变）反应所释放出的巨大核能引起的。核爆炸反应释放的能量比炸药爆炸时放出的化学能大得多，核爆炸中心温度可达 10^{7} K 量级，压力可达 10^{15} Pa 以上，同时产生极强的冲击波、光辐射和粒子的贯穿辐射等，比炸药爆炸具有更大的破坏力。化学爆炸和核爆炸反应都是在微秒量级的时间内完成的。

综上所述，爆炸过程表现为两个阶段：第一阶段，物质的（或系统的）潜在能以一定的方式转化为强烈的压缩能；第二阶段，压缩急剧膨胀，对外做功，从而引起周围介质的变形、移动和破坏。不管由何种能源引起的爆炸，它们都同时具备两个特征，即能源具有极大的能量密度和极大的能量释放速度。

按反应相态的不同，爆炸可分为气相爆炸、液相爆炸和固相爆炸 3 类。

①气相爆炸。它包括可燃性气体和助燃性气体混合物的爆炸、气体的分解爆炸、液体被喷成雾状物在剧烈燃烧时引起的爆炸等。

②液相爆炸。它包括聚合爆炸、蒸气爆炸以及不同液体混合所引起的爆炸。

③固相爆炸。它包括爆炸性化合物和混合危险物质的爆炸。

2）爆炸反应历程。爆炸性物质或混合物发生爆炸有链式反应和热反应两种不同的历程。

①按照链式反应理论，爆炸性混合物（如可燃性气体和氧气）与火源接触后，活化分子就会吸收能量而离解为游离基，并与其他分子相互作用形成一系列的链式反应，释放燃烧热。链式反应有直链式反应和支链式反应两种。直链式反应是指每一个游离基都进行自己的连锁反应，如氯和氢属于这一类反应。支链式反应是指在反应中一个游离基能生成一个以上的新的游离基，如氢和氧的连锁反应属于这一类反应。

链式反应历程大致分为 3 个阶段：

a. 链引发，游离基生成。

b. 链传递，游离基作用于其他参与反应的化合物，产生新的游离基。

c. 链终止，即游离基的消耗，使连锁反应终止。

②热反应历程是指危险物受热发生化学反应，反应在一定空间内进行时，如果散热不良会使反应温度不断提高，温度的提高又会使反应速度加快，使得热大于失热，导致爆炸发生。

至于什么情况下发生热反应，什么情况下发生链式反应，需根据具体情况而定，甚至同一爆炸性混合物在不同条件下有时也会有所不同。

(2) 爆炸极限

1) 爆炸极限的基本理论及其影响因素。爆炸极限是表征可燃气体和可燃粉尘危险性的主要参数。当可燃气体、蒸气或可燃粉尘与空气(或氧)在一定浓度范围内均匀混合，遇到火源发生爆炸的浓度范围称为爆炸浓度极限，简称爆炸极限。将这一浓度范围的混合气体(或粉尘)称做爆炸性混合气体(或粉尘)。可燃气体、蒸气的爆炸极限一般用可燃气体或蒸气在混合气体中的所占体积分数来表示；可燃粉尘的爆炸极限是以在混合物中的质量浓度(g/m^3)来表示。把能够爆炸的最低浓度称做爆炸下限，能发生爆炸的最高浓度称做爆炸上限。

爆炸极限主要有以下几方面的影响因素：

①温度。混合爆炸气体的初始温度越高，爆炸极限范围越宽，则爆炸下限降低，上限增高，爆炸危险性增加。这是因为在温度增高的情况下，活化分子增加，分子和原子的动能也增加，使活化分子具有更大的冲击能量，爆炸反应容易进行，使原来含有过量空气(低于爆炸下限)或可燃物(高于爆炸上限)而不能使火焰蔓延的混合物浓度变成可以使火焰蔓延的浓度，从而扩大了爆炸极限范围。

②压力。混合气体的初始压力对爆炸极限的影响较复杂，在 0.1～2.0 MPa 的压力下，对爆炸下限影响不大，对爆炸上限影响较大。当大于 2.0 MPa 时，爆炸下限变小，爆炸上限变大，爆炸范围扩大。这是因为在高压下混合气体的分子浓度增大，反应速度加快，放热量增加，且在高气压下，热传导性差，热损失小，有利于可燃气体的燃烧或爆炸。

③惰性介质。若在混合气体中加入惰性气体(如氮、二氧化碳、水蒸气、氩等)，随着惰性气体含量的增加，爆炸极限范围缩小。当惰性气体的浓度增加到某一数值时，使爆炸上下限趋于一致，使混合气体不发生爆炸。这是因为加入惰性气体后，使可燃气体的分子和氧分子隔离，它们之间形成一层不燃烧的屏障，而当氧分子冲击惰性气体时，活化分子失去活化能，使反应链中断。若在某处已经着火，则放出热量被惰性气体吸收，热量不能积聚，火焰不能蔓延到可燃气体分子上，可起到抑制作用。

④爆炸容器。爆炸容器的材料和尺寸对爆炸极限有影响。若容器材料的传热性好，管径越细，火焰在其中越难传播，爆炸极限范围变小；当容器直径或火焰通道小到某一数值时，火焰就不能传播下去，这一直径称为临界直径或最大灭火间距。如甲烷的临界直径为 0.4～0.5 mm，氢和乙炔为 0.1～0.2 mm。目前一般采用直径为 50 mm 的爆炸管或球形爆炸容器。

⑤点火源。点火源的活化能量越大，加热面积越大，作用时间越长，爆炸极限范围也越大。

2) 爆炸完全反应浓度、爆炸温度和爆炸压力的计算。

①爆炸完全反应浓度的计算。爆炸混合物中的可燃物质和助燃物质完全反应的浓度也就是理论上完全燃烧时在混合物中可燃物的含量，根据化学反应方程式可以计算可燃气体或蒸气的完全反应浓度。

②爆炸温度的计算。

a. 根据反应热计算爆炸温度，理论上的爆炸最高温度可根据反应热计算。

b. 根据燃烧反应方程式与气体的内能计算爆炸温度。可燃气体或蒸气的爆炸温度可利用能量守恒的规律估算，即根据爆炸后各生成物内能之和与爆炸前各种物质内能及物质的燃烧热的总和相等的规律进行计算。用公式表达为：

$$\sum u_2 = \sum Q + \sum u_1 \tag{7-3}$$

式中 $\sum u_2$——燃烧后产物的内能总和；

$\sum u_1$——燃烧前物质的内能总和；

$\sum Q$——燃烧物质的燃烧热总和。

③爆炸压力的计算。可燃性混合物爆炸产生的压力与初始压力、初始温度、浓度、组分以及容器的形状、大小等因素有关。爆炸时产生的最大压力可按压力与温度及摩尔数成正比的规律确定，根据这个规律有下列关系式：

$$\frac{p}{p_0}=\frac{T}{T_0}\times\frac{n}{m} \tag{7-4}$$

式中 p、T 和 n——分别为爆炸后的最大压力、最高温度和气体摩尔数；

p_0、T_0 和 m——分别为爆炸前的初始压力、初始温度和气体摩尔数。

由此可以得出爆炸压力计算公式：

$$P=\frac{T\cdot n}{T_0 m}\times P_0 \tag{7-5}$$

3）爆炸极限的计算。

①碳氢化合物和有机物的爆炸极限计算。

a. 根据完全燃烧反应所需氧原子数，估算碳氢化合物的爆炸下限和上限。其经验公式如下：

$$L_{下}=\frac{100}{4.76\ (N-1)\ +1} \tag{7-6}$$

$$L_{上}=\frac{4\times100}{4.76N+4} \tag{7-7}$$

式中 $L_{下}$——碳氢化合物的爆炸下限，%；

$L_{上}$——碳氢化合物的爆炸上限，%；

N——每摩尔可燃气体完全燃烧所需氧原子数。

b. 根据爆炸性混合气体完全燃烧时的摩尔分数，确定有机物的爆炸下限及上限。其计算公式如下：

$$L_{下}=0.55X \tag{7-8}$$

$$L_{上}=4.8\sqrt{X} \tag{7-9}$$

式中 X——可燃气体摩尔分数，也就是完全燃烧时在混合气体中该可燃气体的含量。

②多种可燃气体组成的混合物的爆炸极限计算。由多种可燃气体组成爆炸性混合气体的爆炸极限，可根据各组分的爆炸极限进行计算。其计算公式如下：

$$L_m=\frac{100}{\frac{V_1}{L_1}+\frac{V_2}{L_2}+\frac{V_3}{L_3}+\cdots+\frac{V_n}{L_n}} \tag{7-10}$$

式中 L_m——爆炸性混合气体的爆炸极限，%；

L_1、L_2、L_3——组成混合气体各组分的爆炸极限，%；

V_1、V_2、V_3——各组分在混合气体中的浓度，%；

$V_1+V_2+V_3+$，…，$+V_n=100\%$。

③含有惰性气体组成混合物的爆炸极限计算。如果爆炸性混合气体中含有惰性气体如氮、二氧化碳等，计算爆炸极限时，可先求出混合物中由可燃气体和惰性气体分别组成的混合比，然后在相应的比例图中找出它们的爆炸极限，并分别代入公式求得。

(3) 粉尘爆炸

1）粉尘爆炸的机理和特点。当可燃性固体呈粉体状态，粒度足够细，飞扬悬浮于空气中，并达到一定浓度，在相对密闭的空间内，遇到足够的点火能量，就能发生粉尘爆炸。具有粉尘爆炸危险性的物质较多，常见的有金属粉尘（如镁粉、铝粉等）、煤粉、粮食粉尘、饲料粉尘、棉麻粉尘、烟草粉尘、纸粉、木粉、火炸药粉尘及大多数含有C元素及H元素、与空气中氧反应能放热的有机合成材料粉尘等。

粉尘爆炸是一个瞬间的连锁反应，属于不定常的气固二相流反应，其爆炸过程比较复杂，它将受诸多因素的制约。所以，有关粉尘爆炸的机理至今尚在不断研究和不断完善之中。日本安全工学协会编的《爆炸》一书阐述了一种比较典型的粉尘爆炸机理。也就是，粉尘粒子表面通过热传导和热辐射，从火源获得能量，使表面温度急剧升高，达到粉尘粒子加速分解的温度和蒸发温度，形成粉尘蒸气或分解气体，这种气体与空气混合后就容易引起点火（气相点火）。另外，粉尘粒子本身相继发生熔融汽化，迸发出微小火花，成为周围未燃烧粉尘的点火源，使之着火，从而扩大了爆炸范围，这一过程与气体爆炸相比复杂得多。

从粉尘爆炸过程可以看出粉尘爆炸有如下特点：

①粉尘爆炸速度或爆炸压力上升速度比爆炸气体小，但燃烧时间长、产生的能量大、破坏程度大。

②爆炸感应期较长，粉尘的爆炸过程比气体的爆炸过程复杂，要经过尘粒的表面分解或蒸发阶段及由表面向中心延烧的过程，所以感应期比气体长得多。

③有产生二次爆炸的可能性。因为粉尘初次爆炸产生的冲击波会将堆积的粉尘扬起，悬浮在空气中，在新的空间形成达到爆炸极限浓度范围内的混合物，而飞散的火花和辐射热成为点火源，引起第二次爆炸，这种连续爆炸会造成严重的破坏。粉尘有不完全燃烧现象，在燃烧后的气体中含有大量的CO气体及粉尘（如塑料粉）自身分解的有毒气体，会伴随中毒死亡的事故。

2）评价粉尘爆炸危险性的主要特征参数。评价粉尘爆炸危险性的主要特征参数是爆炸极限、最小点火能量、最低着火温度、粉尘爆炸压力及压力上升速率（dp/dt）。

粉尘爆炸极限不是固定不变的，它的影响因素主要有粉尘粒度、分散度、湿度、点火源的性质、可燃气含量、氧含量、惰性粉尘和灰分温度等。一般来说，粉尘粒度越细，分散度越高，可燃气体和氧的含量越大，火源强度、初始温度越高，湿度越低，惰性粉尘及灰分越少，爆炸极限范围越大，粉尘爆炸危险性也就越大。

粉尘爆炸压力及压力上升速率主要受粉尘粒度、初始压力、粉尘爆炸容器、湍流度等因素的影响。粒度对粉尘爆炸压力上升速率的影响比粉尘爆炸压力大得多。当粉尘粒度越细，表面越大，反应速度越快，爆炸上升速率就越大。随初始压力的增大，对密闭容器的粉尘爆炸压力及压力上升速率也增大，当初始压力低于压力极限时（如数十毫帕），粉尘则不再可能发生爆炸。与可燃气体爆炸一样，容器尺寸会对粉尘爆炸压力及压力上升速率有很大的影响。

3）控制产生粉尘爆炸的技术措施。控制产生粉尘爆炸的主要技术措施是缩小粉尘扩散范围，消除粉尘，控制火源，适当增湿。对于产生可燃粉尘的生产装置，则可以进行惰化防护，即在生产装置中通入惰性气体，使实际氧含量比临界氧含量低 20%。在通入惰性气体时，必须注意把装置里的气体完全混合均匀。在生产过程中，要对惰性气体的气流、压力或对氧气浓度进行测试，应保证不超过临界氧含量。

此外，还可以采用抑爆装置等技术措施。抑爆装置由爆炸压力探测器、信号放大器和抑爆剂发射器组成。

7.2.3 民用爆破器材、烟花爆竹安全技术

(1) 民用爆破器材、烟花爆竹的主要危险因素

民用爆破器材、烟花爆竹作为一种燃烧爆炸物品，其生产历来都属于高危险行业，易燃易爆。

1）原材料的危险性。制药所用的原材料和辅助材料，如硝酸铵、复合蜡（含乳化剂）等都有易燃易爆危险性。

2）生产过程中的危险性。粉状乳化炸药的生产工艺简单概括为：油相制备—水相制备—乳化（冷却敏化）—喷雾制粉—装药包装。

制造过程中可能形成爆炸性粉尘，遇高温、撞击摩擦、电气和静电火花、雷击可能发生燃烧爆炸。生产过程中需要采用较高温度和压力的蒸气，乳化设备中有转动摩擦的部件，喷雾制粉过程中需要使用特种运输泵和功率较大的风机等。

3）运输与储存方面的危险性。成品粉状乳化炸药具有较高的爆轰和殉爆特性。

硝酸铵储存过程中发生自燃分解并放出热量。当环境具备一定的条件且温度达到爆发点时就会引起硝酸铵燃烧或爆炸。

油状材料都是易燃危险品，储存时遇到高温、氧化剂等，易发生燃烧而引起燃烧事故。

包装后的乳化炸药仍具有较高的温度，炸药中的氧化剂和可燃剂会缓慢反应，当热量得不到及时散发时易发生燃烧而引起爆炸。

危险品运输时可能发生的翻车、撞车、坠落、碰撞及摩擦等险情，可能引起危险品的燃烧或者爆炸。

(2) 民用爆破器材、烟花爆竹安全技术

1）火药燃烧的特性及炸药爆炸的三要素。

①火药燃烧的特性。

a. 能量特征。标志火药做功能力的参量，一般是指 1 kg 火药燃烧时气体产物所做的功。

b. 燃烧特性。标志火药能量释放的能力，主要取决于火药的燃烧速率和燃烧表面积。

c. 力学特性。火药具有的强度，满足在高温下保持不变形、低温下不变脆，能承受在使用和勤务处理时可能出现的各种力的作用，以保证稳定燃烧。

d. 安定性。火药必须在长期储存中保持其物理化学性质的相对稳定。为改善火药的安

定性，一般在火药中加入少量的化学安定剂，如二苯胺等。

e. 安全性。在配方设计时必须考虑火药在生产、使用和运输过程中安全可靠，不发生爆轰。

②炸药爆炸的三要素。

a. 反应过程的放热性。在炸药的爆炸变化过程中，炸药的化学能转变成热能。热的释放是爆炸变化过程的发生和自行传播的必要条件。爆炸变化过程所放出的热量称为爆炸热（或爆轰热），一般常用炸药的爆轰热在 3 700～7 500 kJ/kg。

b. 反应过程的高速度。炸药中氧化剂和还原剂事先充分混合和接近，许多炸药的氧化剂和还原剂共存于一个分子内，能够发生快速的逐层传递的化学反应，使爆炸过程以极快的速度进行，通常为每秒几百米或几千米。

c. 反应生成物含有大量的气态物质。

2）起爆器材、工业炸药和烟花爆竹药料的燃烧爆炸敏感度和爆炸影响因素。

①燃烧爆炸敏感度。火炸药在热、电、光、冲击波、机械摩擦和撞击等外界作用下引起燃烧和爆炸的难易程度称为火炸药的敏感程度，简称火炸药的感度。火炸药有各种不同的感度，一般有火焰感度、热感度、机械感度（如撞击感度、摩擦感度、针刺感度）、电感度（如交直流电感度、静电感度、射频感度）、光感度（如可见光感度、激光感度）、冲击波感度、爆轰感度。

②爆炸影响因素。爆炸影响因素包括炸药的性质、装药的临界尺寸、炸药层的厚度和密度、杂质及含量、周围介质的气体压力和壳体的密封、环境温度和湿度等。

3）爆炸冲击波的破坏作用和防护措施。爆炸所产生的空气冲击波的初始压力（波面压力）可达 100 MPa，其峰值达到一定值时，对建（构）筑物及各种有生力量（动物等）构成一定程度的破坏或损伤。其防护措施如下：

①工厂平面布置。

a. 主厂区内应根据工艺流程、安全距离和各小区的特点，在选定的区域范围内，充分利用有利、安全的自然地形加以区划。

b. 总仓库区应远离工厂住宅区和城市等目标，有条件时最好布置在单独的山沟或其他有利地形处。

c. 销毁厂应选择在有利的自然地形，如山沟、丘陵、河滩等地，在满足安全距离的条件下，确定销毁场地和有关建筑的位置。

②安全距离。为保证爆炸事故发生后冲击波对建（构）筑物等的破坏不超过预定的破坏等级，危险品生产区、总仓库区、销毁场等区域内的建筑物之间应留有足够的安全距离，称为内部安全距离。危险品生产区、总仓库区、销毁场等与该区域外的村庄、居民建筑、工厂住宅、城镇、运输线路、输电线路等必须保持足够的安全防护距离，称为外部安全距离。查阅有关设计安全规范就可找到安全距离的数值。

③工艺布置。

a. 在生产工艺方面应尽量采用机械化、自动化、连续化、遥控化等新技术，做到人机隔离、远距离操作。

b. 在生产工艺流程中，需区分开危险生产工序与非危险生产工序，且宜分别设置厂房。

c. 厂房内的工艺布置中，宜将危险生产工序布置在一端，然后是危险较低的生产工序，危险生产工序的一端宜位于行人稀少的偏僻地段。危险品暂存间亦宜布置在地处偏僻的一端。

d. 危险品生产厂房和库房在平面上宜布置成简单的矩形，不宜设计成形状复杂的凹形、L形等。

e. 危险品生产厂房要充分考虑人员的紧急疏散问题。

f. 有泄爆要求的工艺设备，在布置时应使其泄爆方向不直接对着其他建筑物或主要道路。

g. 抗爆间的设置要符合安全规范的要求。

④设备防爆装置。

a. 对于Ⅰ类危险场所，即炸药、起爆药、击发药、火工品储存和黑火药制造加工、储存的场所，不应安装电气设备，特殊情况下仅允许安装电动机的控制按钮及监视用仪表，其选型应符合E类危险场所电气设备的防爆要求；当生产设备采用电力传动时，电动机应安装在无危险场所，采取隔墙传动；电气照明采用安装在建筑外墙壁灯或装在室外的投光灯。

b. 对于Ⅱ类危险场所，即起爆药、击发药、火工品制造的场所，电气设备表面温度不得超过120℃，且符合防爆电气设备的有关规定；应采用密闭防爆型、隔爆型、正压型或防爆充油型、本质安全型、增安型（仅限于灯类及控制按钮）。

c. 对于Ⅲ类危险场所，即理化分析成品试验站，应选用密封型、防水防尘型设备。

⑤自动雨淋。快速雨淋设备主要由光敏探测系统及雨淋管网组成。其工作原理是：当工房内起火时，光照骤然增大，光敏电阻的电阻值变小，控制系统电流增大，通过电子放大器、继电器，使电磁阀打开，雨淋管网喷水灭火。

⑥火灾报警系统。火灾报警系统是在根据火灾酝酿期和发展期陆续出现的烟、热流、火光、气味等火灾信息，通过感温器、感烟器、光电报警器等发出声、光警报，以便及早发现并采取灭火措施。

7.2.4 机械电气防火防爆技术

火灾和爆炸往往造成重大的人员伤亡和巨大的经济损失。机电装置，特别是电气装置起火成灾的事例是很多见的。引起电气火灾的原因是仅次于一般明火的第二位原因。

(1) 引燃源

1）电气引燃源。

①危险温度。电气设备运行时发热和温度都限制在一定范围内，但在异常情况下可能产生危险温度。

a. 过热产生的危险温度。

a）短路。发生短路时，电流增大为正常时的数倍乃至数十倍，而产生的热量又与电流的平方成正比，使得温度急剧上升，产生危险温度。

b）接触不良。不可拆卸的接点连接不牢、焊接不良或接头处夹有杂物，可拆卸的接头连接不紧密或由于振动而松动，可开闭的触头没有足够的接触压力或表面粗糙不平等，均可能增大接触电阻，产生危险温度。

c）严重过载。过载量太大或过载时间太长，可产生危险温度。

d）铁心过热。电气设备铁心短路、线圈电压过高、通电后不能吸合，可产生危险温度。

e）散热失效。电气设备散热油管堵塞、通风道堵塞、安装位置不当、环境温度过高或距离外界热源太近，使散热失效，可产生危险温度。

f）接地及漏电。接地电流和集中在某一点的漏电电流，可引起局部发热，产生危险温度。

g）机械故障。电动机、接触器被卡死，电流增加数倍，可产生危险温度。

h）电压波动太大。电压过高，除使铁心发热增加外，对于恒电阻负载还会使电流增大，增加发热；电压过低，除使电磁铁吸合不牢或吸合不上外，对于恒功率负载还会使电流增大，增加发热。这两种情况都可产生危险温度。

b. 电热器具和照明灯具的危险温度。电炉、电烘箱、电熨斗、电烙铁、电褥子等电热器具和照明器具的工作温度较高。电炉电阻丝的工作温度达800℃，电熨斗和电烙铁的工作温度达500～600℃，100 W白炽灯泡表面温度达170～220℃，1 000 W卤钨灯表面温度达500～800℃等。上述发热部件紧贴可燃物或离可燃物太近，即可能引燃成灾。

②电火花和电弧。电火花是电极间的击穿放电，大量电火花汇集起来即构成电弧。电弧温度高达8 000℃。电火花和电弧不仅能引起可燃物燃烧，还能使金属熔化、飞溅，构成二次引燃源。

电火花分为工作火花和事故火花。工作火花是指电气设备正常工作或正常操作过程中产生的电火花。例如，刀开关、断路器、接触器、控制器接通和断开线路时会产生电火花；插销拔出或插入时产生的火花等。事故火花是线路或设备发生故障时出现的电火花，包括短路、漏电、松动、接地、断线等。

2）非电气引燃源。

①明火。

a. 吸烟。包括打火机、火柴和烟头的明火。

b. 取暖器具。包括电炉、取暖用火炉（如燃油炉、燃气炉等）。

c. 焊接与切割。

②高热物体及高温表面。包括高温蒸气管道表面，高温气体、液体管道及热交换器的金属表面，高温管道的托梁、滑板及轨道，加热炉、干燥炉炉壁等。

③自燃发热及化学反应热。包括氧化反应发热（如油浸物自燃发热、煤自燃发热）、发酵发热等。

④冲击和摩擦。包括飞散物的冲击，掉落物、倒塌物的撞击，气锤的冲击，制动器的摩擦等。

⑤绝热压缩。关闭压缩机的排水阀等操作可导致绝热压缩。

⑥光线。紫外线和红外线有很高的热效应。玻璃瓶、金色缸、橱窗等的聚焦作用能产生很高的温度。

（2）危险物质和危险环境

1）危险物质。爆炸危险物质分为以下三类：

①Ⅰ类：矿井甲烷。

②Ⅱ类：爆炸性气体、蒸气、薄雾。爆炸性气体、蒸气按最小点燃电流比和最大试验安全间隙分为ⅡA级、ⅡB级、ⅡC级。爆炸性气体、蒸气按引燃温度分为6组（见表7—7）。

③Ⅲ类：爆炸性粉尘、纤维。爆炸性粉尘、纤维按其导电性和爆炸性分为ⅢA级和ⅢB级。爆炸性粉尘、纤维按引燃温度分为3组（见表7—8）。

表7—7　　气体、蒸气、薄雾按引燃温度分组

组别	T_1	T_2	T_3	T_4	T_5	T_6
引燃温度/℃	>450	$450\geqslant T>300$	$300\geqslant T>200$	$200\geqslant T>135$	$135\geqslant T>100$	$100\geqslant T>85$

表7—8　　粉尘、纤维按引燃温度分组

组别	T_1	T_2	T_3
引燃温度/℃	>270	$270\geqslant T>200$	$200\geqslant T>140$

2）危险环境。

①气体、蒸气爆炸危险环境。

a. 0区。指正常运行时连续出现或长时间出现或短时间频繁出现的爆炸性气体、蒸气或薄雾的区域。除了装有危险物质的封闭空间（如密闭的容器、储油罐等内部气体空间）外，很少存在0区。

b. 1区。指正常运行时可能出现（预计周期性出现或偶然出现）的爆炸性气体、蒸气或薄雾的区域。

c. 2区。指正常运行时不出现，即使出现也只可能是短时间偶然出现的爆炸性气体、蒸气或薄雾的区域。

②粉尘、纤维爆炸危险环境。

a. 10区。指正常运行时连续或长时间或短时间频繁出现爆炸性粉尘、纤维的区域。

b. 11区。指正常运行时不出现，仅在不正常运行时短时间偶然出现爆炸性粉尘、纤维的区域。

③火灾危险环境。火灾危险环境分为21区、22区和23区，分别是有可燃液体、可燃粉体或纤维和可燃固体存在的火灾危险环境。

(3) 防爆电气设备

1）防爆电气设备类型（见表7—9）。

表7—9　　防爆电气设备类型

防爆电气设备类型名称	说明	标志	
		工厂用	煤矿用
隔爆型	正常运行不产生电火花、电弧和危险温度	E	KB
增安型	外壳能承受爆炸压力，能阻止爆炸火焰传播途径	D	KA
充油型	将带电和过热部分浸在绝缘油里	O	KC
充沙型	将外壳内部用沙子填充	Q	
正压型	外壳内不断通入保护性气体	P	KF

续表

防爆电气设备类型名称	说明	标志	
		工厂用	煤矿用
本质安全型	在正常工作或规定的故障状态下，产生的电火花和热效应均不点燃	I	KH
无火花型	一般不会发生具有点燃作用的故障	N	
气密型	气密外壳采用熔化、挤压或胶黏的方法进行密封，这种外壳多半是不可拆卸的，以保证永久气密性	H	
浇封型	将可能产生点燃爆炸性气体的电弧、火花或高温部分浇封在浇封剂中	M	
特殊型	进行特殊处理，如浇注环氧树脂	S	KT

2）危险环境电气设备选型。在爆炸危险环境中，应根据电气设备安装环境的类型和等级、电气设备的种类选用防爆型电气设备。所选用的防爆电气设备的级别和组别不应低于该环境内爆炸性混合物的级别和组别，典型例子见表 7—10 至表 7—12。

表 7—10　气体、蒸气危险环境电气设备选型

电气设备类别	爆炸危险环境区别											
	0 区	1 区					2 区					
	本质	本质	隔爆	正压	充油	增安	本质	隔爆	正压	充油	增安	无火
笼型异步电动机			○	○		△		○	○		○	○
开关、断路器			○					○				
熔断器			△					○				
控制开关及按钮	○	○	○		○		○	○		○		
操作箱、柜			○	○				○	○			
固定式灯			○					○			○	
移动式灯			△					○				

表 7—11　粉尘、纤维危险环境电气设备选型

电气设备类别		爆炸危险环境区别						
		10 区			11 区			
		尘密	正压	充油	尘密	正压	IP65	IP54
配电装置		○	○					
电动机	鼠笼型	○	○					○
	带电刷					○		
电器和仪表	固定安装	○	○	○			○	
	移动式	○	○				○	
	携带式	○					○	
照明灯具		○			○			

表 7—12　　　　火灾危险环境电气设备选型

电气设备类别		火灾危险环境级别		
		21 区（H—1 级）	22 区（H—2 级）	23 区（H—3 级）
点击	固定安装	IP44		IP21
	移动式和携带式	IP54		IP54
电器和仪表	固定安装	充油型、IP54、IP44		IP22
	移动式和携带式			IP44
照明灯具	固定安装	保护型		开启型
	移动式和携带式	防尘型	防尘型	保护型
配电装置		防尘型		保护型
接线盒				

3）防爆电气线路。在爆炸危险环境中，电气线路安装位置的选择、敷设方式的选择、导体材质的选择、连接方法的选择等均应根据环境的危险等级进行。

①安装位置选择。应当在爆炸危险性较小或距离释放源较远的位置敷设电气线路。

②敷设方式选择。爆炸危险环境中电气线路主要有防爆钢管配线和电缆配线。

③隔离密封材料选择。敷设电气线路的走线槽以及保护管、电缆或钢管在穿过爆炸危险环境等级不同区域之间的隔墙或楼板时，应采用非燃性材料严密堵塞。

④导线材料选择。爆炸危险环境危险等级 1 区的范围内，配电线路应采用铜芯导线或电缆。在有剧烈振动处应选用多股铜芯软线或多股铜芯电缆。煤矿井下不得采用铝芯电力电缆。

爆炸危险环境危险等级 2 区的范围内，电力线路应采用截面积 4 mm^2 及以上的铝芯导线或电缆，照明线路可采用截面积 2.5 mm^2 及以上的铝芯导线或电缆。

⑤允许载流量选择。1 区、2 区绝缘导线截面和电缆截面的选择，导体允许载流量不应小于熔断器熔体额定电流和断路器长延时过电流的 1.25 倍。引向低压笼型异步电动机支线的允许载流量不应小于电动机额定电流的 1.25 倍。

⑥连接方式选择。1 区和 2 区的电气线路的中间接头必须在与该危险环境相适应的防爆型的接线盒或接头盒内。1 区宜采用隔爆型接线盒，2 区可采用增安型接线盒。

2 区的电气线路若选用铝芯电缆或导线，必须有可靠的铜铝过渡接头。

7.3　特种设备安全技术

7.3.1　特种设备安全基础知识

(1) 特种设备

1）特种设备分类、安全工作特性及事故特点见表 7—13。

表 7—13 特种设备分类、安全工作特性及事故特点

分类	设备	安全工作特性	事故特点
承压类	锅炉	a. 爆炸的危害性 b. 易于损坏性 c. 使用的广泛性 d. 连续运行性	锅炉爆炸可能造成多人伤亡和巨大财产损失的严重后果
	压力容器（含气瓶）、压力管道	和锅炉有相似之处，例如因承受高温高压而有爆炸危险和易损坏性。此外，还可能由于介质易燃、有毒或腐蚀性，当发生泄漏时，引发火灾、大面积中毒等严重事故	发生火灾、爆炸事故与锅炉相似，如果有有毒物质泄漏，还可造成多人中毒伤亡的严重事故
机电类	电梯	电梯可能发生的危险一般有：人员被挤压、剪切、撞击和发生坠落，人员被电击、轿厢超越极限行程发生撞击，轿厢超速或因断绳造成坠落，由于材料失效、强度丧失而造成结构破坏等	可造成人员严重伤亡，运行故障可使人员受困
	起重机械	起重机械包括轻小型起重设备、起重机、升降机三类。其工作特点可概括为以下 7 点： a. 起重机械通常具有庞大的结构和比较复杂的机构，能完成起升运动、一个或几个水平运动 b. 所吊运的重物多种多样，载荷是变化的 c. 大多数起重机械需要在较大的范围内运行，活动空间较大 d. 有些起重机械需要直接载运人员在导轨、平台或钢丝绳上做升降运动（如电梯、升降平台等），其可靠性直接影响人身安全 e. 暴露的、活动的零部件较多，且常与吊运作业人员直接接触（如吊钩、钢丝绳等），潜在许多偶发的危险因素 f. 作业环境复杂 g. 作业中常常需要多人配合，共同进行一个操作	倾倒、人员或重物高处坠落、触电等，可导致多人伤亡和财产损失
	客运索道、大型游乐设施	由于载人且运动范围较大，任何电气或机械故障导致的运动状态变化都可能造成人员伤亡事故	大型游乐设施及客运索道发生事故可造成多人伤亡

2）特种设备的用途及安全附件。

①锅炉的用途及其安全附件。锅炉为整个社会生产、生活提供能源和动力，因而其应用范围极其广泛。

锅炉的安全附件：

a. 安全阀。对锅炉内部压力极限值的控制及对锅炉的安全保护起着重要的作用。

b. 压力表。压力表用于准确地测量锅炉上需测量部位压力的大小。

c. 水位计。水位计用于显示锅炉内水位的高低。

d. 温度测量装置。测量给水、蒸汽、烟气等介质的温度，对锅炉热力系统进行监测。

e. 保护装置。

a）超温报警和联锁保护装置，能在超温报警的同时，自动切断燃料的供应和停止鼓风、引风，以防止热水锅炉发生超温而导致锅炉损坏或爆炸。

b）高低水位警报和低水位联锁保护装置。

c）锅炉熄火保护装置。当锅炉炉膛熄火时，切断燃料供应，并发出相应信号。

f. 排污阀或放水装置。排放锅水蒸发而残留下的水垢、泥渣及其他有害物质。

g. 防爆门。在炉膛和烟道易爆处装设防爆门防止炉膛爆炸。

h. 锅炉自动控制装置。使锅炉在最安全、最经济的条件下运行。

其中，安全阀、压力表、水位计又称为“锅炉三保”。

②压力容器的用途及其安全附件。压力容器泛指在工业生产中用于完成反应、传质、传热、分离和储存等生产工艺过程，并能承受压力的密闭容器。它被广泛用于石油、化工、能源、冶金、机械、轻纺、医药、国防等工业领域。

压力容器的安全附件：

a. 安全阀。容器内压力高时可自动排出一定数量的流体以减压；当容器内的压力恢复正常后，阀门自行关闭。

b. 爆破片。由进口静压使爆破片受压爆破而泄放出介质以减压，爆破后不可再用，须更换，即具有非重闭性。

c. 安全阀与爆破片装置的组合。可有安全阀与爆破片装置并联组合、安全阀进口和容器之间串联安装爆破片装置、安全阀出口侧串联安装爆破片装置三种组合方式。

d. 爆破帽。超压时其薄弱面发生断裂，泄放出介质以减压。爆破后不可再用，须更换。

e. 易熔塞。属于“熔化型”（“温度型”）安全泄放装置，容器壁温度超限时动作，主要用于中压、低压的小型压力容器（如液化气钢瓶）。

f. 紧急切断阀、减压阀。

a）紧急切断阀通常与截止阀串联安装在紧靠容器的介质出口管道上，以便在管道发生大量泄漏时进行紧急止漏；一般还具有过流闭止及超温闭止的性能。

b）减压阀间隙小，介质通过时产生节流，压力下降，用于将高压流体输送到低压管道。

g. 压力表、温度计、液位计：

a）压力表。指示容器内介质压力，是压力容器的重要安全装置。

b）液位计。又称液面计，用来观察和测量容器内液位位置的变化情况。对于盛装液化气体的容器，液位计更是一个必不可少的安全装置。

c）温度计。用来测量压力容器介质的温度。对于需要控制壁温的容器，还必须装设测试壁温的温度计。

③电梯的用途及其安全附件。电梯是指动力驱动，利用沿刚性轨道运动的厢体或者沿固定线路运行的梯级（踏步），进行升降或平行运送人、货物的机电设备，包括载人（货）电梯、自动扶梯、自动人行道等。

电梯的安全附件：

a. 防超越行程的保护装置。防超越行程的保护装置一般是由设在井道内上下端站附近的强迫换速开关、限位开关和极限开关组成。这些开关或碰轮都安装在固定于导轨的支架上，由安装在轿厢上的打板（撞杆）触动而动作。

b. 防超速和断绳的保护装置。防超速和断绳的保护装置是安全钳限速器系统。安全钳是一种使轿厢（或对重）停止向下运动的机械装置，凡是由钢丝绳或链条悬挂的电梯轿厢均应设置安全钳。安全钳一般都安装在轿架的底梁上，成对地同时作用在导轨上。限速器是限制电梯运行速度的装置，一般安装在机房。

c. 防人员剪切和坠落的保护装置。防人员剪切和坠落的保护主要由门、门锁和门的电气安全触点联合承担，标准要求：

a）当轿门和层门中任一门扇未关好和门锁未啮合 7 mm 以上时，电梯不能启动。

b）当电梯运行时轿门和层门中任一门扇被打开，电梯应立即停止运行。

c）当轿厢不在层站时，在站层门外不能将层门打开。

d）紧急开锁的钥匙只能交给一个负责人员，只有紧急情况才能由专业人员使用。

d. 缓冲装置。电梯由于控制失灵、曳引力不足或制动失灵等发生轿厢或对重蹲底时，缓冲器将吸收轿厢或对重的动能，提供最后的保护，以保证人员和电梯的安全。缓冲器分蓄能型缓冲器和耗能型缓冲器。前者主要以弹簧和聚氨酯材料等为缓冲元件，后者主要是油压缓冲器。

e. 报警和救援装置。电梯发生人员被困在轿厢内时，通过报警或通信装置应能将情况及时通知管理人员并通过救援装置将人员安全救出轿厢。

a）报警装置。电梯必须安装应急照明和报警装置，并由应急电源供电。

b）救援装置。电梯困人的救援以往主要采用自救的方法，即轿厢内的操纵人员从上部安全窗爬上轿顶将层门打开。

f. 停止开关和检修运行装置。

a）停止开关一般称为急停开关，按要求在轿顶、底坑和滑轮间必须装设停止开关。停止开关应符合电气安全触点的要求，应是双稳态非自动复位的，误动作不能使其释放。停止开关要求是红色的，并标有“停止”和“运行”的位置；若是刀闸式或拨杆式开关，应以把手或拨杆朝下为停止位置。

b）检修运行是为便于检修和维护而设置的运行状态，由安装在轿顶或其他地方的检修运行装置进行控制。检修运行装置包括一个运行状态转换开关、操纵运行的方向按钮和停止开关。该装置也可以与能防止误动作的特殊开关一起从轿顶控制门机构的动作。

g. 消防功能。发生火灾时井道往往是烟气和火焰蔓延的通道，而且一般层门在 70℃以上时也不能正常工作。为了乘员的安全，在火灾发生时必须使所有电梯停止应答召唤信号，直接返回撤离层站，即具有火灾自动返基站功能。

h. 机械伤害的防护。电梯很多运动部分在人接近时可能会产生撞击、挤压、绞碾等危险，在工作场地由于地面的高低差也可能会产生摔跌等危险，所以必须采取防护措施。人在操作、维护中可以接近的旋转部件，尤其是传动轴上突出的锁销和螺钉，钢带、链条、皮带，齿轮、链轮，电动机的外伸轴，甩球式限速器等，必须有安全网罩或栅栏，以防无意中触及。曳引轮、盘车手轮、飞轮等光滑圆形部件可不加防护，但应部分或全部涂成黄色以示提醒。轿顶和对重的反绳轮，必须安装防护罩。防护罩要能防止人员的肢体或衣服被绞入，还要能防止异物落入和钢丝绳脱出。在底坑中对重运行的区域和装有多台电梯的井道中不同电梯的运动部件之间均应设隔障。机房地面高差大于 0.5 m 时，在高处应设栏杆并安设梯子。在轿顶边缘与井道壁水平距离超过 0.2 m 时，应在轿顶设护栏，护栏的安设应不影响人员安全和方便地通过入口进入轿顶。

i. 电气安全保护。对电梯的电气装置和线路必须采取安全保护措施，以防止发生人员触电和设备损毁事故。

a）直接触电的防护。绝缘是防止发生直接触电和电气短路的基本措施。

b）间接触电的防护。在电源中性点直接接地的供电系统中，防止间接触电，最常用的防护措施是将故障时可能带电的电气设备外露，可导电部分与供电变压器的中性点进行电气连接。

c）电气故障防护。按规定，交流电梯应有电源相序保护。当电源断相或错相时，应停止电梯运行。在变频调速电梯中，由于变频装置是先将交流整流成直流再进行变频调制，所以错相对其不会发生影响。直接与电源相连的电动机和照明电路应有短路保护，短路保护一般用自动空气断路器或熔断器。与电源直接相连的电动机还应有过载保护。

d）电气安全装置。电气安全装置包括：直接切断驱动主机电源接触器或中间继电器的安全触点；不直接切断上述接触器或中间继电器的安全触点和不满足安全触点要求的触点。但当电梯电气设备出现故障，如无电压或低电压、导线中断、绝缘损坏、元件短路或断路、继电器和接触器不释放或不吸合、触头不断开或不闭合、断相错相等时，电气安全装置应能防止电梯出现危险。

④起重机械的用途及其附件。起重机械是指用于垂直升降或者垂直升降并且水平移动重物的机电设备。其范围规定为额定起重量大于或者等于 0.5 t 的升降机、额定起重量大于或等于 1 t 且提升高度大于或等于 2 m 的起重机和承重形式的固定电动葫芦。这里主要介绍起重机安全装置：

a. 位置限制与调整装置。

a）上升极限位置限制器。《起重机械安全规程》规定，凡是动力驱动的起重机，其起升机构（包括主副起升机构）均应装设上升极限位置限制器。

b）运行极限位置限制器。凡是动力驱动的起重机，其运行极限位置都应装设运行极限位置限制器。

c）偏斜调整和显示装置。起重机械安全规程要求，跨度等于或超过 40 m 的装卸桥和门式起重机，应装偏斜调整和显示装置。

d）缓冲器。起重机械安全规程要求，桥式、门式起重机、装卸桥，以及门座起重机或升降机等都要装设缓冲器。

b. 防风防爬装置。起重机防风防爬装置主要有夹轨器、锚定装置和铁鞋 3 类。防风装置按其作用方式的不同，可分为自动作用与非自动作用两类。

c. 安全钩、防后倾装置和回转锁定装置。

a）安全钩。安全钩根据小车和轨轮形式的不同，也设计成不同的结构。

b）防后倾装置。《起重机械安全规程》中明确规定，流动式起重机和动臂式塔式起重机上应安装防后倾装置（液压变幅除外）。

c）回转锁定装置。回转锁定装置是指臂架起重机处于运输、行驶或非工作状态时，锁住回转部分，使之不能转动的装置。回转锁定器常见形式有机械锁定器和液压锁定器两种。其结构比较简单，通常是用锁销插入的方法、压板顶压方法或螺栓紧定方法等。液压锁定器通常用双作用活塞式油缸对转台进行锁定。回转锁定装置的原理基本相同。

d. 起重量限制器。

a）形式和功能。超载保护装置按其功能的不同，可分为自动停止型和综合型两种；按结构形式分，有电气型和机械型两种。超载保护装置应具有动载抑制功能、自动工作功能、自动保险功能。

b）工作原理。起重量限制器主要用于桥架式起重机，其主导产品为电气型。电气型产品一般由载荷传感器和二次仪表两部分组成。载荷传感器使用电阻应变式或压磁式传感器，根据安装位置配置专用安装附件。传感器的结构形式，主要有压式、拉式和剪切梁式 3 种。

e. 力矩限制器。

a）动臂变幅的塔式起重机力矩限制器。动臂变幅的塔式起重机一般使用机械型力矩限制器。

b）小车变幅式起重机超载保护装置。小车变幅式起重机一般使用起重量限制器和起重力矩限制器来共同实施超载保护。

c）流动式起重机超载保护装置。流动式起重机一般使用力矩限制器进行超载保护。

f. 防碰装置。防碰装置的结构形式主要有两种。

a）反射型。由发射器、接收器、控制器和反射板组成。

b）直射型。检测波不经过反射板反射的产品统称为直射型。

g. 危险电压报警器。臂架式起重机在输电线附近作业时，由于操作不当，臂架、钢丝绳等过于接近甚至碰触电线，都会造成感电或触电事故。为了防止这类事故的发生，东欧、日本等国家和地区从 20 世纪 70 年代起研制危险电压报警器，目前已进入系列化生产阶段。

（2）特种设备检测技术

1）宏观检测。直观检测和量具检测通常称为宏观检测，用于直接发现和检验容器内、外表面比较明显的缺陷。宏观检查方法见表 7—14。

表 7—14　宏观检测方法

	检测内容	检测工具	检测方法
直观检测	直观检测要求检测容器的本体和受压元件的结构是否合理，承压类特种设备的连接部位、焊缝、胀口、衬里等部位是否存在渗漏，承压类特种设备表面是否存在腐蚀的深坑或斑点、明显的裂纹、重皮折叠、磨损的沟槽、凹陷、鼓包等局部变形和过热的痕迹，焊缝是否有表面气孔、弧坑、咬边等缺陷，容器内、外壁的防腐层、保温层、耐火隔热层或衬里等是否完好等	手电筒、5～10 倍放大镜、反光镜、内窥镜、约 0.5 kg 的尖头手锤等	肉眼检查、反光镜或内窥镜伸入容器内进行检查、放大镜观察、用手触摸内表面检查、用手锤进行锤击检查等
量具检测	用量具检测主要是检查设备表面腐蚀的面积和深度，变形程度，沟槽和裂纹的长度，以及设备本体和受压元件的结构尺寸（如容器的平直度、管板的不平度等）是否符合要求等	直尺、样板、游标卡尺、塞尺等	用拉线或量具检查设备的结构尺寸。用游标卡尺或塞尺检查设备的平直度，腐蚀、磨损、鼓包的深度（高度），管板的不平度等。用预先按受压元件的某部分做成的样板紧靠其表面，检查它们的形状、尺寸是否符合设计要求，或测量其变形、腐蚀的程度。采用超声波测厚仪测量容器的剩余壁厚

2）无损检测。无损检测的目的是保证产品质量、保障安全使用、改进制造工艺、降低生产成本。其主要有以下 7 种检测方法：

①射线检测。射线照射在工件上，透射后的射线强度根据物质的种类、厚度和密度而变化，利用射线的照相作用、荧光作用等特性，将这个变化记录在胶片上，经显影后形成底片的黑度变化，根据底片黑度的变化可了解工件内部结构状态，达到检查出缺陷的目的。

②超声波检测。超声波是一种超出人听觉范围的高频率机械振动波。超声波可以分为纵波、横波、表面波等多种波型。当介质中质点的位移与波传播的方向一致时，为纵波；质点的位移与波传播的方向垂直时，为横波；而表面波只能在工件表面传播。在固体中，各类声波都可以传播；在液体和气体中，只有纵波才可以传播。超声波在同一均匀介质中传播时速度不变，传播方向也不变，如果传播过程中遇到另一种介质，就会发生反射、折射或绕射的现象。制造容器使用的钢材可视为均匀介质，如果内部存在缺陷，则缺陷会使超声波产生反射现象，根据反射波幅的大小、方位，就能判定和测出缺陷的存在。

③磁粉检测。铁磁性材料被磁化后，其内部产生很强的磁感应强度，磁力线密度增大几百倍到几千倍，如果材料材质不均匀，磁力线会发生畸变，部分磁力线有可能溢出材料表面，从空间穿过，形成漏磁场。因空气的磁导率远低于零件的磁导率，使磁力线受阻，一部分磁力线被挤到缺陷的底部，一部分穿过裂纹，一部分排挤出工件的表面后再进入工件。这两部分磁力线形成磁性较强的漏磁场。如果这时在工件上撒上磁粉，漏磁场就会吸附磁粉，形成与缺陷形状相近的磁粉堆积（称这种堆积为磁痕），从而显示缺陷。当裂纹方向平行于磁力线的传播方向时，磁力线的传播不会受到影响，这时缺陷也不可能被检测出。

④渗透检测。零件表面被施涂含有荧光染料或着色染料的渗透液后，在毛细管作用下，经过一定的时间，渗透液可以渗进表面开口的缺陷中；除去零件表面多余渗透液后，再在零件表面施涂显像剂，同样在毛细管的作用下，显像剂将吸引缺陷中保留的渗透液，渗透液渗到显像剂中，在一定的光源下，缺陷中的渗透液痕迹被显示，从而探出缺陷的形貌及分布状态。

⑤涡流检测。在工件中的涡流方向与给试件加交流电磁场的线圈（称为初级线圈或激励线圈）的电流方向相反；而涡流产生的交流电磁场又使得激励线圈中的电流增加，假如涡流变化，这个增加的部分（反作用电流）也变化，测定这个变化可得到工件表面的信息。

⑥声发射探伤法。声发射技术是根据容器受力时材料内部发出的应力波判断容器内部结构损伤程度的一种新的无损检测方法。

⑦磁记忆检测。处于地磁环境下的铁制工件受工作载荷的作用，其内部会发生具有磁致伸缩性质的磁畴组织定向的和不可逆转的重新取向，并在应力与变形集中区形成最大的漏磁场的变化。这种磁状态的不可逆变化在工作载荷消除后继续保留，从而通过漏磁场法向分量的测定，可以准确地推断工件的应力集中区。

3）测量厚度。测量厚度是承压类特种设备检验中常见的检测项目。由于容器是闭合的壳体，测量厚度只能从一面进行，所以需要采用特殊的物理方法，最常用的是超声波。

4）化学成分分析。钢铁材料元素分析的方法有原子发射光谱分析法和化学分析法两种。对在用锅炉压力容器检验中进行化学成分分析的目的，主要在于复核和验证材料的元素含量是否符合材料的技术标准，或者在焊接或返修补焊时借此制定焊接工艺，或者用于鉴定在用锅炉压力容器壳体材质在运行一段时间后是否发生变化。

5）金相检验。金相检验的目的主要是检查设备运行后受温度、介质和应力等因素的影响，其材质的金相组织是否发生了变化，是否存在裂纹、锅烧、疏松、夹渣、气孔、未焊透等缺陷。金相检验分为宏观金相和微观金相，折断面检查是宏观金相检验方法之一。

通过金相检验可以观察到设备的局部金相组织。对于材料的金相检验，根据有关标准，可以判定钢材脱碳层深度，测定低碳钢的游离渗碳体、亚共析钢的带状组织和魏式组织，以及晶粒度等。对于在用压力容器金相检验结果的判定，目前尚无标准可循，通常可采用与典型缺陷金相图谱对比的方法来进行判定。在用压力容器的断口金相检验，还可以帮助我们判定腐蚀、断裂的类型，分析造成容器失效的原因。

6）硬度测试。材料硬度值与强度存在一定的比例关系，材料化学成分中，大多数合金元素都会使材料的硬度升高，其中碳的影响最直接，材料中含碳量越大，其硬度越高，因此硬度测试有时用来判断材料强度等级或鉴别材质；材料中不同金属组织具有不同的硬度，故通过硬度值可大致了解材料的金相组织，以及材料在加工过程中的组织变化和热处理效果；加工残余应力和焊接残余应力的存在对材料的硬度也会产生影响，加工残余应力和焊接残余应力值越大，硬度越高。

7）断口分析。断口分析是指人们通过肉眼或使用仪器观察与分析金属材料或金属构件损坏后的断裂截面，来探讨与材料或构件损坏有关的各种问题的一种技术。断口分析技术的发展概括起来经历了 3 个阶段：用肉眼、低倍率放大镜或光学显微镜直接观察阶段，用透射电子显微镜（简称“透射电镜”）观察断口复型的间接阶段；用扫描电子显微镜（简称“扫描电镜”）直接观察阶段。通常人们把第一阶段称为宏观断口分析，而把后两个阶段称为微观断口分析，有时又称做“电子断口学分析”或“电子显微断口学分析”。

8）耐压试验。承压类特种设备的耐压试验即通常所说的液压试验（水压试验）和气压试验，是一种验证性的综合检验，它不仅是产品竣工验收时必须进行的试验项目，也是定期进行容器全面检验的主要检验项目。耐压试验主要用于检验压力容器承受静压强度的能力。

9）气密试验。气密试验的具体检查方法：

①在被检查的部位涂（喷）刷肥皂水，检查肥皂水是否鼓泡。

②检查试验系统和容器上装设的压力表，其指示是否下降。

③在试验介质中加入体积分数为 1% 的氨气，将被检查部位表面用 5% 硝酸汞溶液浸过的纸带覆盖，如果有不致密的地方，氨气就会透过而使纸带的相应部位形成黑色的痕迹。

10）爆破试验。爆破试验是对压力容器的设计与制造质量，以及其安全性和经济性进行综合考核的一项破坏性验证试验。通常气瓶在制造过程中按批进行爆破试验。

11）力学性能试验。力学性能试验的目的是检测材料及焊接接头的力学性能。检测方法有拉力试验、弯曲试验、常温和低温冲击试验、压扁试验等。检测的力学性能有比例极限 σ_p、弹性极限 σ_e、屈服极限 σ_s、抗拉强度 σ_b、伸长率 σ_s、断面收缩率 Ψ、冲击功 A_{kv} 等。

12）应力应变测试。应力应变测试的目的是测出构件受载后表面或内部各点的真实应力状态。应力应变测试的方法主要有电阻应变测量法（简称“电测法”）、光弹性方法、应变脆性涂层法和密栅云纹法等，每种测试方法都有各自的特点和适用范围。

13）应力分析。应力分析是指分析构件在载荷的作用下，各应力分量。如分析一次总体薄膜应力、一次局部薄膜应力、一次弯曲应力、二次应力、峰值应力等。

14）断裂力学分析。断裂力学分析是应用断裂理论，对含缺陷构件的剩余强度和寿命进行分析的方法。断裂力学的观点认为，带裂纹的构件只要裂纹扩展未达到临界尺寸，仍可使用。

15）风险评估。风险评价技术就是将设备发生事故的可能性（概率）和事故造成的危害程度（经济损失）进行综合考虑，将设备划分成不同的风险等级。

7.3.2 特种设备使用安全技术

(1) 锅炉及其压力容器使用安全

1）锅炉及其压力容器的安全管理要求。

①使用定点厂家合格产品。国家对锅炉、压力容器的设计制造有严格的要求，实行定点生产制度。购置、选用的锅炉及其压力容器应是定点厂家的合格产品，并有齐全的技术文件、质量证明书和产品竣工图。

②登记建档。锅炉、压力容器在正式使用前，必须到当地特种设备安全监察机构登记，经审查批准入户建档、取得使用证后方可使用。在使用单位也应建立锅炉、压力容器的设备档案，保存设备的设计、制造、安装、使用、维修、改造和检验等过程的技术资料。

③专责管理。使用锅炉、压力容器的单位，应对设备进行专责管理，即设置专门机构、责成专门的领导和技术人员管理设备。

④持证上岗。锅炉司炉、水质化验人员及压力容器操作人员，应分别接受专业安全技术培训并考试合格，持证上岗。

⑤照章运行。锅炉、压力容器必须严格依照操作规程及其他法规操作运行，任何人在任何情况下不得违章作业。

⑥定期检验。定期检验是指在设备的设计使用期限内，每隔一定的时间对其承压部件和安全装置进行检查，或做必要的试验。

⑦监控水质。使用锅炉、压力容器的单位必须严格监督、控制锅炉给水及锅炉水水质，使之符合锅炉水质标准的规定。

⑧报告事故。锅炉、压力容器在运行中发生事故，除紧急妥善处理外，应按规定及时、如实上报主管部门及当地特种设备安全监察部门。

2）锅炉的安全使用技术。

①锅炉启动步骤。

a. 检查准备。检查受热面、承压部件的内外部，检查燃烧系统各个环节、各类门孔、挡板、安全附件和测量仪表、锅炉架、楼梯、平台、各种辅机特别是转动机械等。

b. 上水。注意上水水温与筒壁温差不要过大、上水速度不要太快等。

c. 烘炉。烘干炉膛和烟道的潮气并预热，防止产生裂纹、变形甚至倒塌事故。

d. 煮炉。对新装、迁装、大修或长期停用的锅炉，在正式启动前必须煮炉，清除蒸发受热面中的铁锈、油污和其他污物，减少受热面腐蚀，提高锅水和蒸气品质。

e. 点火升压。点火方法因燃烧方式和燃烧设备而异。层燃炉一般用木材引火，严禁用挥发性强烈的油类或易燃物引火，以免造成爆炸事故。

f. 暖管与并气。暖管即用蒸汽慢慢加热管道、阀门、法兰等部件，使其温度缓慢上升，减小热应力，同时将管道中的冷凝水驱出，预防水击。并气，也叫并炉、并列，即新投入运行锅炉向共用的蒸汽母管供气，须按一定规程操作。

②点火升压阶段的安全注意事项。

a. 防止炉膛爆炸的主要措施。点火前，开动引风机给炉膛通风 5～10 min，没有引风机的可自然通风 5～10 min，以清除炉膛及烟道中的可燃物质。

b. 控制升温升压速度。锅炉的升压过程一定要缓慢进行以减小热应力。

c. 严密监视和调整仪表。根据仪表指示信息判断启动过程是否正常，并进行必要的调整。

d. 保证强制流动受热面的可靠冷却。启动时省煤器、过热器中没有连续流动的水和蒸汽，可能被外部连续流过的烟气烧坏，须保护。

e. 对过热器的保护措施。在升压过程中，开启过热器出口集箱疏水阀、对空排气阀。

f. 对省煤器的保护措施。在省煤器与锅筒间连接再循环管，在点火升压期间，将再循环管上的阀门打开，使省煤器中的水经锅筒、再循环管（不受热）重回省煤器，进行循环流动。

③锅炉正常运行中的监视调节。

a. 锅炉水位的监视调节。锅炉水位应经常保持在正常水位线处，并允许在正常水位线上下 50 mm 范围内波动。低负荷运行时，水位应稍高于正常水位；高负荷运行时，水位应稍低于正常水位。

b. 锅炉气压的监视调节。运行人员根据负荷变化，相应增减锅炉的燃料量、风量、给水量来改变锅炉蒸发量，使气压保持相对稳定。

c. 气温的调节。锅炉负荷、燃料及给水温度的改变，都会造成过热气温的改变。过热器本身的传热特性不同，上述因素改变时气温变化的规律也不相同。

d. 燃烧的监视调节。使燃料燃烧供热适应负荷的要求，减少未完全燃烧损失等。

e. 排污和吹灰，保持受热面内部清洁。

④停炉及停炉保养。

a. 停炉。正常停炉中应注意的主要问题是防止降压降温过快，以减小热应力。

停炉操作应按规程规定的次序进行。大体上说，锅炉正常停炉的次序应该是先停燃料供应，随之停止送风，减少引风；与此同时，逐渐降低锅炉负荷，相应地减少锅炉上水，但应维持锅炉水位稍高于正常水位。对于燃气、燃油锅炉，炉膛停火后，引风机至少要继续引风 5 min 以上。锅炉停止供气后，应隔断与蒸汽母管的连接，排气降压。为保护过热器，防止其金属超温，可打开过热器出口集箱疏水阀适当放气。降压过程中司炉人员应连续监视锅炉，待锅内无气压时，开启空气阀，以免锅内因降温形成真空。

停炉时应打开省煤器旁通烟道，关闭省煤器烟道挡板，但锅炉进水仍需经省煤器。对钢管省煤器，锅炉停止进水后，应开启省煤器再循环管；对无旁通烟道的可分式省煤器，应密切监视其出口水温，并连续经省煤器上水、放水至水箱中，使省煤器出口水温低于锅筒压力下饱和温度 20℃。

为防止锅炉降温过快，在正常停炉的 4～6 h 内，应紧闭炉门和烟道挡板；之后，打开烟道挡板，缓慢加强通风，适当放水。停炉 18～24 h，在锅水温度降至 70℃以下时，方可全部放水。

锅炉遇有下列情况之一者，应紧急停炉：锅炉水位低于水位表的下部可见边缘；不断加大向锅炉进水及采取其他措施，但水位仍继续下降；锅炉水位超过最高可见水位（满水），经放水仍不能见到水位；给水泵全部失效或给水系统发生故障，不能向锅炉进水；水位表或安全阀全部失效；设置在气空间的压力表全部失效；锅炉元件损坏危及运行人员安全；燃烧设备损坏、炉墙倒塌或锅炉构件被烧红等，严重威胁锅炉安全运行；其他异常情况危及锅炉安全运行。

紧急停炉的操作次序是，立即停止添加燃料和送风，减弱引风；与此同时，设法熄灭炉膛内的燃料，对于一般层燃炉可以用沙土或湿灰灭火，链条炉可以开快挡使炉排快速运转，把红火送入灰坑；灭火后即把炉门、灰门及烟道挡板打开，以加强通风冷却；锅内可以较快降压并更换锅水，锅水冷却至 70℃左右允许排水。但因缺水紧急停炉时，严禁给锅炉上水，并不得开启空气阀及安全阀快速降压。紧急停炉是为防止事故扩大不得不采用的非常停炉方式，有缺陷的锅炉应尽量避免紧急停炉。

b. 停炉保养。停炉保养主要指炉内保养，即气水系统内部为避免或减轻腐蚀而进行的防护保养。常用的停炉保养方式有压力保养、湿法保养、干法保养、充气保养。

3）压力容器安全使用技术。

①压力容器安全操作。

a. 基本要求。

a）平稳操作。加载和卸载应缓慢，并保持运行期间载荷的相对稳定，防止压力的突然升高，加热和冷却都应缓慢进行，以减小壳壁中的热应力。

b）防止超载。防止压力容器过载主要是防止超压，压力容器的操作温度也应严格控制在设计规定的范围内。

b. 运行期间的检查。包括检查工艺条件、设备状况以及安全装置等方面。

a）在工艺条件方面，主要检查操作压力、操作温度、液位和工作介质的化学组成。

b）在设备状况方面，主要检查各连接部位有无泄漏、渗漏现象，容器的部件和附件有无塑性变形、腐蚀以及其他缺陷或可疑迹象，容器及其连接管道有无振动、磨损等现象。

c）在安全装置方面，主要检查安全装置以及与安全有关的计量器具是否保持完好状态。

c. 压力容器的紧急停止运行。压力容器在运行中出现下列情况时，应立即停止运行：

a）容器的操作压力或壁温超过安全操作规程规定的极限值，而且采取措施仍无法控制，并有继续恶化的趋势。

b）容器的承压部件出现裂纹、鼓包变形、焊缝或可拆连接处泄漏等危及容器安全的迹象。

c）安全装置全部失效，连接管件断裂，紧固件损坏等，难以保证安全操作。

d）操作岗位发生火灾，威胁到容器的安全操作。

e）高压容器的信号孔或警报孔泄漏。

②压力容器的维护保养。

a. 保持完好的防腐层。

b. 消除产生腐蚀的因素。

c. 消灭容器的“跑、冒、滴、漏”。

d. 加强容器在停用期间的维护：必须将内部的介质排除干净，保持容器的干燥和清洁。

e. 经常保持容器的完好状态，包括安全装置和计量仪表，容器的附件、零件等。

4）特种设备检修安全技术。

①锅炉检修前的准备工作。

a. 锅炉检修前按正常停炉程序停炉，缓慢冷却，用锅水循环和炉内通风等方式，逐步把锅内和炉膛内的温度降下来。当锅水温度降到80℃以下时，把被检验锅炉上的各种门孔统统打开。打开门孔时注意防止蒸汽、热水或烟气烫伤。

b. 要把被检验锅炉上蒸汽、给水、排污等管道与其他运行中锅炉相应管道的通路隔断。隔断用的盲板要有足够的强度，以免被运行中的高压介质鼓破。隔断位置要明确指示出来。

c. 被检验锅炉的燃烧室和烟道，要与总烟道或其他运行锅炉相通的烟道隔断。烟道闸门要关严密，并在隔断后进行通风。

②压力容器检修前的安全注意事项。

a. 容器检验前，必须彻底切断容器与其他还有压力或气体的设备的连接管道，特别是与可燃或有毒介质的设备的通路，不但要关闭阀门，还必须用盲板严密封闭。

b. 容器内部的介质要全部排净。盛装可燃、有毒或窒息性介质的容器还应进行清洗、置换或消毒等技术处理，并经取样分析合格。与容器有关的电源，如容器的搅拌装置、翻转机构等的电源必须切断，并有明显的禁止接通的指示标志。

③锅炉及其压力容器检修中的安全注意事项。

a. 注意通风和监护。在进入锅筒、容器前，必须将锅筒、容器上的人孔和集箱上的手孔全部打开，使空气对流一定时间，充分通风。进入锅筒、容器进行检修时，容器外必须有人监护。在进入烟道或燃烧室检查前，也必须进行通风。

b. 注意用电安全。在锅筒和潮湿的烟道内检修而用电灯照明时，照明电压不应超过24 V；在比较干燥的烟道内，而且有妥善的安全措施，可采用不高于36 V的照明电压。进入容器检修时，应使用电压不超过12 V或24 V的低压防爆灯。检验仪器和修理工具的电源电压超过36 V时，必须采用绝缘良好的软线和可靠的接地线。锅炉、容器内严禁采用明火照明。

c. 禁止带压拆装连接部件。如需要卸下或上紧承压部件的紧固件，必须将压力全部泄放以后方能进行。

d. 禁止自行以气压试验代替水压试验。锅炉压力容器的耐压试验一般都用水作加压介质，不能用气体作加压介质，否则十分危险。

(2) 压力管道运行使用管理

1）运行前的检查。

①竣工文件检查。竣工文件是指装置（单元）设计、采购及施工完成之后的最终图纸文件资料，它主要包括设计竣工文件、采购竣工文件和施工竣工文件3部分。

②现场检查。现场检查可以分为设计与施工漏项、未完工程和施工质量3方面的检查。

③建档、标志及数据采集。

a. 建档内容。包括管线号、起止点、介质（包括各种腐蚀性介质及其浓度或分压）、操作温度、操作压力、设计温度、设计压力、主要管道直径、管道材料、管道等级（包括公称压力和壁厚等级）、管道类别、隔热要求、热处理要求、管道等级号、受监管道投入运行日期、事项记录等。

b. 标志与数据采集。管道的标志可分为常规标志和特殊标志两大类。特殊标志是针对各个压力管道的特点，有选择地对压力管道的一些薄弱点、危险点，或管道在热状态下可能发生失稳（如蠕变、疲劳等）的典型点、重点腐蚀检测点、重点无损探测点及其他作为重点检查的点等所做的标志。对于影响压力管道安全的地方，设置监测点并予以标记，在运行中加强观测，应登记造册，并采集下初始（开工前的）数据。

2）运行中的检查和监测。运行中的检查和监测包括运行初期检查、巡线检查及在线监测、末期检查及寿命评估 3 部分。

①运行初期检查。应着重从管道的位移情况、振动情况、支撑情况、阀门及法兰的严密性等方面进行检查，发现问题，及时解决。

②巡线检查及在线监测。定期或不定期地巡检，及时发现事故苗头，并采取措施予以消除，除全面进行检查外，还可着重从管道的位移、振动、支撑情况、阀门及法兰的严密性等方面检查。对于重要管道或管道的重点部位还可利用现代检测技术进行在线监测。

③末期检查及寿命评估。

a. 末期检查。压力管道经过长时期运行，因遭受到介质腐蚀、磨损、疲劳、老化、蠕变等的损伤，一些管道已处于不稳定状态或临近寿命终点，因此更应加强在线监测，并制定好应急措施和救援方案，随时准备抢险救灾。

b. 寿命评估。压力管道寿命的评估应根据压力管道的损伤情况和检测数据进行，总体来说，主要是针对管道材料已发生的蠕变、疲劳、相变、均匀腐蚀和裂纹等几方面进行评估。

(3) 电梯使用安全管理

1）电梯使用须知。

①使用操作安全。停运时停到最底层并关闭电源和所有层门。

②对电梯紧急状态的处置。电梯因某种原因失去控制或发生超速而无法控制，虽然已按下急停按钮亦无法制动时，司机和乘客应保持镇静，切勿盲目行动打开轿厢，应借助各种安全装置自动发生作用将轿厢停止；电梯在行驶中发生停车时，轿厢内人员应先用警铃、电话等通知维修人员，由维修人员在机房设法移动轿厢至附近楼层门口，再由专职人员打开层门，使人员撤离轿厢；如果轿厢因超越行程或突然中途停驶，而必须在机房内用人力驱动飞轮转动曳引机，使轿厢做短程升降时，必须先将电动机的电源开关断开，同时在转动曳引机时，应该使制动器处于张开状态。

2）电梯管理措施。

①法定管理要求。设计的审批，制造单位的生产许可证和安全认定；安装和维修单位的资格认证；省级政府主管部门颁发的电梯检验合格证；操作人员的岗位操作资格证书；法定资格认可的单位进行定期检验。

②建立管理档案。电梯的技术文件、电梯的档案卡片。

③建立管理制度。包括电梯司机与电梯维修人员的培训制度，电梯值班记录制度，电梯检查、保养和维修制度，各岗位操作规程，应急救援预案等。

④建立自动化的、全年全天候的远程管理系统。

(4) 起重机械的安全管理

1）起重机械的安全管理措施。

①安全管理制度。起重机械安全管理规章制度的项目包括：司机守则和起重机械安全操作规程，起重机械维护、保养、检查和检验制度，起重机械安全技术档案管理制度，起重机械作业和维修人员安全培训、考核制度，起重机械使用单位应按期向所在地的主管部门申请在用起重机械安全技术检验、更换起重机械准用证的管理等。

②技术档案。起重机械安全技术档案的项目包括：设备出厂技术文件，安装、修理记录和验收资料，使用、维护、保养、检查和试验记录，安全技术监督检验报告，设备及人身事故记录，设备的问题分析及评价记录。

③定期检验制度。在用起重机械安全定期监督检验周期为两年（电梯和载人升降机安全定期监督检验周期为1年）。此外，使用单位还应进行起重机的自我检查，每日检查、每月检查和年度检查。

④作业人员的培训教育。起重机司机必须经过专门考核并取得合格证者方可独立操作。指挥人员与司索工也应经过专业技术培训和安全技能训练，了解所从事工作的危险和风险，并有自我保护和保护他人的能力。

2）高处作业的安全防护。在起重机上，凡是高度不低于 2 m 的一切合理作业点，都应予以防护。安全防护的结构和尺寸应根据人体参数确定，其强度、刚度要求应根据走道、平台、楼梯和栏杆可能受到的最不利载荷考虑。

3）起重作业安全操作技术。

①吊运前的准备。正确佩戴个人防护用品；检查清理作业场地，确定搬运路线，清除障碍物。室外作业要了解当天的天气预报。流动式起重机要将支撑地面垫实垫平，防止作业中地基沉陷；对使用的起重机和吊装工具、辅件进行安全检查；根据被吊物情况，组织有关人员共同编制作业方案应急预案等。

②起重机司机通用操作要求。

a. 有关人员应认真交接班，对吊钩、钢丝绳、制动器、安全防护装置的可靠性进行认真检查，发现异常情况及时报告。

b. 开机作业前，应确认以下情况处于安全状态方可开机：所有控制器是否置于零位；起重机上和作业区内是否有无关人员，作业人员是否撤离到安全区；起重机运行范围内是否有未清除的障碍物；起重机与其他设备或固定建筑物的最小距离是否在 0.5 m 以上；电源断路装置是否加锁或有警示标牌；流动式起重机是否按要求平整好场地，牢固可靠地打好支腿。

c. 开车前，必须鸣铃或示警；操作中接近人时，应给断续铃声或示警。

d. 司机在正常操作过程中，不得进行下列行为：利用极限位置限制器停车；利用打反车进行制动；起重作业过程中进行检查和维修；带载调整起升、变幅机构的制动器，或带载增大作业幅度；吊物不得从人头顶上通过，吊物和起重臂下不得站人。

e. 严格按指挥信号操作，对紧急停止信号，无论何人发出，都必须立即执行。

f. 吊载接近或达到额定值，或起吊危险器（如液态金属、有害物、易燃易爆物等）时，吊运前认真检查制动器，并用小高度、短行程试吊，确认没有问题后再吊运。

g. 起重机各部位、吊载及辅助用具与输电线的最小距离应满足安全要求。

h. 有下述情况时，司机不应操作：起重机结构或零部件有影响安全工作的缺陷和损伤；吊物超载或有超载可能，吊物质量不清、埋置或冻结在地下、被其他物体挤压，在操作中不得歪拉斜吊；吊物捆绑不牢，或吊挂不稳，重物棱角与吊索之间未加衬垫；被吊物上有人或浮置物；作业场地昏暗，看不清场地、吊物情况或指挥信号。

i. 工作中突然断电时，应将所有控制器置零，关闭总电源。重新工作前，应先检查起重机工作是否正常，确认安全后方可正常操作。

j. 有主、副两套起升机构的，不允许同时利用主、副钩工作（设计允许的专用起重机除外）。

k. 用两台或多台起重机吊运同一重物时，每台起重机都不得超载。吊运过程应保持钢丝绳垂直，保持运行同步。吊运时，有关负责技术人员和安全技术人员应在场指导。

l. 露天作业的轨道起重机，当风力大于 6 级时，应停止作业；当工作结束时，应锚定住起重机。

③司索工安全操作要求。司索工主要从事地面工作，例如准备吊具、捆绑挂钩、摘钩卸载等，多数情况下还担任指挥任务。司索工的工作质量与整个搬运作业安全的关系极大。其操作工序要求如下：

a. 准备吊具。

b. 捆绑吊物。

c. 挂钩起物。

d. 摘钩卸载。

e. 搬运过程的指挥。

(5) 游乐设施安全管理

游乐设施作为特种设备的一种，应加强安全管理，保证其安全运营。

1）组织机构。

①独立的建制。有政府管理部门批准成立的文件。

②依法注册。具有有效的营业执照，并在核定的范围内开展经营活动。

③业务独立。具有独立的法人地位。自主经营，自负盈亏，独立地承担民事责任。

④机构和岗位的设置与运行。机构和岗位设置合理，职责明确，运行有效。

⑤安全保证机构。负责设备购入的进货验收、保管、施工、安装、调测负荷试验、运行过程及定期检查维修等检查工作。根据安全检查需要有权中止游乐设施的运营，负责质量管理手册的管理。

2）人员素质。

①部门以上领导有相应的正式任命文件或聘书。

②安全保证负责人须具有 3 年以上的管理工作经历或工程师以上的技术职务任职资格，熟悉本单位各类游乐设施、游乐设施的技术性能和检查维修业务；掌握相关的法律法规

知识。

③检修人员具有中专以上（或相当中专水平）的学历，并应熟练掌握该专业检修维护技能，具有标准、计量、质量监督法律、法规常识。

④值机（操作）人员应具有高中以上或同等学力，应有专业知识，熟练掌握操作规程，明确本岗位职责和人机安全紧急救护预案。

3）运营应具备的条件。

①产品质量必须符合国家有关标准，有游乐设施生产许可证及有关证明。

②游乐设施购置应进行进货检查、验收，原始记录应完整规范不得涂改。进口的游乐设施应有海关报关单和商检合格证书。

③产品须有使用、安装说明书，检查维修说明及图样；须有铭牌及产品编号；产品须有中文标明的产品名称、厂名、厂址；须有执行标准代号、产品合格证，以及规定的备品备件和专用工具等。

④新产品投入运营前，须经国家认可的检验单位检验。检验合格后方可运营。

⑤游乐设施施工、安装、调试、负荷试验应保存完整的原始记录，并有检验合格的报告。

⑥运营单位须有各类游乐设施管理制度，定期维护检修制度及相应的人机安全紧急救护预案。

⑦操作、管理、维修人员必须经过培训持有上岗证书。

⑧各类游乐设施、游乐设施的单机均应建立技术档案。其内容包括：运营编号，操作、维修者姓名，设备验收、保管、施工、安装、调试、负荷试验情况，运行过程中定期检查出现的问题与处理情况。

⑨运营场所须在明显位置公布游客须知、操作管理人员职责。

4）管理制度。

①运营单位应制定系统、协调、切实可行的安全质量管理手册。其主要内容有：质量方针、组织机构图、各机构职责、各岗位职责、在职人员一览表、游乐设施一览表、安全质量保证体系图、规章制度目录、质量管理手册的管理、主要工作记录的格式。

②运营单位应建立健全各项规章制度。主要规章制度有：安全检查、定期检查、维修制度；关键设备定期检查规程；自检报告及原始记录，受检报告，受检设备图纸、资料等技术文件的管理制度；安全事故分析报告制度；游乐设施的停用、报废制度；游艺、游乐现场管理制度；游客安全申诉的收集和处理制度；各类员工的业务培训、考核制度；质量管理手册执行情况的检查制度。

③安全质量保证机构对手册的执行情况应有检查记录。检查的重点是岗位责任制的落实与规章制度的执行情况。

5）环境条件。

①游艺、游乐场所应地面整洁、无杂物，符合卫生城市的指标规定；室内场所采光照明、通风、除尘、防震、消防、降低噪声、防疫消毒等应满足技术规范的要求。

②游艺、游乐场所各类管理、服务人员应着工作服、佩戴服务标志。

(6) 客运索道安全管理要点

1）客运索道安全管理措施。

①建立健全以安全生产（运营）责任制为中心的各项安全管理制度。

②编制安全技术档案，并保证资料的真实性、完整性和保存的价值性。

③安全管理人员素质。责任心、经验、文化程度和工程技术人员比例。

④作业人员的培训教育。经考试合格，持证上岗，并且应定期或不定期地进行安全教育。

⑤安全检查。包括经常性、定期性、突击性、专业性和季节性等多种形式。对检查出来的隐患进行记录、整改、复查；经复查整改合格后，进行销案。

2）客运架空索道安全特点。

①露天高处作业。

②钢丝绳的安全影响大。

③自然条件变化大、规则性差。

④安全环节多、关联性差。

⑤职工误操作多、乘客和周边人员错误行为多。

⑥营救难度大、社会影响大。

3）客运架空索道安全营救。

①建立救护组织并组织救护人员定期救护演习。

②救护方法与设施。

a. 当外部供电回路电源停电，或主电动机控制系统发生故障时，应开启备用电源，如用柴油发电机组供电，借辅助电动机以慢速将客车拉回站内。

b. 当机械设备、站口系统、牵引索等发生重大故障导致索道不可能继续运行时，必须采用最简单的方法，在最短的时间内将乘客从客车内撤离到地面。撤离的方法取决于索道的类型、地形特征、气候条件、客车离地高度。配备适宜的营救设施，如绞车、梯子、救护袋等。

③单线循环式索道的救护。

将尾部拉紧装置的滑轮组系统的绞车放松，降低吊椅的离地高度，并辅助以地面梯子、救护安全带（袋）来撤离乘客。

7.3.3 设备事故原因及预防措施

(1) 锅炉事故原因及预防措施

1）锅炉爆炸事故。

①水蒸气爆炸。容器破裂，容器内液面上的压力瞬间下降为大气压力，原工作压力下高于100℃的饱和水此时成了极不稳定、在大气压力下难于存在的“过饱和水”，其中的一部分瞬时汽化，体积骤然膨胀许多倍，在容器周围空间形成爆炸。

②超压爆炸。由于各种原因使锅炉主要承压部件如筒体、封头、管板、炉胆等承受的压力超过其承载能力而造成的锅炉爆炸。预防措施主要是加强运行管理。

③缺陷导致爆炸。锅炉承受的压力并未超过额定压力，但因锅炉主要承压部件出现裂

纹、严重变形、腐蚀、组织变化等情况，导致主要承压部件丧失承载能力，突然大面积破裂爆炸。预防措施主要是加强锅炉检验，避免锅炉主要承压部件带缺陷运行。

④严重缺水导致爆炸。锅炉的主要承压部件如锅筒、封头、管板、炉胆等，不少是直接受火焰加热的。锅炉一旦严重缺水，上述主要受压部件得不到正常冷却，甚至被烧，金属温度急剧上升甚至被烧红。在这样的缺水情况下是严禁加水的，应立即停炉。如给严重缺水的锅炉上水，往往酿成爆炸事故。长时间缺水干烧的锅炉也会爆炸。防止这类爆炸的主要措施也是加强运行管理。

2）锅炉重大事故。几种锅炉重大事故分析及处理见表 7—15。

表 7—15　锅炉重大事故分析及处理

重大事故	事故后果	事故原因	事故处理
缺水事故	严重缺水会使锅炉蒸发受热面管子过热变形甚至烧塌，胀口渗漏，胀管脱落，受热面钢材过热或过烧，降低或丧失承载能力，管子爆破，炉墙损坏。锅炉缺水处理不当，甚至会导致锅炉爆炸事故	①运行人员疏忽大意 ②水位表故障造成假水位 ③水位报警器或给水自动调节器失灵 ④给水设备或给水管路故障，无法给水或水量不足 ⑤运行人员排污后忘记关排污阀，或排污阀泄漏 ⑥水冷壁、对流管束或省煤器管子爆破漏水	首先判断是轻微缺水还是严重缺水。方法是“叫水”。 轻微缺水时，可以立即向锅炉上水，使水位恢复正常。如果上水后水位仍不能恢复正常，即应立即停炉检查。严重缺水时，必须紧急停炉。在未判定缺水程度或者已判定属于严重缺水的情况下，严禁给锅炉上水，以免造成锅炉爆炸事故
满水事故	满水发生后，高水位报警器动作并发出警报，过热蒸气温度降低，给水流量不正常地大于蒸汽流量。严重满水时，锅水可进入蒸汽管道和过热器，造成水击及过热器结垢。因而满水的主要危害是降低蒸汽品质，损害以致破坏过热器	①运行人员疏忽大意 ②水位表故障造成假水位 ③水位报警器或给水自动调节器失灵	发现锅炉满水后，应冲洗水位表，检查水位表有无故障；一旦确认满水，应立即关闭给水阀停止向锅炉上水，启用省煤器再循环管路，减弱燃烧，开启排污阀及过热器、蒸汽管道上的疏水阀；待水位恢复正常后，关闭排污阀及各疏水阀；查清事故原因并予以消除，恢复正常运行。如果满水时出现水击，则在恢复正常水位后，还须检查蒸汽管道、附件、支架等，确定无异常情况，才可恢复正常运行
气水共腾	发生气水共腾时，水位表内也出现泡沫，水位急剧波动，气水界线难以分清；过热蒸汽温度急剧下降；严重时，蒸汽管道内发生水冲击。气水共腾与满水一样，会使蒸汽带水，降低蒸汽品质，造成过热器结垢及水击振动，损坏过热器或影响用气设备的安全运行	①锅水品质太差 ②负荷增加和压力降低过快	发现气水共腾时，应减弱燃烧，降低负荷，关小主气阀；加强蒸汽管道和过热器的疏水；全开连续排污阀，并打开定期排污阀放水，同时上水，以改善锅水品质；待水质改善、水位清晰时，可逐渐恢复正常运行

续表

重大事故	事故后果	事故原因	事故处理
锅炉爆管	炉管爆破是指锅炉蒸发受热面管子在运行中爆破，包括水冷壁、对流管束管子爆破及烟管爆破。炉管爆破时，往往能听到爆破声，随之水位降低，蒸汽及给水压力下降，炉膛或烟道中有气水喷出的声响，负压减小，燃烧不稳定，给水流量明显地大于蒸汽流量，有时还有其他比较明显的症状	①水质不良、管子结垢并超温爆破 ②水循环故障 ③严重缺水 ④制造、运输、安装中管内落入异物 ⑤管壁因为烟气磨损、腐蚀、吹灰不当导致减薄 ⑥管子膨胀受阻碍，由于热应力造成裂纹 ⑦管路缺陷或焊接缺陷在运行中发展扩大	炉管爆破时，通常必须紧急停炉修理。由于导致炉管爆破的原因很多，有时往往是几方面的因素共同影响而造成事故，因而防止炉管爆破也必须从搞好锅炉设计、制造、安装、运行管理、检验等各个环节入手
省煤器损坏	省煤器损坏时，给水流量不正常地大于蒸气流量；严重时，锅炉水位下降，过热蒸汽温度上升；省煤器烟道内有异常声响，烟道潮湿或漏水，排烟温度下降，烟气阻力增大，引风机电流增大。省煤器损坏会造成锅炉缺水而被迫停炉	①烟速过高或烟气含灰量过大，飞灰磨损严重 ②给水品质不符合要求 ③省煤器出口烟气温度低于其酸露点，在省煤器出口段烟气侧产生酸性腐蚀 ④材质缺陷或制造安装时的缺陷导致破裂 ⑤水击或炉膛、烟道爆炸剧烈振动省煤器并使之损坏等	省煤器损坏时，如能经直接上水管给锅炉上水，并使烟气经旁通烟道流出，则可不停炉进行省煤器修理，否则必须停炉进行修理
过热器损坏	过热器损坏主要是指过热器爆管。这种事故发生后，蒸汽流量明显下降，且不正常地小于给水流量；过热蒸汽温度上升、压力下降；过热器附近有明显声响，炉膛负压减小，过热器后的烟气温度降低	①锅炉满水、气水共腾或气水分离效果差而造成过热器内进水结垢，导致过热爆管 ②受热偏差或流量偏差使个别过热器管子超温而爆管 ③启动、停炉时对过热器保护不善而导致过热爆管 ④工况变动使过热蒸气温度上升，造成金属超温爆管 ⑤材质缺陷或材质错用 ⑥制造或安装时的质量问题，特别是焊接缺陷 ⑦管内异物堵塞 ⑧被烟气中的飞灰严重磨损 ⑨吹灰不当损坏管壁等	过热器损坏通常需要停炉修理

续表

重大事故	事故后果	事故原因	事故处理
水击事故	水在管道中流动时，因速度突然变化导致压力突然变化，形成压力波并在管道中传播的现象，叫水击。发生水击时管道承受的压力骤然升高，发生猛烈振动并发出巨大声响，常常造成管道、法兰、阀门等的损坏	给水管道的水击常常是由于管道阀门关闭或开启过快造成的 省煤器管道的水击分两种情况：一种是省煤器内部分水变成了蒸汽，蒸汽与温度较低的（未饱和）水相遇时，水将蒸汽冷凝，原蒸汽区压力降低，使水速突然发生变化并造成水击；另一种则和给水管道的水击相同 过热器管道造成水击的原因是蒸汽管道中出现了水，水使部分蒸汽降温甚至冷凝，形成压力降低区，蒸汽携水向压力降低区流动，使水速突然变化而产生水击 锅筒的水击也有两种情况：一是上锅筒内水位低于给水管出口而给水温度又较低时，大量低温进水造成蒸汽凝结，使压力降低而导致水击；二是下锅筒内采用蒸汽加热时，进气速度太快，蒸汽迅速冷凝形成低压区，造成水击	为了预防水击事故，给水管道和省煤器管道的阀门启闭不应过于频繁，启闭速度要缓慢；对可分式省煤器的出口水温要严格控制，使之低于同压力下的饱和温度 40℃；防止满水和气水共腾事故，暖管之前应彻底疏水；上锅筒进水速度应缓慢，下锅筒进气速度也应缓慢。 发生水击时，除应立即采取措施使之消除外，还应认真检查管道、阀门、法兰、支撑等，如无异常情况，才能使锅炉继续运行
炉膛爆炸	炉膛爆炸是指炉膛内积存的可燃性混合物瞬间同时爆燃，从而使炉膛烟气侧压力突然升高，超过了设计结构的允许值而造成水冷壁、刚性梁及炉顶、炉墙破坏的现象，即正压爆炸。此外还有负压爆炸，即在送风机突然停转时，引风机继续运转，烟气侧压力急降，造成炉膛、刚性梁及炉墙破坏的现象	①在设计上缺乏可靠的点火装置及可靠的熄火保护装置及联锁、报警和跳闸系统，炉膛及刚性梁结构抗爆能力差，制粉系统及燃油雾化系统有缺陷 ②在运行过程中操作人员误判断、误操作，此类事故占炉膛爆炸事故总数的 90%以上。有时因采用“爆燃法”点火而发生爆炸。此外还有因烟道闸板关闭而发生炉膛爆炸事故	①应根据锅炉的容量和尺寸，装设可靠的炉膛安全保护装置 ②尽量提高炉膛及刚性梁的抗爆能力 ③应加强使用管理，提高司炉工人的技术水平
尾部烟道二次燃烧	尾部烟道二次燃烧主要发生在燃油锅炉上。当锅炉运行中燃烧不完全时，部分可燃物随着烟气进入尾部烟道，积存于烟道内或黏附在尾部受热面上，在一定条件下这些可燃物自行着火燃烧。其危害是：常将空气预热器、省煤器破坏	①可燃物在尾部烟道积存 ②可燃物达到着火温度条件 ③保持一定的空气量	尽可能减少不完全燃烧损失，减少锅炉的启停次数；加强尾部受热面的吹灰；保证烟道各类门孔及烟风挡板的密封良好；在燃油锅炉的尾部烟道上应装设灭火装置

续表

重大事故	事故后果	事故原因	事故处理
锅炉结渣	锅炉结渣是指灰渣在高温下黏结于受热面、炉墙、炉排之上，并越积越多的现象。燃煤锅炉结渣是一个普遍性的问题，层燃炉、沸腾炉、煤粉炉都有可能结渣。由于煤粉炉炉膛温度较高，煤粉燃烧后的细灰呈飞腾状态，因而更易在受热面上结渣 结渣使受热面吸热能力减弱，降低了锅炉的出力和效率；局部水冷壁管结渣会影响和破坏水循环，甚至造成水循环故障；结渣会造成过热蒸汽温度的变化，使过热器金属超温；严重的结渣会妨碍燃烧设备的正常运行，甚至造成被迫停炉。结渣对锅炉的经济性、安全性都有不利影响	①煤的灰渣熔点低 ②燃烧设备设计不合理 ③运行操作不当	①在设计上要控制炉膛燃烧热负荷，在炉膛中布置足够的受热面，控制炉膛出口温度，使之不超过灰渣变形温度；合理设计炉膛形状，正确设置燃烧器，在燃烧器结构性能设计中充分考虑结渣问题；控制水冷壁间距不要太大，要把炉膛出口处受热面管间距拉开；炉排两侧装设防焦集箱等 ②在运行上要避免超负荷运行；控制火焰中心位置，避免火焰偏斜和火焰冲墙；合理控制过量空气系数和减少漏风 ③对沸腾炉和层燃炉，要控制送煤量，均匀送煤，及时调整燃料层和煤层厚度 ④发现锅炉结渣要及时清除。清渣应在负荷较低、燃烧稳定时进行，操作人员应注意防护和安全

(2) 锅炉压力容器爆炸事故原因、危害及预防措施

1）事故原因。超压，超温，容器局部损坏、安全装置失灵等。

2）危害。

①冲击波及其破坏作用。冲击波超压会造成人员伤亡和建筑物的破坏。

②爆破碎片的破坏作用。爆破碎片会致人重伤或死亡，损坏附近的设备和管道，并引起继发事故。

③介质伤害。介质伤害主要是有毒介质的毒害和高温水汽的烫伤。

④二次爆炸及燃烧。当容器所盛装的介质为可燃液化气体时，容器破裂爆炸在现场形成大量可燃蒸气，并迅即与空气混合形成可爆性混合气，在扩散中遇明火即形成二次爆炸，常使现场附近变成一片火海，造成重大危害。

3）预防措施。

①在设计上，应采用合理的结构。

②制造、修理、安装、改造时，加强焊接管理，提高焊接质量并按规范要求进行热处理和探伤；加强材料管理，避免采用有缺陷的材料或用错钢材和焊接材料。

③加强使用管理，避免操作失误，超温、超压、超负荷运行，失检、失修，安全装置失灵等。

④加强检验工作，及时发现缺陷并采取有效措施。

(3) 典型起重机械事故及预防措施

1）挤压碰撞人。挤压碰撞人是指作业人员被运行中的起重机械挤压碰撞。在起重机械作业中很常见的伤亡事故中，其危险性很大，后果很严重，往往也会导致人员死亡。起重机械作业中挤压碰撞人主要有以下几种情况：

①吊物在起重机械运行过程中摆动挤压碰撞人。主要原因：一是由于司机操作不当，运行中机构速度变化过快，使吊物产生较大的惯性；二是由于指挥有误，吊运路线不合理，致使吊物在剧烈摆动中挤压碰撞人。

②吊物摆放不稳定发生倾倒砸碰人。主要原因：一是由于吊物放置方式不当，对重大吊物放置不稳没有采取必要的安全防护措施；二是由于吊运作业现场管理不善。

③在指挥或检修流动式起重机作业中被挤压碰撞，即作业人员在起重机械运行机构与回转机构之间，受到运行中的起重机械的挤压碰撞。主要原因：一是由于指挥作业人员站位不当，二是由于检修作业中没有采取必要的安全防护措施。

④在巡回检查或维修桥式起重机作业中被挤压碰撞，即作业人员在起重机械与建筑物之间，受到运行中起重机械的挤压碰撞。主要原因：一是由于巡检人员或维修人员与司机缺乏相互联系，二是由于检修作业中没有采取必要的安全防护措施。

2）触电。触电是指起重机械作业中作业人员触及带电体而发生触电。起重机械作业大部分处在有电的作业环境中，触电伤亡事故也是发生在起重机械作业中常见的伤亡事故。主要有以下几种情况：

①司机触碰滑触线。当起重机械司机室设置在滑触线同侧，司机在上下起重机时触碰滑线而触电。主要原因：一是由于司机室位置不合理；二是由于起重机在靠近滑线端侧没有设置防护板，致使司机触电。

②触及高压输电线。主要原因：一是由于起重机械在高压电线下作业没有采取必要的安全防护措施；二是由于指挥不当，操作有误，致使起重机带电，导致操作人员触电。

③电气设施漏电。主要原因：一是由于起重机械电气设施安装接线的缺陷，发生漏电；二是由于司机室没有设置安全防护绝缘垫板，致使司机因漏电而触电。

④起升钢绳触碰滑触线。主要原因：一是由于吊运方法不当歪拉斜吊违反安全规程；二是由于起重机械靠近滑触线端侧没有设置防护措施而带电，导致作业人员触电。

3）高处坠落。高处坠落是指起重机械作业人员从起重机械上坠落。高处坠落主要发生在起重机械安装、维修作业中。包括以下几种情况：

①检修吊笼坠落。主要原因：一是由于检修吊笼结构设计不合理（如高度不够、材质选用不符合要求等）；二是由于检修人员操作不当；三是由于检修作业人员没有采取必要的安全防护措施，致使检修吊笼与检修作业人员一起坠落。

②跨越起重机时坠落。主要原因：一是由于检修作业人员没有采取必要的安全措施；二是由于作业人员麻痹大意，违章作业，致使发生高处坠落。

③安装或拆卸可升降塔身式起重机的塔身作业中，塔身连同作业人员坠落。主要原因：一是由于塔身设计结构不合理；二是由于拆卸方法不当，作业人员与指挥配合有误，致使塔身连同作业人员一起坠落。

4）吊物坠落砸人。吊物坠落砸人是指吊物或吊具从高处坠落砸向作业人员与其他人员。这是在起重机械作业中带有普遍性的伤亡事故，其危险性极大，后果非常严重，往往导致人员伤亡。

①捆绑挂吊方法不当。一是由于钢丝绳间夹角过大，无平衡梁；二是由于吊运带棱角的吊物未加防护板。

②吊索具缺陷。一是由于起升机构钢丝绳折断，致使吊物坠落；二是吊钩有缺陷。

③超负荷。一是作业人员对吊物的质量不清楚，盲目起吊；二是由于歪拉斜吊发生超负荷而拉断吊索具。

④过卷扬。主要是由于没有安装上升极限位置限制器或限制器失灵，不能及时切断起升机构电源直至卷断起升钢丝绳。

5）机体倾翻。机体倾翻是指在作业中整台起重机倾翻。通常发生在从事露天作业的流动式起重机和塔式起重机中。主要有以下三种情况：

①被大风刮倒。由于露天作业的起重机夹轨器失灵和露天作业的起重机没有防风锚定装置。

②履带式起重机倾翻。由于吊运作业现场不符合要求、操作方法不当，以及指挥作业失误等原因致使机体倾翻。

③汽车式、轮胎式起重机倾翻。由于吊运作业现场不符合要求、支腿架设不合要求、操作不当、超负荷等原因。

6）预防措施。建立和健全起重机械安全管理岗位责任制、起重机械安全技术档案管理制度；加强培训教育，要对起重机械作业人员进行安全技术培训考核，做到持证上岗作业；实行系统安全管理；强化安全监察。

7.4 职业危害控制技术

目前，企业中存在的职业性危害因素主要是生产性粉尘、毒物、物理因素等。这些均来源于生产过程，产生于设备、扩散于环境、作用于接触人群。因此对职业性危害因素的控制应从设备、环境和接触人群三个方面考虑。

7.4.1 生产性粉尘危害控制技术

(1) 生产性粉尘的来源和分类

1）来源。生产性粉尘来源十分广泛，如固体物质的机械加工、粉碎；金属的研磨、切削；矿石的粉碎、筛分、配料或岩石的钻孔、爆破和破碎等；耐火材料、玻璃、水泥和陶瓷等工业中的原料加工；皮毛、纺织物等原料处理；化学工业中的固体原料加工处理，物质加热时产生的蒸气、有机物质的不完全燃烧所产生的烟。此外，如粉末状物质在混合、过筛、包装和搬运等操作中产生的粉尘，以及沉积的粉尘二次扬尘等。

2）分类。生产性粉尘有不同的分类方法，根据生产性粉尘的性质可将其分为 3 类，见表 7—16。

表 7—16 生产性粉尘分类

分类	包括种类
无机性粉尘	包括矿物性粉尘，如硅石、石棉、煤等；金属性粉尘，如铁、锡、铝等及其化合物；人工无机粉尘，如水泥、金刚砂等
有机性粉尘	包括植物性粉尘，如棉、麻、面粉、木材；动物性粉尘，如皮毛、丝、骨粉尘；人工合成的有机染料、农药、合成树脂、炸药和人造纤维等
混合性粉尘	上述各种粉尘的混合存在，一般为两种以上粉尘的混合。生产环境中最常见的就是混合性粉尘

(2) 生产性粉尘的理化性质

粉尘对人体的危害程度不仅与其理化性质有关，与其生物学作用及防尘措施等也有密切关系。在卫生学上，有意义的粉尘理化性质包括粉尘的化学成分、分散度、溶解度、密度、形状、硬度、荷电性和爆炸性等。

1）化学成分。粉尘的化学成分、浓度和接触时间是直接决定粉尘对人体危害性质和严重程度的重要因素。根据粉尘化学性质的不同，粉尘对人体可有致纤维化、中毒、致敏等作用，如游离二氧化硅粉尘的致纤维化作用。对于同一种粉尘，它的浓度越高，与其接触的时间越长，对人体的危害越严重。

2）分散度。粉尘的分散度是表示粉尘颗粒大小的一个概念，它与粉尘在空气中呈浮游状态存在的持续时间（稳定程度）有密切关系。在生产环境中，由于通风、热源、机器转动以及人员走动等原因，使空气经常流动，从而使尘粒沉降变慢，延长其在空气中的浮游时间，被人吸入的机会就越多。直径小于 5 μm 的粉尘对机体的危害性较大，也易于达到呼吸器官的深部。

3）溶解度与密度。粉尘的溶解度大小与其对人危害程度的关系，因粉尘作用性质不同而异。主要呈化学毒作用的粉尘，随溶解度的增加其危害作用增强；主要呈机械刺激作用的粉尘，随溶解度的增加其危害作用减弱。

粉尘颗粒密度的大小与其在空气中的稳定程度有关，尘粒大小相同，密度大者沉降速度快、稳定程度低。因此在通风除尘设计中，要考虑密度这一因素。

4）形状与硬度。粉尘颗粒的形状多种多样。质量相同的尘粒因形状不同，在沉降时所受阻力也不同，因此粉尘的形状能影响其稳定程度。坚硬并外形尖锐的尘粒可能引起呼吸道黏膜机械损伤，如某些纤维状粉尘（如石棉纤维等）。

5）荷电性。高分散度的尘粒通常带有电荷，这与作业环境的湿度和温度有关。尘粒带有相异电荷时，可促进凝集、加速沉降。粉尘的这一性质对选择除尘设备有重要意义。

6）爆炸性。高分散度的煤炭、糖、面粉、硫黄、铝、锌等粉尘具有爆炸性。发生爆炸的条件是高温（火焰、火花、放电）和粉尘在空气中达到足够的浓度。可能发生爆炸的粉尘最小浓度：各种煤尘为 30～40 g/m^3，淀粉、铝及硫黄为 7 g/m^3，糖为 10.3 g/m^3。

(3) 生产性粉尘治理的工程技术措施

采用工程技术措施消除和降低粉尘危害，是治本的对策，也是防止尘肺发生的根本措施。

1）改革工艺流程。通过改革工艺流程使生产过程机械化、密闭化、自动化，从而消除和降低粉尘危害。

2）湿式作业。湿式作业防尘的特点是防尘效果可靠，易于管理，技资较低。该方法已为厂矿广泛应用，如石粉厂的水磨石英，陶瓷厂、玻璃厂的原料水碾、湿法拌料、水力清砂等。

3）密闭抽风除尘。对不能采取湿式作业的场所应采用该方法。干法生产（如粉碎、拌料等）容易造成粉尘飞扬，可采取密闭—抽风—除尘的办法，但其基础是首先必须对生产过程进行改革，理顺生产流程，实现机械化生产。在手工生产、流程紊乱的情况下，该方法是无法奏效的。密闭抽风除尘系统可分为密闭设备、吸尘罩、通风管、除尘器等几个部分。

4）个体防护和个人卫生。当防尘、降尘措施难以使粉尘浓度降至国家标准水平以下时，应佩戴防尘护具并加强个人卫生，注意清洗。

另外，应加强对员工的教育培训、现场的安全检查以及对防尘的综合管理等。综合防尘措施可概括为“革、水、密、风、护、管、教、查”八字方针。

7.4.2 生产性毒物危害控制技术

(1) 生产性毒物的来源与存在形态

1）来源。在生产过程中，生产性毒物主要来源于原料、辅助材料、中间产品、夹杂物、半成品、成品、废气、废液及废渣，有时也可能来自加热分解的产物，如聚氯乙烯塑料加热至 160～170℃时可分解产生氯化氢。

2）存在形态。生产性毒物可以固体、液体、气体的形态存在于生产环境中。悬浮于空气中的粉尘、烟和雾等微粒，统称为气溶胶。了解生产性毒物的存在形态，有助于研究毒物进入机体的途径、发病原因，且便于采取有效的防护措施，以及选择车间空气中有害物采样方法。具体存在形态如下：

①气体。在常温、常压条件下，散发于空气中的无定形气体，如氯、溴、氨、一氧化碳等。

②蒸气。固体升华、液体蒸发时形成蒸气，如水银蒸气和苯蒸气等。

③雾。混悬于空气中的液体微粒，如喷洒农药和喷漆时所形成的雾滴、蓄电池充电时逸出的硫酸雾等。

④烟。为直径小于 0.1 μm 的悬浮于空气中的固体微粒，如熔铜时产生的氧化铜烟尘、电焊时产生的电焊烟尘等。

⑤粉尘。能较长时间悬浮于空气中的固体微粒，直径大多数为 0.1～10 μm。固体物质的机械加工、粉碎、筛分、包装等可引起粉尘飞扬。

(2) 生产性毒物危害的治理措施

生产过程的密闭化、自动化是解决毒物危害的根本途径。采用无毒、低毒物质代替有毒或高毒物质是从根本上解决毒物危害的首选办法。常用的生产性毒物控制措施有如下 4 种。

1）密闭—通风排毒系统。该系统由密闭罩、通风管、净化装置和通风机构成。采用该系统必须注意以下两点：

①整个系统必须注意安全、防火、防爆问题。

②正确地选择气体的净化和回收利用方法，防止二次污染，防止环境污染。

2）局部排气罩。就地密闭、就地排出、就地净化，是通风防毒工程的一个重要的技术准则。排气罩就是实施毒源控制，防止毒物扩散的具体技术装置。局部排气罩按其构造分为以下3种类型：

①密闭罩。在工艺条件允许的情况下，尽可能将毒源密闭起来，然后通过通风管将含毒空气吸出，送往净化装置，净化后排放大气中。

②开口罩。在生产工艺操作不可能采取密闭罩排气时，可按生产设备和操作的特点，设计开口罩排气。按结构形式，开口罩分为上吸罩、侧吸罩和下吸罩3种。

③通风橱。通风橱是密闭罩与侧吸罩相结合的一种特殊排气罩。它可以将产生有害物的操作和设备完全放在通风橱内，通风橱上设有开启的操作小门，以便于操作。为防止通风橱内机械设备的扰动、化学反应或热源的热压、室内横向气流的干扰等原因而引起的有害物逸出，必须对通风橱实行排气，使橱内形成负压状态，以防止有害物逸出。

除上述3种外，排气罩还包括吸气罩、吹吸式罩等形式。

3）排出气体的净化。工业的无害化排放，是通风防毒工程必须遵守的重要准则。根据输送介质特性和生产工艺的不同，可采用不同的有害气体净化方法。有害气体净化方法大致分为洗涤法、吸附法、滤袋法、静电法、燃烧法。确定净化方案的原则是：设计前必须确定有害物质的成分、含量和毒性等理化指标。确定有害物质的净化目标和综合利用方向，应符合卫生标准和环境保护标准的规定。净化设备的工艺特性，必须与有害介质的特性相一致。落实防火、防爆的特殊要求。

①洗涤法。洗涤法也称吸收法，是通过适当比例的液体吸收剂处理气体混合物，完成沉降、降温、聚凝、洗净、中和、吸收和脱水等物理化学反应，以实现气体的净化。洗涤法是一种常用的净化方法，在工业上已经得到广泛的应用。它适用于净化CO、SO_2、NO_x、HF、SiF_4、HCl、Cl_2、NH_3、Hg蒸气、酸雾、沥青烟及有机蒸气。如冶金行业的焦炉煤气、高炉煤气、转炉煤气、发生炉煤气净化，化工行业的工业气体净化，机电行业的苯及其衍生物等有机蒸气净化，电力行业的烟气脱硫净化等。

②吸附法。吸附法是使有害气体与多孔性固体（吸附剂）接触，使有害物（吸附质）黏附在固体表面上（物理吸附）。当吸附质在气相中的浓度低于吸附剂上的吸附质平衡浓度时，或者有更容易被吸附的物质到达吸附表面时，原来的吸附质会从吸附剂表面上脱离而进入气相，实现有害气体的吸附分离。吸附剂达到饱和吸附状态时，可以解吸、再生、重新使用。吸附法多用于低浓度有害气体的净化，并实现其回收与利用。如机械、仪表、轻工和化工等行业，对苯类、醇类、酯类和酮类等有机蒸气的气体净化与回收工程已广泛应用，吸附效率在90%～95%。

③袋滤法。袋滤法是粉尘通过滤介质受阻，而将固体颗粒物分离出来的方法。在袋滤器内，粉尘将经过沉降、聚凝、过滤和清灰等物理过程，实现无害化排放。袋滤法是一种高效净化方法，主要适用于工业气体的除尘净化，如以金属氧化物（如Fe_2O_3等）为代表的烟气净化。该方法还可以用做气体净化的前处理及物料回收装置。

④静电法。静电法是粒子在电场作用下带荷电后，粒子向沉淀极移动，带电粒子碰到集尘极即释放电子而呈中性状态附着集尘板上，从而被捕捉下来，完成气体净化。静电法分为干式净化工艺和湿式净化工艺，按其构造形式又可分为卧式和立式。以静电除尘器为代表的

静电法气体净化设备清灰方法，在供电设备清灰和粉尘回收等方面应用较多。

⑤燃烧法。燃烧法是将有害气体中的可燃成分与氧结合，进行燃烧，使其转化为 CO_2 和 H_2O，达到气体净化与无害物排放的方法。燃烧法适用于有害气体中含有可燃成分的条件，其中：直接燃烧法是在一般方法难以处理，且危害性极大，必须采取燃烧处理时才采用，如净化沥青烟、炼油厂尾气等；催化燃烧法主要用于净化机电、轻工行业产生的苯、醇、酯、醚、醛、酮、烷和酚类等有机蒸气。

4）个体防护。对接触毒物作业的工人进行个体防护有特殊意义。毒物通过呼吸道、口、皮肤侵入人体，因此凡是接触毒物的作业都应规定有针对性的个人卫生制度，必要时应列入操作规程，比如不准在作业场所吸烟、吃东西、班后洗澡，不准将工作服带回家中等。个体防护制度不仅保护操作者自身，而且可避免家庭成员，特别是儿童间接受害。属于作业场所的防护用品有防腐服装、防毒口罩和防毒面具。

7.4.3 生产性物理因素危害控制技术

(1) 噪声

1）生产性噪声的特性、种类、来源及其危害。在生产中，由于机器转动、气体排放、工件撞击与摩擦所产生的噪声，称为生产性噪声或工业噪声。生产性噪声可归纳为以下 3 类：

①空气动力噪声。此类噪声是由于气体压力变化引起气体扰动，气体与其他物体相互作用所致。例如，各种风机、空气压缩机、风动工具、喷气发动机和汽轮机等由于压力脉冲和气体排放发出的噪声。

②机械性噪声。此类噪声是由于机械撞击、摩擦或质量不平衡旋转等机械力作用下引起固体部件振动所产生的噪声。例如，各种车床、电锯、电刨、球磨机、砂轮机和织布机等发出的噪声。

③电磁性噪声。此类噪声是由于磁场脉冲，磁致伸缩引起电气部件振动所致。如电磁式振动台和振荡器、大型电动机、发电机和变压器等产生的噪声。

生产性噪声一般声级较高，有的作业地点可高达 120～130 dB（A）。据调查，我国生产场所的噪声声级超过 90 dB（A）者占 32%～42%，中高频噪声占比例最大。

由于长时间接触噪声导致的听阀升高、不能恢复到原有水平的称为永久性听力阀移，临床上称噪声聋。噪声不仅对机体的听觉系统有影响，对非听觉系统如神经系统、心血管系统、内分泌系统、生殖系统及消化系统等都有影响。

2）噪声的控制措施。

①消除或降低噪声、振动源，如铆接改为焊接、锤击成型改为液压成型等。为防止振动使用隔绝物质，如用橡皮等隔绝噪声。

②消除或减少噪声、振动的传播，如采用吸声、隔声、隔振、阻尼等方式。

③加强个人防护和健康监护。

(2) 振动

1）产生振动的机械。在生产过程中，生产设备、工具产生的振动称为生产性振动。产生振动的机械有锻造机、冲压机、压缩机、振动机、送风机和打夯机等。在生产中手臂振动所造成的危害，较为明显和严重，国家已将手臂振动的局部振动病列为职业病。除局部振动病外，列为职业病的还有全身振动病。存在手臂振动的生产作业主要有以下几类：

①操作锤打工具。如操作凿岩机、空气锤、筛选机、风铲和捣固机等。

②手持转动工具。如操作电钻、风钻、喷砂机、金刚砂抛光机和钻孔机等。

③使用固定轮转工具。如使用砂轮机、抛光机、球磨机和电锯等。

④驾驶交通运输车辆与使用农业机械。如驾驶汽车、使用脱粒机等。

2）振动的控制措施。

①控制振动源。应在设计、制造生产工具和机械时采用减振措施，使振动降低到对人体无害的水平。

②改革工艺，采用减振和隔振等措施。如采用焊接等新工艺代替铆接工艺；采用水力清砂代替风铲清砂；工具的金属部件采用塑料或橡胶材料，减少撞击振动。

③限制作业时间和振动强度。

④改善作业环境，加强个体防护及健康监护。

(3) 辐射

电磁辐射广泛存在于宇宙空间和地球上。当一根导线有交流电通过时，导线周围辐射出一种能量，这种能量以电场和磁场形式存在，并以波动形式向四周传播，人们把这种交替变化的、以一定速度在空间传播的电场和磁场，称为电磁辐射或电磁波。电磁辐射分为射频辐射、红外线、可见光、紫外线、X射线及γ射线等。

各种电磁辐射，由于其频率、波长、量子能量不同，对人体的危害作用也不同。当量子能量达到12 eV以上时，对物体有电离作用，能导致机体的严重损伤，这类辐射称为电离辐射。量子能量小于12 eV的不足以引起生物体电离的电磁辐射，称为非电离辐射。现将在作业场所中可能接触到的几种电磁辐射简述如下：

1）非电离辐射的来源与防护。

①非电离辐射的来源及其危害。

a. 射频辐射。射频辐射又称为无线电波，量子能力很小。按波长和频率不同，射频辐射可分成高频电磁场、超高频电磁场和微波3个波段。

b. 红外线辐射。在生产环境中，加热金属、熔融玻璃及强发光体等可成为红外线辐射源。炼钢工、铸造工、轧钢工、锻钢工、玻璃熔吹工、烧瓷工及焊接工等可受到红外线辐射。红外线辐射对机体的影响部位主要是皮肤和眼睛。

c. 紫外线辐射。生产环境中，物体温度达1 200℃以上的辐射电磁波谱中即可出现紫外线。随着物体温度的升高，辐射的紫外线频率增高，波长变短，其强度也增大。常见的辐射源有冶炼炉（高炉、平炉、电炉）、电焊、氧乙炔气焊、氩弧焊和等离子焊接等。强烈的紫外线辐射作用可引起皮炎，表现为弥漫性红斑，有时可出现小水泡和水肿，并有发痒、烧灼感。在作业场所中比较多见的是紫外线对眼睛的损伤，即由电弧光照射所引起的职业病——电光性眼炎。此外在雪地作业、航空航海作业时，受到大量太阳光中紫外线照射，可引起类似电光性眼炎的角膜、结膜损伤，称为太阳光眼炎或雪盲症。

d. 激光。激光不是天然存在的，而是用人工激活某些活性物质，在特定条件下受激发光。激光也是电磁波，属于非电离辐射，被广泛应用于工业、农业、国防、医疗和科研等领域。在工业生产中主要利用激光辐射能量集中的特点，用于焊接、打孔、切割和热处理等。在农业中激光可应用于育种、杀虫。激光对人体的危害主要是由它的热效应和光化学效应造成的。激光对皮肤损伤的程度取决于激光强度、激光频率，以及肤色深浅、组织水分和角质层厚度等。激光能烧伤皮肤。

②非电离辐射的控制与防护。

高频电磁场的主要防护措施有场源屏蔽、距离防护和合理布局等。对微波辐射的防护，是直接减少辐射源、屏蔽辐射源、采取个人防护及执行安全规则。对红外线辐射的防护，重点是对眼睛的保护，减少红外线暴露和降低炼钢工人等的热负荷，生产操作中应佩戴有效过滤红外线的防护镜。对紫外线辐射的防护是屏蔽和增大与辐射源的距离，佩戴专用的防护用品。对激光的防护，应包括激光器、工作室及个体防护 3 个方面。激光器要有安全设施，在光束可能泄漏处应设置防光封闭罩；工作室围护结构应使用吸光材料，色调要暗，不能裸眼看光；使用适当的个体防护用品并对人员进行安全教育等。

2）电离辐射的来源与防护。

①电离辐射的来源。凡是能引起物质电离的各种辐射称为电离辐射。其中，α、β 等带电粒子都能直接使物质电离，称为直接电离辐射；γ 光子、中子等非带电粒子，先作用于物质产生高速电子，继而由这些高速电子使物质电离，称为非直接电离辐射。能产生直接或非直接电离辐射的物质或装置称为电离辐射源，如各种天然放射性核素、人工放射性核素和 X 线机等。随着原子能事业的发展，核工业、核设施也迅速发展，放射性核素和射线装置在工业、农业、医药卫生和科学研究中已经广泛应用。因此，接触电离辐射的人员也日益增多。

②电离辐射的防护。电离辐射的防护，主要是控制辐射源的质和量。电离辐射的防护分为外照射防护和内照射防护。外照射防护的基本方法有时间防护、距离防护和屏蔽防护，通称“外防护三原则”。内照射防护的基本方法有围封隔离、除污保洁和个人防护等综合性防护措施。

（4）异常气象条件

1）异常气象条件种类。

①高温作业。生产场所的热源可来自如各种熔炉、锅炉、化学反应釜，以及机械摩擦和转动的产热以及人体散热；空气湿度的影响主要来自各种敞开液面的水分蒸发或蒸气放散，如造纸、印染、缫丝、电镀、潮湿的矿井、隧道等相对湿度大于 80%的高气湿的作业环境。风速、气压和辐射热都会对生产作业场所的环境产生影响。

②高温强热辐射作业。高温强热辐射作业是指工作地点气温在 30℃以上或工作地点气温高于夏季室外气温 2℃以上，并有较强的辐射热作业。如冶金工业的炼钢、炼铁车间，机械制造工业的铸造、锻造，建材工业的陶瓷、玻璃、搪瓷、砖瓦等窑炉车间，火力电厂的锅炉间等。

③高温高湿作业。高温高湿作业，如印染、缫丝、造纸等工业中，液体加热或蒸煮，车间气温可达 35℃以上，相对湿度达 90%以上。有的煤矿深井井下气温可达 30℃，相对湿度达 95%以上。

④其他异常气象条件作业。其他异常气象条件作业，如冬天在寒冷地区或极地从事野外

作业、冷库或地窖工作的低温作业；潜水作业和潜涵作业等高气压作业；高空、高原低气压环境中进行运输、勘探、筑路及采矿等低气压作业。

2）异常气象条件防护措施。

①高温作业防护。对于高温作业，首先应合理设计工艺流程，改进生产设备和操作方法，这是改善高温作业条件的根本措施。如钢水连珠、轧钢及铸造等生产自动化可使工人远离热源；采用开放式或半开放式作业，利用自然通风，尽量在夏季主导风向下风侧对热源隔离等。

②隔热。隔热是防止热辐射的重要措施，可利用水来进行。

③通风降温。通风降温有自然通风和机械通风两种方式。

④保健措施。供给饮料和补充营养，尤其暑季供应含盐的清凉饮料是具有特殊意义的保健措施。

⑤个体防护。使用耐热工作服等。低温的防护，要防寒和保暖，加强个体防护用品使用。

⑥异常气压的预防。可采取以下措施预防异常气压：技术革新，如采用管柱钻孔法代替沉箱，工人不必在水下高压作业；遵守安全操作规程；保健措施，如高热量、高蛋白饮食等。需特别注意，职业禁忌证者不能从事此类工作。

7.5 矿山安全生产技术

7.5.1 矿山安全基础知识

(1) 井巷施工

1）井巷施工的程序和基本原则。井巷工程包括井筒、井底车场巷道及硐室、主要石门、运输大巷、采区巷道及回风巷道等全部工程。这些工程中有一些工程构成连锁工程项目，也可以称为矿井建设关键线路或主要矛盾线路，也就是决定矿井建设最短总工期的，只能按顺序施工的路线。该线路上的各单位工程统称关键工程。其中包括井筒、井底车场重车线、主要石门、运输大巷、采区车场、采区上山、最后一个采区切割巷道或与风井贯通巷道、风井等。

2）井巷施工的主要方法。井巷施工根据施工方法及地层赋存条件的不同，分为普通凿井法与特殊凿井法。普通凿井法是在稳定或含水较少的地层中采用钻眼爆破或其他常规手段凿井的方法。特殊凿井法是在不稳定或含水量很大的地层中，采用非钻爆法的特殊技术与工艺的凿井方法。通常采用的有冻结法凿井、钻井法凿井、注浆凿井法。

3）井巷支护及维护的技术特点。井巷支护的目的是防止围岩破坏，因此一般井巷掘进出空间后，都要进行临时支护或永久支护。支护方式包括：锚杆支护与锚喷支护；混凝土及钢筋混凝土支护；棚状支架，棚状支架根据材质不同可以分为木支架和金属支架。

4）民用爆破器材的分类。

①炸药。炸药是在一定的条件下，能够发生快速化学反应，释放大量热量，产生大量气体，因而对周围介质产生强烈的机械作用，呈现所谓爆炸效应的化合物或混合物。炸药一般

有硝铵炸药、水胶炸药、硝化甘油炸药和乳胶炸药。在有瓦斯或煤尘爆炸危险的煤矿井下工作面或工作地点应使用经主管部门批准，符合国家安全规程规定的煤矿许用炸药。

②起爆器材。起爆器材可分为起爆材料和传爆材料两大类。雷管是爆破工程的主要起爆材料，导火线、导爆管属于传爆材料，继爆管、导爆线既可起起爆作用，又可起传爆作用，是两者的综合。

5）爆破材料的安全管理。

①爆破材料的储存。为防止爆破器材变质、自燃、爆炸、被盗以及有利于收发和管理，我国《爆破安全规程》规定，爆破器材必须存放在爆破器材库里。爆破器材库由专门存放爆破器材的主要建（构）筑物，以及爆破器材的发放、管理、防护和办公等辅助设施组成。爆破器材库按其作用及性质分总库、分库和发放站；按其服务年限分为永久性库和临时性库两大类；按其所处位置分为地面库、永久性硐室库和井下爆破器材库等。

②爆破材料的运输。爆破材料运输过程中的主要安全要求是防火、防震、防潮、防冻和防殉爆。爆破材料的运输包括地面运输到用户单位或爆破材料库，以及把爆破材料运输到爆破现场（包括井下运输）。地面运输爆破器材时，必须遵守《中华人民共和国民用爆炸物品管理条例》中的有关规定。在井下运输时，要符合《爆破安全规程》的有关规定。

③井下爆破作业的安全要求。井下爆破作业必须使用符合国家标准或行业标准的爆破器材。凡从事爆破工作的人员，都必须经过培训，考试合格并持有合格证。爆破作业必须按爆破设计说明书或爆破说明书进行。禁止进行爆破器材加工和爆破作业的人员穿化纤衣服。煤矿井下进行爆破作业必须严格遵守《煤矿安全规程》的相关规定。

6）井巷施工的常见事故及防治技术。井巷施工期间常见的事故有：顶板冒落事故、立井的提升与悬吊事故、水灾事故、火灾事故、瓦斯煤尘事故等。

①顶板冒落事故。巷道顶板冒落事故主要发生在掘进工作面、巷道开岔或贯通处、大断面硐室、破碎带等。

②立井的提升与悬吊事故。

a. 立井提升事故。建井过程曾发生过吊桶上提时井盖门未打开而相撞以及吊桶下放到工作面未减速的蹾罐事故，吊桶底部黏结杂物坠物入井筒事故，吊桶翻转使人员坠井事故等。要求完善提升机的各项保护装置及信号装置；完善井口设施，加强对吊桶与罐笼的检修，对提升钢丝绳要验收、检查、定期维护。

b. 立井悬吊事故。立井悬吊事故中比较危险的是吊盘翻盘事故，各种悬吊设备设计时必须符合《矿山井巷工程施工与验收规范》，平时要定期检查加强管理。

③水灾事故。井巷施工时，岩层中的地下水和与井下相通的地表水突然大量涌入井下空间，均可能发生水灾事故。

④火灾事故。井巷施工期间的火灾事故根据火源不同可以分为外因火灾和内因火灾。违章使用明火、电气着火或机械摩擦产生电火花、瓦斯和煤尘爆炸均可能引发外因火灾；煤炭在常温下氧化而产生热量，可能导致煤炭自燃发火，形成内因火灾。

⑤瓦斯煤尘事故。井巷施工的瓦斯煤尘事故一般可能在井筒揭开煤层时或掘进采区巷道时发生。为防止揭开煤层时的煤与瓦斯突出事故，应首先确认所建矿井是否存在这种危险，以便采取预防措施。

(2) 矿山开采安全

1）采矿方法。

①采煤方法分类。

a. 壁式采煤法。根据煤层厚度不同，对于薄及中厚煤层，一般采用一次采全厚的单一长壁采煤法；对于厚煤层，一般是将其分成若干中等厚度的分层，采用分层长壁采煤法。按照回采工作面的推进方向与煤层走向的关系，壁式采煤法又可分为走向长壁采煤法和倾斜长壁采煤法两种类型。

b. 柱式采煤法。柱式采煤法分为房式和房柱式两种。房式及房柱式采煤法的实质，是在煤层内开掘一些煤房，煤房与煤房之间以联络巷相通。回采在煤房中进行，煤柱可留下不采，或在煤房采完后，再回采煤柱，前者称为房式采煤法，后者称为房柱式采煤法，这两种采煤法在我国应用很少。

c. 缓倾斜及倾斜煤层单一长壁采煤法

缓倾斜及倾斜煤层采用单一长壁采煤法的工作面，回采工艺主要有炮采、普采（高档普采）和综采 3 种类型。在选择工作面回采工艺方式时，应结合矿山地质条件、设备供应状况、技术条件以及技术管理水平和采煤系统等统一考虑。

a）炮采工艺。炮采工作面回采工艺包括破煤、装煤、运煤、移置运输机、工作面支护和顶板管理六大工序。

b）普采工艺。普采即普通机械化采煤，是用浅截式滚筒采煤机落煤、装煤，利用可弯曲刮板输送机运煤，使用摩擦金属支柱（或单体液压支柱）和铰接顶梁组成的悬臂式支架支护。

c）综采工艺。综采即综合机械化采煤，是指采煤的全部生产过程，包括落煤、装煤、运煤、支护、顶板管理等全部采用机械化。

d. 综合机械化放顶煤开采技术。我国放顶煤开采主要是指长壁综合机械化放顶煤开采（以下简称综放开采）。综放开采的实质是沿煤层底部布置一个长壁工作面，用综合机械化方式进行回采，同时充分利用矿山压力作用（特殊情况下辅以人工松动方法）使工作面上方的顶煤破碎，并在支架后方（或上方）放落，且把放出的煤用后部输送机运出工作面的一种开采方式。

②金属矿采矿方法。

a. 采矿方法分类。采矿方法就是研究矿块的开采方法，它包括采准、切割和回采三项工作。为了更好地回采矿石而在矿块中所进行的采准、切割和回采工作的总和，就称为采矿方法。目前采用的主要采矿方法有空场采矿法、崩落采矿法、充填采矿法。

a）空场采矿法。空场采矿法是在回采过程中，将矿块划分为矿房和矿柱，先采矿房，再采矿柱。应用空场采矿法的基本条件是矿石和围岩稳固，采空区在一定时间内允许有较大的暴露面积。其中应用较广泛的采矿方法有全面采矿法、房柱采矿法、留矿采矿法、分阶段矿房法和阶段矿房法。

b）崩落采矿法。崩落采矿法是以崩落围岩来实现地压管理的采矿方法，即随着矿石崩落，强制（或自然）崩落围岩充填采空区，以控制和管理地压。其主要包括单层崩落法、分层崩落法、分段崩落法、阶段崩落法。

c）充填采矿法。充填采矿法是随着回采工作面的推进，逐步用充填料充填采空区的采矿方法。有时还用支架与充填料相配合，以维护采空区。充填采空区的目的，主要是利用充填体进行地压管理，以控制围岩崩落和地表下沉，并为回采创造安全和便利的条件。有时还用来预防自燃矿石的内因火灾。按矿块结构和回采工作面推进方向，又可分为单层充填采矿法、上向分层充填采矿法、下向分层充填采矿法和分采充填采矿法。按采用的充填料和输出方式不同，又可分为干式充填采矿法、水力充填采矿法和胶结充填采矿法。

b. 采矿方法的选择。选择采矿方法的基本要求是：安全、矿石贫化小、矿石回采率高、生产效率高、经济效益高、遵守有关法规要求。影响采矿方法选择的主要因素有：矿床地质条件、开采技术经济水平。

2）回采工作面矿山压力及其控制。

①回采工作面矿山压力的基本概念。位于煤层上面的岩层称为顶板，煤层下面的岩层称为底板。顶底板岩层一般是由砂岩、粉砂岩、泥岩、页岩、砂质页岩、黏土岩或石灰岩等组成。由于岩性和厚度等不同，在回采过程中破裂、垮落的情况也不一样。

在煤层没有被开采之前，岩体处于平衡状态。当煤层被开采后，形成了地下空间，破坏了岩体的原始应力，引起岩体应力重新分布，并一直延续到岩体内形成新的平衡为止。在应力重新分布过程中，使围岩产生变形、移动、破坏，从而对工作面、巷道及围岩产生压力。通常把这种围岩移动而产生的压力称为矿山压力。

矿山压力的大小与围岩的性质有关，为了保证安全生产，就必须了解工作面矿山压力的活动规律，以便采取控制措施。

②工作面矿山压力显现的基本规律。在矿山压力作用下所引起的一系列力学现象，如围岩变形，顶板下沉，岩体离层、破坏和冒落，煤体压酥、片帮和突出，支架受载、变形、折断以致大规模岩层移动、“板炮”等现象，均称为矿山压力显现。因此，矿山压力显现是矿山压力作用的结果和外部表现。

3）工作面的围岩分类与顶板支护方式。

①工作面围岩分类。

a. 直接顶稳定性分类。以直接顶初次垮落步距为基本指标，进行了直接顶稳定性分类。根据基本顶压力显现强烈程度，将基本顶压力显现分为四级。

b. 底板抗压特性分类。为避免支架或支柱在工作面出现压入底板现象，应以实测的底板容许极限载荷强度作为基本指标、底板抗压刚度作为辅助指标对工作面底板进行分类。

②工作面顶板支护方式。回采工作面支架主要有单体摩擦式金属支柱、单体液压支柱和液压自移支架等几种，少数矿井也使用木支柱。

4）矿山开采中由矿山压力引起的常见事故及其预防。回采工作面常见顶板事故是冒顶事故。按照一次冒顶的顶板范围及伤害人数多少，一般可分为局部冒顶和大面积切顶事故两大类。回采工作面冒顶事故按照力学原因，分为压垮型、漏冒型、推垮型。

5）冲击矿压的分析与预防。

①冲击矿压现象及其分类。根据原岩（煤）体应力状态不同，冲击矿压可分为重力型冲击矿压、构造应力型冲击矿压、中间型或重力—构造型冲击矿压3类。

根据冲击的显现强度，可分为弹射、矿震、弱冲击、强冲击4类。

根据震级强度和抛出的煤量，可将冲击矿压分为轻微冲击（Ⅰ级）、中等冲击（Ⅱ级）、强烈冲击（Ⅲ级）3级。

②冲击矿压的预测指标和方法。

预测指标：弹性能指数WET、冲击能指数KL、动态破坏时间DT。

预测方法：钻屑法、地音法、微震监测法、工程地震探测法、综合测定法。

③冲击矿压的防治措施。根据发生冲击矿压的成因和机理，防治措施的基本原理有两方面，一是降低应力（能量）的集中程度，二是改变煤岩体的物理力学性能。

6）开采过程中的主要灾害类型及主要预防措施。

①主要灾害类型。冒顶、片帮、冲击地压和水害等。

②灾害预防技术。开采工程中主要灾害的预防措施包括：

a. 加强顶板管理。

b. 进行超前密集支柱防护。

c. 严格按照作业规程操作。

d. 采取防治火灾、瓦斯爆炸与突出、岩（煤）突出、机械伤害的措施。

(3) 矿山设备

1）井下电网电压等级及供电的基本要求。

①电网电压等级。煤矿井下电网与地面三相四线制电网不同，其电压等级有特殊的规定。《煤矿安全规程》规定，煤矿井下各级配电网络电压和各种电气设备的额定电压等级，应符合下列要求：

a. 高压，不超过10 000 V。

b. 低压，不超过1 140 V。

c. 照明、信号、电话和手持式电气设备的供电电压，不超过127 V。

d. 远距离控制线路的额定电压，不超过36 V。

e. 采区电气设备使用3 300 V供电时，必须制定专门的安全措施。

②煤矿井下供电系统的基本要求。

a. 煤矿井下属于一类用户，停电会造成人员伤亡和重大的生产损失。

b. 煤矿井下供（配）电网不允许采用中性点接地工作方式，不允许井下配电变压器中性点直接接地，严禁由地面中性点直接接地的变压器或发电机直接向井下供电。

c. 矿井电网短路容量，老矿井一般限制为50 mVA；新建矿井不再作此限制，一般为100 mVA或200 mVA。

d. 矿井高压电网，必须采取措施限制单相接地电容电流，使之不超过20 A。

2）井下电气设备的类型及选用规定。为了在煤矿井下安全使用电能，不论是低瓦斯矿井、高瓦斯矿井或有煤（岩）与瓦斯（二氧化碳）突出的矿井，均须采用矿用电气设备。矿用电气设备分为矿用一般型和矿用防爆型两类。

①矿用一般型电气设备。矿用一般型电气设备应符合《矿用一般型电气设置》（GB 12173—1990）的规定。矿用一般型适用于煤矿井下无瓦斯、煤尘爆炸危险场所或其他类似的地下工业生产部门。

②矿用防爆型电气设备。

a. 适用于爆炸危险场所电气设备的分类。Ⅰ类：煤矿用电气设备，Ⅱ类：除煤矿外的其他爆炸性气体环境用电气设备。这些设备外壳的明显处都有在这种场所使用的电气设备的特别标志“Ex”。矿用防爆电气设备应符合《爆炸性气体环境用电气设备》（GB 3836—2000）系列标准。

b. 矿用防爆型电气设备防爆型式及代号。隔爆型电气设备，代号为“d”；增安型电气设备，代号为“e”；本质安全型电气设备，代号为“i”；正压型电气设备，代号为“P”；充油型电气设备，代号为“o”；充砂型电气设备，代号为“q”；浇封型电气设备，代号为“m”；无火花型电气设备，代号为“n”；气密型电气设备，代号为“h”；特殊型电气设备，代号为“s”。

c. 煤矿常用防爆电气设备的防爆标志。矿用隔爆型电气设备的防爆标志为“Exd I”，矿用本质安全型电气设备的防爆标志为“Exib I”（或“Exia I”），矿用隔爆兼本质安全型电气设备的防爆标志为“Exd [ib] I”（或“Exd [ia] I”），矿用增安型电气设备的防爆标志为“Exe I”，矿用增安兼本质安全型电气设备的防爆标志为“Exe [ib] I”。

需特别注意，矿用电气设备的选用应符合规定要求，否则必须制定安全措施。普通型携带式电气测量仪表，必须在瓦斯浓度在1.0%以下的地点使用，并实时监测使用环境的瓦斯浓度。带电的矿用电气设备，严禁在井下开盖检查或检修，严禁带电搬迁或运输。井下电气设备不应超过额定值运行。矿用电气设备变更额定值使用和进行技术改造时，必须经国家授权的矿用产品质量监督检验部门检验合格后，方可投入运行。

矿用防爆电气设备入井前，应检查其“产品合格证”“防爆合格证”“煤矿矿用产品安全标志”及安全性能；检查并签发合格证后，方准入井。

3）矿用电缆。

①煤矿井下电缆的选型。电缆应带有供保护接地用的足够截面的导体。严禁采用铝包电缆。必须选用经检验合格并取得煤矿矿用安全标志的阻燃电缆。电缆的主芯级截面应满足供电线路负荷的要求。电缆接地芯线的截面应不小于主芯线截面的一半。

②电缆的敷设。敷设电缆（与手持式或移动式设备连接的电缆除外）应遵守下列规定：

a. 在总回风巷和专用回风巷中不应敷设电缆。

b. 电缆必须悬挂，在水平巷道或倾角在30°以下的井巷中，电缆应用吊钩悬挂；在立井井筒或倾角在30°及其以上的井巷中，电缆应用夹子、卡箍或其他夹持装置进行敷设。夹持装置应能承受电缆重量，并不得损伤电缆。

c. 沿钻孔敷设的电缆必须绑紧在钢丝绳上，钻孔必须加装套管。

d. 电缆不应悬挂在风管或水管上，不得遭受淋水。电缆上严禁悬挂任何物件。

e. 盘圈或“8”字形的电缆不得带电。但给采、掘机组供电的电缆不受此限。

f. 通信和信号电缆应与电力电缆分挂在井巷的两侧，如果受条件所限，在井筒内，应敷设在距电力电缆0.3 m以外的地方；在巷道内，应敷设在电力电缆上方0.1 m以上的地方。

g. 高、低压电力电缆敷设在巷道同一侧时，高、低压电缆之间的距离应大于0.1 m。高压电缆之间、低压电缆之间的距离不得小于50 mm。

③电缆的连接。

a. 电缆与电气设备的连接，必须用与电气设备性能相符的接线盒。电缆芯线必须使用齿形压线板（卡爪）或线鼻子与电气设备进行连接。

b. 不同型电缆之间严禁直接连接，连接时必须经过符合要求的接线盒、连接器或母线盒进行连接。

c. 同型电缆之间直接连接时必须遵守下列规定：橡套电缆的修补连接（包括绝缘、护套已损坏的橡套电缆的修补）必须采用阻燃材料进行硫化热补或与热补有同等效能的冷补。在地面热补或冷补后的橡套电缆，必须经浸水耐压试验，合格后方可下井使用。在井下冷补的电缆必须定期升井试验。塑料电缆连接处的机械强度以及电气、防潮密封、老化性能，应符合矿用电缆的技术标准。

d. 井下巷道内的电缆，沿线每隔一定距离、拐弯或分支点以及连接不同直径电缆的接线盒两端、穿墙电缆的墙的两边都应设置注有编号、用途、电压和截面的标志牌。

e. 立井井筒中所用的电缆不得有接头；因井筒太深需设接头时，应将接头设在中间水平巷道内。运行中因故需要增设接头而又无中间水平巷道时，可在井筒中设置接线盒，接线盒应放置在托架上，不应使接头承力。电缆穿过墙壁部分应用套管保护，并严密封堵管口。

4）保护接地、漏电保护和过流保护。保护接地、漏电保护、过流保护，通常称为煤矿井下电气网络的三大保护。

①保护接地。保护接地就是用导体把电气设备中所有正常不带电部分的外露金属部分和埋在地下的接地电极连接起来，是防止人身触电的一项极其重要的措施。它的作用是当设备外壳带电后，电流从接地装置导入地下。如果电气设备接地良好，则接地电阻会比人体电阻小得多，当人体接触带电外壳时，通过人体的电流就会大大减少，从而减少触电危险性。

电压在 36 V 以上和由于绝缘损坏可能带有危险电压的电气设备的金属外壳、构架，铠装电缆的钢带（或钢丝）、铅皮或屏蔽护套等必须有保护接地。保护接地主要有保护接地网、主接地极、局部接地极、接地母线、连接导线与接地导线。

②漏电保护。为了防止电网触电及由此造成的危害，以及人触及带电体时造成的触电事故，应装设漏电动作保护器。它可以在设备或线路漏电时，通过保护装置的检测机构获得异常信号，经中间机构转换和传递，然后促使执行机构动作，自动切断电源而起到保护作用。漏电保护的主要作用是：

a. 防止人身触电。

b. 不间断地监视井下采区低压电网的绝缘状态，以便及时采取措施，防止其绝缘进一步恶化。

c. 减少漏电电流引起瓦斯、煤尘爆炸的危险，防止因漏电电流引爆电雷管。

d. 防止短路电流所产生的电弧烧穿隔爆型电气设备的外壳，或使其外壳的温度升高超过危险值，引起瓦斯、煤尘爆炸。

e. 预防电缆和电气设备因漏电引起的相间短路故障。

f. 选择性漏电保护装置的使用，将会缩短漏电的停电范围，并便于寻找漏电故障，及时排除，从而缩短了漏电停电时间。

③过流保护。过流是指电气设备或线路的电流超过规定值。要使过电流保护装置起到应有的保护作用，应合理选择熔丝的额定电流，选择并调整继电器的动作值。

所有的电气设备和供电线路都必须有可靠的过流保护。过流保护包括短路保护、过负荷保护（过载保护）和断相保护等。

7.5.2 矿山主要灾害防治技术

(1) 矿井通风

1）目的。供给矿井新鲜风量，冲淡并排出有毒、有害气体和矿尘，保证井下风流质量和数量符合国家安全卫生标准；创造安全、健康的工作环境，防止各种伤害和爆炸事故；保障井下人员身体健康和生命安全，保护国家资源和财产。

2）矿井通风系统。

①矿井通风系统。矿井通风系统是向矿井各作业地点供给新鲜空气排除污浊空气的通风网络、通风动力和通风控制设施（通风构筑物）的总称。

②对矿井通风系统的基本要求。安全可靠性高、技术先进合理和经济效益好。

③矿井通风系统的类型。中央式、两翼对角式、分区对角式。

④矿井通风方式。压入式、抽出式、压抽混合式。

3）矿井漏风。矿井漏风是指通风系统中风流沿某些细小通道与回风巷或地面发生渗漏的短路现象。产生漏风的条件是有漏风通道并在其两端有压力差存在。矿井漏风按其地点可分为外部漏风和内部漏风，前者是指地表与井下之间的漏风，后者是指井下各处的漏风。

矿井漏风会造成动力的额外消耗；使矿井、采区和工作面的有效风量（送达用风地点的风量）减少，造成瓦斯积聚、气温升高等，影响生产和工人身体健康；大量的漏风会使通风系统稳定性降低，风流易紊乱，调风困难，易发生瓦斯事故；会使采空区、被压碎的煤柱和封闭区内的煤炭及可燃物发生氧化自燃，易发生火灾；当地表有塌陷区时，老窑裂隙的漏风会将采空区的有害气体带入井下，使井下环境条件恶化而威胁安全生产。

4）矿井反风。矿井反风是指为防止灾害扩大和抢救人员的需要而采取的迅速倒转风流方向的措施。矿井反风方式如下：

①全矿性反风。全矿性反风是指井下各主要风道的风流全部反向的反风。在矿井进风井、井底车场、主要进风大巷或中央石门发生火灾时常采用全矿性反风，避免火灾烟流进入人员密集的采掘工作面。

②局部反风。局部反风是指在采区内部发生灾害时，维持主要通风机正常运转，主要进风风道风向不变，利用风门开启或关闭造成采区内部风流反向的反风。

5）矿井风量计算及通风参数测定。

①矿井风量计算。矿井风量按下列要求分别计算，并选取其中的最大值：

a. 按井下同时工作的最多人数计算，每人每分钟供风量不少于 4 m^3。

b. 按采煤、掘进、硐室和其他地点实际需要风量的总和进行计算。各地点的实际需要风量，必须使该地点风流中的瓦斯、二氧化碳、氢气和其他有害气体的浓度，风速以及温度，每人供风量符合矿山安全规程的有关规定。

②通风参数测定。

a. 压力。静压是单位体积空气具有的对外做功的机械能所呈现的压力，是风流质点热运动撞压器壁面而呈现的压力，包括绝对静压和相对静压。位压是单位体积内空气在地球引力作用下，相对于某一基准面产生的重力位能所呈现的压力。水平巷道的风流流动无位压差，在非水平巷道，风流的位压差就是该区段垂直空气柱的重力压强。动压是单位体积空气风流定向流动具有的动能所呈现的压力，又称为速压。风流动压通常用皮托管配合压差计测定。全压是单位体积风流具有的（静）压能与动能所呈现的压力之和。总机械能（总压力）是矿井风流在井巷某断面具有的（静）压能、位能和动能的总和。

b. 风速。风速的测定采用风表，风表一般分为高速风表（≥10 m/s）、中速风表（0.5～10 m/s）和微速风表（0.3～0.5 m/s）。

6）矿井通风设备和通风建（构）筑物。

①矿用通风设备。矿用通风设备中最主要的是通风机。通风机按其服务范围的不同，可分为主要通风机、辅助通风机、局部通风机；按通风机的构造和工作原理，可分为离心式通风机和轴流式通风机。

其中：主要通风机是用于全矿井或矿井某一翼（区）的通风；辅助通风机是用于矿井通风网络内的某些分支风路中借以调节其风量、帮助主要通风机工作；局部通风机是用于矿井局部地点通风的，它产生的风压几乎全部用于克服它所连接的风筒阻力。

②通风建（构）筑物。矿井通风建（构）筑物是矿井通风系统中的风流调控设施，用以保证风流按生产需要的线路流动。矿井通风建（构）筑物可分为两大类：一类是通过风流的构筑物，包括主要通风机风硐、反风装置、风桥、导风板、调节风窗和风障；另一类是遮断风流的构筑物，包括风墙和风门等。

7）局部通风技术。利用局部通风机或主要通风机产生的风压对井下独头巷道进行通风的方法称为局部通风。

①局部通风方法。局部通风方法是指向井下局部地点进行通风的方法。按通风动力形式的不同，可分为局部通风机通风、矿井全风压通风和引射器通风，其中以局部通风机通风最为常用。

a. 局部通风机通风。局部通风机的常用通风方式有压入式、抽出式、混合式。

a）压入式通风。压入式通风是局部通风机及其附属装置安装在距离掘进巷道口 10 m 以外的进风侧，将新鲜风流经风筒输送到掘进工作面，污风沿掘进巷道排出。

b）抽出式通风。抽出式通风是局部通风机安装在距离掘进巷道口 10 m 以外的回风侧。新鲜风流沿巷道流入，污风通过风筒由局部通风机抽出。

c）混合式通风。混合式通风是压入式和抽出式两种通风方式的联合运用，其中压入式向工作面供新鲜风流，抽出式从工作面抽出污风，其布置方式取决于掘进工作面空气中污染物的空间分布和掘进、装载机的位置。

b. 矿井全风压通风。矿井全风压通风是利用矿井主要通风机的风压，借助导风设施把新鲜空气引入掘进工作面。其通风量取决于可利用的风压和风路风阻。

c. 引射器通风。引射器通风是利用引射器产生的通风负压，通过风筒导风的通风方法。引射器通风一般都采用压入式。

②局部通风的安全管理规定。

a. 瓦斯喷出和煤（岩）与瓦斯（二氧化碳）突出煤层的掘进通风方式必须采用压入式。

b. 压入式局部通风机和启动装置，必须安装在进风巷道中，距掘进巷道回风口不得小于 10 m。

c. 瓦斯喷出区域、高瓦斯矿井、煤（岩）与瓦斯突出矿井中，掘进工作面的局部通风机应采用“三专”（专用变压器、专用开关、专用线路）供电。

d. 严禁使用 3 台以上（含 3 台）的局部通风机同时向 1 个掘进工作面供风。不得使用 1 台局部通风机同时向 2 个掘进工作面供风。

e. 恢复通风前，必须检查瓦斯。只有在局部通风机及其开关附近 10 m 以内风流中的瓦斯浓度都不超过 0.5%时，方可人工开启局部通风机。

(2) 瓦斯灾害防治技术

1）瓦斯性质及瓦斯参数测定。

①瓦斯性质。瓦斯是指矿井中主要由煤层气构成的以甲烷为主的有害气体，有时单独指甲烷。瓦斯是一种无色、无味、无臭、可以燃烧或爆炸的气体，难溶于水，扩散性较空气高。瓦斯无毒，但浓度很高时会引起窒息。

②煤层瓦斯赋存状态。瓦斯在煤层中的赋存方法主要有两种状态：在渗透空间内的瓦斯主要呈自由气态，称为游离瓦斯或自由瓦斯，这种状态的瓦斯服从理想气体状态方程；另一种称为吸附瓦斯，它主要吸附在煤的微孔表面上和煤的微粒内部，占据着煤分子结构的空位或煤分子之间的空间。

③煤层瓦斯含量及测定。煤层瓦斯含量是指单位质量煤体中所含瓦斯的体积，单位为 m^3/t。煤层瓦斯含量是确定矿井瓦斯涌出量的基础数据，是矿井通风及瓦斯抽放设计的重要参数。煤层在天然条件下，未受采动影响时的瓦斯含量称为原始含量；受采动影响，已有部分瓦斯排出后而剩余在煤层中的瓦斯量，称为残存瓦斯含量。影响煤层原始瓦斯含量的因素很多，主要有煤化程度、煤层赋存条件、围岩性质、地质构造、水文地质条件等。

煤层瓦斯含量测定方法目前主要有地勘钻孔测定法、实验室间接测定法和井下快速直接测定法 3 种。

④煤层瓦斯压力及测定方法。煤层瓦斯压力是存在于煤层孔隙中的游离瓦斯分子热运动对煤壁所表现的作用力。煤层瓦斯压力是用间接法计算瓦斯含量的基础参数，也是衡量煤层瓦斯突出危险性的重要指标。测定方法主要有直接测定法和间接测压法。

2）矿井瓦斯涌出及瓦斯等级。

①矿井瓦斯涌出的形式。开采煤层时，煤体受到破坏或采动影响，储存在煤体内的部分瓦斯就会离开煤体而涌入采掘空间，这种现象称为瓦斯涌出。矿井瓦斯涌出的形式可分普通涌出和特殊涌出两种。

②矿井瓦斯涌出量及主要因素。矿井瓦斯涌出量是指开采过程中正常涌入采掘空间的瓦斯数量。瓦斯涌出量的表示方法有两种：绝对瓦斯涌出量——单位时间涌入采掘空间的瓦斯量，单位为 m^3/min；相对瓦斯涌出量——单位质量的煤所放出的瓦斯数量，单位为 m^3/t。

影响矿井瓦斯涌出量的因素主要有煤层瓦斯含量、开采规模、开采程序、采煤方法与顶板管理方法、生产工序、地面大气压力的变化、通风方式和采空区管理方法等。

3）矿井瓦斯等级及其鉴定。《煤矿安全规程》规定：一个矿井中只要有一个煤（岩）层发现瓦斯，该矿井即为瓦斯矿井。瓦斯矿井必须依照矿井瓦斯等级进行管理。

根据矿井相对瓦斯涌出量、矿井绝对瓦斯涌出量和瓦斯涌出形式划分为低瓦斯矿井、高瓦斯矿井和煤（岩）与瓦斯（二氧化碳）突出矿井。

a. 低瓦斯矿井。矿井相对瓦斯涌出量小于或等于 10 m^3/t 且矿井绝对瓦斯涌出量小于或等于 40 m^3/min。

b. 高瓦斯矿井。矿井相对瓦斯涌出量大于 10 m^3/t 或矿井绝对瓦斯涌出量大于 40 m^3/min。

c. 煤（岩）与瓦斯（二氧化碳）突出矿井。矿井在采掘过程中，只要发生过一次煤（岩）与瓦斯（二氧化碳）突出，该矿井即定为煤（岩）与瓦斯（二氧化碳）突出矿井。

《煤矿安全规程》也规定：每年必须对矿井进行瓦斯等级和二氧化碳涌出量鉴定。

4）瓦斯燃烧与爆炸。

①瓦斯燃烧爆炸的条件。引起瓦斯燃烧与爆炸必须具备 3 个条件：一定浓度的瓦斯、一定温度的引火源和足够的氧。

②预防瓦斯爆炸技术措施。

a. 防止瓦斯积聚。

b. 防止瓦斯被引燃。

c. 防止瓦斯爆炸灾害扩大。

5）矿井瓦斯的喷出及预防。矿井瓦斯喷出与突出是煤矿瓦斯特殊涌出的两种主要形式。

瓦斯喷出的预兆：矿压活动显现激烈，煤壁片帮严重，底板突然鼓起，支架承载力加大甚至破坏，煤层变软、潮湿等。

预防瓦斯喷出的措施：加强矿井地质工作，摸清采掘地区的地质构造情况；在可能发生喷出的地区掘进巷道时，应打钻孔预先探放高压瓦斯气源；掌握喷出的预兆，及时撤离工作人员；掌握矿压规律，避免矿压集中，及时处理顶板，促使其随采随冒及时充填采空区。

6）煤与瓦斯突出与防治。

①煤与瓦斯突出机理。煤与瓦斯突出的机理有许多种假设，但基本公认的是综合假说，即煤与瓦斯突出是由地应力、瓦斯和煤的物理力学性质三者综合作用的结果。

②煤与瓦斯突出预测。突出危险区域预测通常采用瓦斯地质统计法、物探法、综合指标法。工作面突出预测主要通过向采掘工作面前方煤体中施工钻孔，利用钻孔测定与地应力、瓦斯、煤的物理力学性质有关的指标，并根据这些指标判断采掘工作面前方是否具有突出危险性。

③防治煤与瓦斯突出的措施。

a. “四位一体”综合防治突出措施。“四位一体”综合防治突出措施是指在采取防治突出技术措施后，必须对防治突出技术措施消除突出危险性的效果进行检验。如果检验有效，在采取安全防护措施的前提下进行采掘作业；如果检验无效，必须补充防治突出技术措施，直至再次检验为有效时方可在采取安全防护措施的前提下进行采掘作业，否则，必须继续补充技术措施。

b. 防治突出的技术措施。防治突出的技术措施主要分为区域性措施和局部性措施两大类。区域性措施是针对大面积范围消除突出危险性的措施，局部性措施主要在采掘工作面执行。针对采掘工作面前方煤岩体一定范围消除突出危险性的措施，目前区域性措施主要有开采保护层、大面积瓦斯预抽放和控制预裂爆破 3 种；局部性措施有许多种，如卸压排放钻孔、深孔或浅孔松动爆破、卸压槽、固化剂、水力冲孔、金属骨架等。

c. 安全防护措施。安全防护措施是控制突出危害程度的措施，也就是说即使发生突出，也要使突出强度降低，对现场人员进行保护以免危及人身安全。如震动性放炮、远距离放炮、反向防突风门、压风自救器、个体自救器等。

7）矿井瓦斯抽放

①瓦斯抽放方法。瓦斯抽放系统主要由瓦斯抽放泵、瓦斯抽放管路（带阀门）、瓦斯抽放钻孔或巷道、钻孔或巷道密封等组成。根据抽放瓦斯的来源，瓦斯抽放可以分为本煤层瓦斯预抽、邻近层瓦斯抽放、采空区瓦斯抽放，以及几种方法的综合抽放。

②瓦斯抽放指标及其测定方法。

a. 反映瓦斯抽放难易程度的指标及其测定方法。包括煤层透气性系数、钻孔瓦斯流量衰减系数、百米钻孔瓦斯涌出量。

b. 反映瓦斯抽放效果的指标及其测定方法。包括瓦斯抽放量、瓦斯抽放率。

③瓦斯抽放主要设备、设施。

a. 瓦斯抽放泵。瓦斯抽放泵是进行瓦斯抽放最主要的设备。

b. 瓦斯抽放管路。瓦斯抽放管路是进行瓦斯抽放必备的也是使用量最大的材料。

c. 瓦斯抽放施工用钻机。绝大多数的瓦斯抽放工程都需要利用钻孔进行瓦斯抽放，因此，钻机是进行瓦斯抽放的矿井使用最多的设备。

d. 瓦斯流量测定仪表。煤矿瓦斯流量测定仪表主要有孔板流量计、匀速管流量计、皮托管、涡街流量计等。

e. 瓦斯抽放钻孔的密封。封孔是确保抽放效果的重要环节。采用先进的封孔技术和加强封孔的日常施工管理，是提高封孔质量的主要途径。

8）矿井瓦斯检测及监测。瓦斯检测实际上是指甲烷检测，主要检测甲烷在空气中的体积浓度。使用便携式瓦斯检测报警仪，可随时检测作业场所的瓦斯浓度，也可使用瓦斯传感器连续实时地监测瓦斯浓度。煤矿常用的瓦斯检测仪器，按检测原理分类有光学式、催化燃烧式、热导式、气敏半导体式等，可以根据使用场所、测量范围和测量精度等要求，选择不同检测原理的瓦斯检测仪器。

①便携式瓦斯检测仪表。

a. 便携式热催化型甲烷检测报警仪。其只能测浓度低于4%的瓦斯。

b. 携便式光学甲烷检测仪。其是根据光干涉原理制成的。

②瓦斯自动监测监控系统。

a. 矿井瓦斯监测监控系统组成。矿井瓦斯监测监控系统主要由监测终端、监控中心站、通信接口装置、井下分站、传感器组成。

b. 矿井瓦斯监测监控系统种类。目前国内在用的矿井瓦斯监测监控系统有KJ4、KJ90、KJ95、KJ101、KJP2000、KJ4/KJ2000和KJG2000等监控系统，以及MSNM、WEBGIS等煤矿安全综合化和数字化网络监测管理系统。

(3) 矿山火灾及防治

1）矿山火灾的分类和特点。凡是发生在矿山地下或地面而威胁到井下安全生产，造成损失的非控制燃烧均称为矿山火灾。矿山火灾的发生具有严重的危害性，可能会造成人员伤亡、矿井生产接续紧张、巨大的经济损失、严重的环境污染等。

根据引燃源的不同，矿山火灾可分为外因火灾和内因火灾两大类。外因火灾是指由于外来热源，如明火、爆破、瓦斯煤尘爆炸、机械摩擦、电路短路等原因造成的火灾。外因火灾的特点是突然发生，来势凶猛，如不能及时发现，往往可能酿成恶性事故。内因火灾是指煤（岩）层或含硫矿场在一定的条件和环境下自身发生物理化学变化积聚热量导致着火而形成的火灾。内因火灾的特点是发生过程比较长，而且有预兆，易于早期发现，但很难找到火源中心的准确位置，扑灭此类火灾比较困难。

2）矿井内因火灾防治技术。

①煤炭自燃倾向性。煤炭自燃倾向性是煤的一种自然属性，它取决于煤在常温下的氧化能力，是煤层发生自燃的基本条件。煤的自燃倾向性分为容易自燃、自燃和不易自燃 3 类。

《煤矿安全规程》规定，新建矿井的所有煤层必须由国家授权单位进行自燃倾向性鉴定；生产矿井延深新水平时，必须对所有煤层的自燃倾向性进行鉴定。

②煤炭自燃的预测预报。我国对煤炭自燃的预测预报主要采用气体分析法。

a. 预测预报指标。最新研究成果表明，可以使用一氧化碳、乙烯及乙炔三个指标，综合地将煤炭自燃划分为三个阶段：矿井风流中只出现 10^{-6}级的一氧化碳时的缓慢氧化阶段，出现 10^{-6}级的一氧化碳、乙烯时的加速氧化阶段，出现 10^{-6}级的一氧化碳、乙烯及乙炔时的激烈氧化阶段，此时即将出现明火。

b. 束管集中检测系统。束管集中检测系统是基于气体分析的检测系统，与束管集中检测系统相配套的设备包括矿用火灾多参数色谱仪、火灾气体及温度传感器等。该系统由束管将被测气体送至井下分站，由各火灾气体传感器将所测到的电信号参数直接输送至地面监控室，在地面进行集中的实时监控和预报。

③煤炭自燃的预防技术。

煤炭自燃的预防技术包括惰化、堵漏、降温等，以及它们的组合。

a. 惰化技术防灭火。惰化技术就是将惰性气体或其他惰性物质送入拟处理区，抑制煤炭自燃的技术。主要包括黄泥灌浆、粉煤灰、阻化剂及阻化泥浆和惰气等。

b. 堵漏技术防灭火。堵漏就是采用某些技术措施减少或杜绝向煤柱或采空区的漏风，使煤缺氧而不至于自燃。堵漏技术和材料主要有抗压水泥泡沫、凝胶堵漏技术、尾矿砂堵漏和均压等。

④火区封闭、管理和启封。

a. 火区封闭。当防治火灾的措施失败或因火势迅猛来不及采取直接灭火措施时，就需要及时封闭火区，防止火灾势态扩大。火区封闭的范围越小，维持燃烧的氧气越少，火区熄灭也就越快，因此火区封闭要尽可能地缩小范围，并尽可能地减少防火墙的数量。

b. 火区管理。火区封闭以后，在火区没有彻底熄灭之前，应加强火区的管理。火区管理技术工作包括对火区所进行的资料分析、整理以及对火区的观测检查等工作。

绘制火区位置关系图，标明所有火区和曾经发火的地点，并注明火区编号、发火时间、地点、主要监测气体成分、浓度等。必须针对每一个火区都建立火区管理卡片，包括火区登记表、火区灌注灭火材料记录表和防火墙观测记录表等。

c. 火区启封。只有经取样化验分析证实，同时具备下列条件时，方可认为火区已经熄灭，才准予启封：

a）火区内温度下降到30℃以下，或与火灾发生前该区的空气日常温度相同。

b）火区内的氧气浓度降到5%以下。

c）区内空气中不含有乙烯、乙炔，一氧化碳在封闭期间内逐渐下降，并稳定在0.001%以下。

d）火区的出水温度低于25℃，或与火灾发生前该区的日常出水温度相同。

以上4项指标持续稳定的时间在1个月以上。

3）火灾时期应变与救灾技术。

①风流控制技术。即选择合理的通风系统，加强通风管理，减少漏风。

②矿井反风技术。即根据井下火灾具体情况，在保证作业人员和重大设备设施的安全条件下，可采用局部反风或全矿反风方法。

③防止火灾扩大技术的方法。

a. 隔离法。即将火灾区封闭后与其他非火灾区隔开。

b. 窒息法。即火灾区完全封闭，阻断助燃物（如空气、氧气等）使火灾停止。

c. 灌浆灭火。即将泥浆灌入发火区，使发火物被泥浆包裹，隔绝空气，防止火灾进一步蔓延。

d. 阻化剂灭火。即将阻化剂喷洒于发火物上或注入发火体内，以抑制或延缓发火物的氧化，达到防止火灾扩大的目的。

(4) 矿山水灾及防治

1）矿井涌水特征。

①以大气降水为主要充水水源。

a. 矿井涌水动态与当地降水动态相一致，具有明显的季节性和多年周期性的变化规律。

b. 多数矿床随采深增加矿井涌水量逐渐减少，其涌水高峰值出现滞后的时间加长。

c. 矿井涌水量的大小还与降水性质、强度、连续时间及入渗条件有密切关系。

②以地表水为主要充水水源。

a. 矿井涌水动态随地表水的丰枯呈季节性变化，且其涌水强度与地表水的类型、性质和规模有关。受季节流量变化大的河流补给的矿床，其涌水强度也呈季节性周期变化。

b. 矿井涌水强度还与井巷到地表水体间的距离、岩性与构造条件有关。一般情况下，其间距越小，则涌水强度越大；其间岩层的渗透性越强，涌水强度越大。

c. 采矿方法的影响。依据矿床水文地质条件选用正确的采矿方法，开采近地表水体的矿床，其涌水强度虽会增加，但不会过于影响生产。

③以地下水为主要充水水源。

a. 矿井涌水强度与充水层的空隙性及其富水程度有关。

b. 矿井涌水强度与充水层厚度和分布面积有关。

c. 矿井涌水强度及其变化还与充水层水量组成有关。

④以老采空区水为主要充水水源。在我国许多老矿区的浅部，老采空区（包括被淹没井巷）星罗棋布，且其中充满大量积水。它们大多积水范围不明，连通复杂，水量大，酸性强，水压高。

2）矿井涌水通道（见表7—17）。

表7—17 矿井涌水通道

自然形成的通道	人为涌水通道
a. 地层的裂隙与断裂带 b. 岩溶通道。岩溶空间极不均一，可以从细小的溶孔直到巨大的溶洞 c. 孔隙通道。孔隙通道主要是指松散层粒间的孔隙输水	a. 顶板冒落裂隙通道 b. 底板突破通道 c. 钻孔通道

3）矿井突水预兆。

①一般预兆。

a. 煤层变潮湿、松软；煤帮出现滴水、淋水现象，且淋水由小变大；有时煤帮出现铁锈色水迹。

b. 工作面气温降低，或出现雾气或硫化氢气味（即臭鸡蛋味）。

c. 有时可听到水的“咝咝”声。

d. 矿压增大，发生片帮、冒顶及底鼓。

②工作面底板灰岩含水层突水预兆。

a. 工作面压力增大，底板鼓起，底鼓量有时可达500 mm以上。

b. 工作面底板产生裂隙，并逐渐增大。

c. 沿裂隙或煤帮向外渗水。随着裂隙的增大，水量增加，当底板渗水量增大到一定程度时，煤帮渗水可能停止，此时水色时清时浊：底板活动时水色混浊，底板稳定时水色变清。

d. 底板破裂，沿裂缝有高压水喷出，并伴有“咝咝”声或刺耳水声。

e. 底板发生“底爆”，伴有巨响，地下水大量涌出，水色呈乳白色或黄色。

③松散孔隙含水层突水预兆。

a. 突水部位发潮、滴水且滴水逐渐增大，仔细观察发现水中含有少量细沙。

b. 发生局部冒顶，水量突增并出现流沙，流沙常呈间歇性，水色时清时浊，总的趋势是水量、沙量增加，直至流沙大量涌出。

c. 顶板发生溃水、溃沙，这种现象可能影响到地表，致使地表出现塌陷坑。

4）矿井防治水技术。

①地表水治理措施。

a. 合理确定井口位置。井口标高必须高于当地历史最高洪水位，或修筑坚实的高台，或在井口附近修筑可靠的排水沟和拦洪坝，防止地表水经井筒灌入井下。

b. 填堵通道。为防止雨水、雪水渗入井下，在矿区内采取填坑、补凹、整平地表或建不透水层等措施。

c. 整治河流。如整铺河床、河流改道等。

d. 修筑排（截）水沟。在井田外缘或漏水区的上方迎水流方向修筑排水沟，将水排至影响范围之外。

②地下水的排水疏干。在调查和探测到水源后，最安全的方法是预先将地下水源全部或

部分疏放出来。疏干方法有地表疏干、井下疏干和井上下相结合疏干3种。

a. 地表疏干。即在地表向含水层内打钻，并用深井泵或潜水泵从相互沟通的孔中把水抽到地表，使开采地段处于疏干降落漏斗水面之上，达到安全生产的目的。

b. 井下疏干。即当地下水源较深或水量较大时用井下疏干的方法可取得较好的效果。根据不同类型的地下水，有疏放老孔积水、疏放含水层水等方法。

c. 井上下相结合疏干。即以上两种方法综合使用。

③地下水探放。

a. 矿井工程地质和水文地质观测工作。其中，水文地质工作是井下水害防治的基础，应查明地下水源及其水力联系。

b. 超前探放水。在矿井生产过程中，必须坚持“有疑必探，先探后掘”的原则，探明水源后制定措施放水。

④矿井水的隔离与堵截。在探查到水源后，由于条件所限无法放水，或者能放水但不合理，需采取隔离水源和矿井突水堵截的防水措施。

a. 隔离水源。隔离水源的措施可分为留设隔离煤（岩）柱防水和建立隔水帷幕带防水两类方法。

b. 矿井突水堵截。为预防采掘过程中突然涌水而造成波及全矿的淹井事故，通常在巷道一定的位置设置防水闸门和防水墙。

⑤矿山排水。矿山排水能力要达到以下要求：

a. 金属及非金属矿山。

a）井下的主要排水设备，至少应由同类型的3台泵组成。工作泵应能在20 h内排出一昼夜的正常涌水量；除检修泵外，其他水泵在20 h内排出一昼夜的最大涌水量。井筒内应装备2条相同的排水管，其中1条工作，1条备用。

b）水仓应由两个独立的巷道系统组成。涌水量大的矿井，每个水仓的容积应能容纳2～4 h的井下正常涌水量。一般矿井主要水仓总容积应能容纳6～8 h的正常涌水量。

b. 煤矿。

a）必须有工作、备用和检修的水泵。工作水泵的能力，应能在20 h内排出矿井24 h的正常涌水量（包括充填水和其他用水）。备用水泵的能力应不小于工作水泵能力的70%。工作水泵和备用水泵的总能力，应能在20 h内排出矿井24 h的最大涌水量。检修水泵的能力应不小于工作水泵能力的25%。水文地质条件复杂的矿井，可在主泵房内预留一定数量的水泵位置。

b）必须有工作、备用的水管。工作水管的能力应能配合工作水泵在20 h内排出矿井24 h的正常涌水量。工作水管和备用水管的总能力，应能配合工作水泵和备用水泵在20 h内排出矿井24 h的最大涌水量。

c）主要水仓必须有主仓和副仓，确保当一个水仓清理时，另一个水仓能正常使用。新建、改扩建或生产矿井的新水平，正常涌水量在1 000 m^3/h以下时，主要水仓的有效容量应能容纳8 h的正常涌水量。正常涌水量大于1 000 m^3/h的矿井，主要水仓有效容量可按下式计算：

$$V=2(Q+300) \tag{7-11}$$

式中 V——主要水仓的有效容积，m^3；

Q——矿井每小时正常涌水量，m^3。

但主要水仓的总有效容量不得低于 4 h 的矿井正常涌水量。采区水仓的有效容量应能容纳 4 h 的采区正常涌水量。

(5) 矿山粉尘及防治

1）矿山粉尘的性质及危害。

①粉尘的概念。

a. 全尘。全尘是指用一般敞口采样器采集到一定时间内悬浮在空气中的全部固体微粒。

b. 呼吸性粉尘。呼吸性粉尘是指能被吸入人体肺部并滞留于肺泡区的浮游粉尘。空气动力直径小于 7.07 μm 的极细微粉尘，是引起尘肺病的主要粉尘。

c. 浮尘和落尘。悬浮于空气中的粉尘称浮尘，沉积在巷道顶、帮、底板和物体上的粉尘称为落尘。

②粉尘的性质。

a. 粉尘中游离二氧化硅的含量。游离二氧化硅含量越高，危害越大。它是引起矽肺病的主要因素。

b. 粉尘的粒度。一般来说，尘粒越小，对人体的危害越大。

c. 粉尘的分散度。粉尘的分散度是指粉尘整体组成中各种粒级的尘粒所占的百分比。粉尘组成中，小于 5 μm 的尘粒所占的百分数越大，对人体的危害越大。

d. 粉尘的浓度。粉尘的浓度是指单位体积空气中所含浮尘的数量。粉尘浓度越高，对人体的危害越大。

e. 粉尘的吸附性。粉尘的吸附能力与粉尘颗粒的表面积有密切关系，其分散度越大，表面积也越大，其吸附能力也增强。主要指标有吸湿性、吸毒性。

f. 粉尘的荷电性。粉尘粒子可以带有电荷，其来源是煤岩在粉碎中因摩擦而带电，或与空气中的离子碰撞而带电，尘粒的电荷量取决于尘粒的大小并与温湿度有关，温度升高时荷电量增多，湿度增高时荷电量降低。

g. 煤尘的燃烧和爆炸性。煤尘在空气中达到一定的浓度时，在外界明火的引燃下能发生燃烧和爆炸。

③矿尘的危害性。

a. 污染工作场所，危害人体健康，引起职业病。

b. 某些矿尘（如煤尘、硫化尘等）在一定条件下可以爆炸。

c. 加速机械磨损，缩短精密仪器使用寿命。

d. 降低工作场所能见度，增加工伤事故的发生概率。

2）矿山粉尘防治技术。矿山粉尘防治技术包括风、水、密、净和护 5 个方面，并以风、水为主。风就是通风除尘；水是指湿式作业；密是指密闭抽尘；净是净化风流；护是采取个体防护措施。下面分别叙述矿山生产过程中的主要防尘技术。

①采煤工作面防尘。

a. 煤层注水。

b. 合理选择采煤机截割机构。

c. 喷雾降尘。

d. 采用除尘设备。

②掘进工作面防尘。

a. 炮掘工作面防尘。风动凿岩机或电煤钻打眼是炮掘工作面持续时间长、产尘量高的一道工序。一般干打眼工序的产尘量占炮掘工作面总产尘量的 80%～90%，湿式打眼时占 40%～60%。所以，打眼防尘是炮掘工作面防尘的重点。

a）打眼防尘。打眼防尘的主要技术有湿式凿岩、干式凿岩捕尘等。

b）放炮防尘。放炮是炮掘工作面产尘最大的一道工序，采取的防尘措施主要有水炮泥和放炮喷雾两种。水炮泥是降低放炮时产尘量最有效的措施。放炮喷雾是简单有效的降尘措施，在放炮时进行喷雾可以降低粉尘浓度和炮烟。

b. 机掘工作面通风除尘。

a）通风除尘系统。合理的通风除尘系统是控制工作面悬浮粉尘运动和扩散的必要条件，目前主要有长压短抽通风除尘系统、长抽通风除尘系统和长抽短压通风除尘系统三种通风系统在国内外使用。

b）通风除尘设备。主要设备有湿式除尘风机、湿式除尘器、袋式除尘器以及配套的抽出式伸缩风筒、附壁风筒等。

c）通风工艺的要求。压、抽风筒口相互位置的关系，压抽风量的匹配，局部通风机安装位置，抽出式局部通风机与除尘局部通风机的串联要求。

c. 锚喷支护防尘。锚喷支护的粉尘主要来自打锚杆眼、混合料转运、拌料和上料、喷射混凝土以及喷射机自身等生产工序和设备。针对这些产尘源，锚喷支护主要采取配制潮料向喷射机上料、双水环加水、加接异径葫芦管、低压近喷、水幕净化和通风除尘等。

③运输、转载防尘。

a. 机械控制自动喷雾降尘装置。该类装置的特点是结构简单、容易制造，使用和维护方便而且降尘效果较好。

b. 电气控制自动喷雾降尘装置。该装置适用于煤矿转载运输系统中不同的尘源，它是靠电气控制实现自动喷雾，有光控、声控、触控、磁控等多种形式。

④综合防尘措施。综合防尘措施包括湿式钻眼、冲刷井壁巷帮、使用水炮泥、放炮喷雾、装岩（煤）洒水和净化风流等措施。

3）煤尘爆炸和防、隔爆措施。

①矿山粉尘（煤矿煤尘）爆炸的条件。矿山粉尘（煤矿煤尘）爆炸必须同时具备以下 3 个条件：

a. 粉尘本身具有爆炸性。

b. 粉尘悬浮在空气中并达到一定浓度。

c. 有足以点燃粉尘的热源。

②煤尘爆炸性评价方法。

a. 煤尘爆炸指数。煤尘爆炸指数也被称做可燃挥发分含量。

b. 煤尘爆炸性鉴定。按照《煤矿安全规程》的规定进行煤尘爆炸性鉴定试验。我国标准中规定，采用大管状煤尘爆炸鉴定装置进行试验，并由国家授权单位承担鉴定试验。

③防止煤尘爆炸的技术措施。煤尘爆炸必须在3个条件同时具备时才可能发生，如果不让这些条件同时存在，或者破坏已经形成的这些条件，就可以防止煤尘爆炸的发生和发展。这是制定各种防止煤尘爆炸措施的出发点和基本原则。

a. 防尘措施。减少巷道内的沉积煤尘量并清除其出井，是最简单有效的防爆措施。

b. 杜绝着火源。保持矿用电气设备完好的防爆性能，加强管理防止出现电气设备失爆现象；选用非着火性轻合金材料避免产生危险的摩擦火花；胶带、风筒、电缆等常用的非金属材料必须具有阻燃、抗静电性能；采用阻化剂、凝胶或氮气防止煤柱、采空区残留煤发生自燃，同时加强瓦斯管理防止瓦斯爆炸事故的发生。

c. 撒布岩粉法。这种方法是定期向巷道周边撒布惰性岩粉，用它覆盖沉积在巷道周边上的沉积煤尘。岩粉层在巷道风速很低时，它的黏滞性起到了阻碍沉积煤尘重新飞扬的作用。当发生瓦斯爆炸等异常情况时，巨大的空气震荡风流把岩粉和沉积煤尘都吹扬起来形成岩粉—煤尘混合尘云。当爆炸火场进入混合尘云区域时，岩粉吸收火焰的热量使系统冷却，同时岩粉粒子还会起到屏蔽作用，阻止火焰或燃烧的煤粒向未着的煤尘粒子传递热量，最终达到阻止煤尘着火的目的。

④防止煤尘爆炸传播技术。防止煤尘爆炸传播技术也称为隔绝煤尘爆炸传播技术，是指把已经发生的爆炸控制在一定范围内并扑灭，防止爆炸向外传播的技术措施。该技术分为被动式隔爆技术和自动式隔爆技术两大类。

a. 被动式隔爆技术。发生爆炸的初期，爆炸火焰峰面是超前于爆炸压力波向前传播，随着爆炸反应的继续和加强，压力波逐渐赶上并超前于火焰峰面传播，两者之间有一时间差。被动式隔爆技术就是根据这一规律，利用压力波的能量使隔爆措施动作，在巷道内形成扑灭火焰的消焰抑制剂尘云，后续到达的火焰进入抑制剂尘云时被扑灭，阻止了爆炸继续向前传播。被动式隔爆技术主要有：岩粉棚、水槽棚和水袋棚，统称为被动式隔爆棚。被动式隔爆棚的设置方式有集中式布置、分散式布置和集中分散式混合布置3种形式。

b. 自动式隔爆技术。被动式隔爆技术的作用原理决定了该技术措施只能在距爆源60～200 m（岩粉棚300 m）的范围内发挥抑制爆炸的作用。因此在爆炸发生的初期，该技术是无效的。此外，在低矮、狭窄和拐弯多的巷道中使用也极其不利，不能发挥抑爆效果。针对这些缺点各国研究并使用了自动式隔爆技术。

传感器、控制器和喷洒装置是自动式隔爆装置的三大组成部分，由若干台自动隔爆装置组成的隔爆系统即为自动式隔爆措施。抑制剂的选择原则是抑制火焰用量少、效果好、价格便宜。适用于自动式隔爆装置的抑制剂主要有液体抑制剂水、水加卤代烷、粉末无机盐类抑制剂和卤代烷。

4）矿山粉尘检测方法。粉尘检测是以科学的方法对生产环境空气中粉尘的含量及其物理化学性状进行测定、分析和检查的工作。从安全和卫生学的角度出发，日常的粉尘检测项目主要是粉尘浓度、粉尘中游离二氧化硅含量和粉尘分散度。

①矿山粉尘浓度测定。我国对作业场所空气中粉尘的允许浓度规定为：岩矿中游离二氧化硅含量大于10%的矿山，粉尘允许浓度为2 mg/m^3；岩矿中游离二氧化硅含量小于10%的矿山，粉尘允许浓度为10 mg/m^3。矿的粉尘浓度测定主要有滤膜测尘法和快速直读测尘仪测定法。

②粉尘游离二氧化硅含量的测定。国家标准中规定的测定方法是焦磷酸质量法，也有用红外分光光度计测定法进行测定。呼吸性粉尘中游离二氧化硅含量的测定，煤矿粉尘采用红外光谱法，非煤矿山粉尘采用X射线沿设法。

③粉尘分散度的测定。粉尘分散度分为数量分散度和质量分散度。前者是针对具有代表性的一定数量的样品逐个测定其粒径的方法，其测定方法主要有显微镜法、光散射法等，测得的是各级粒子的颗粒百分数；后者是以某种手段把粉尘按一定粒径范围分级，然后称取各部分的质量，求其粒径分布，常采用离心、沉降或冲击原理将粉尘按粒径分级，测出的是各级粒子的质量百分数。测定方法很多，其中显微镜法是我国用得最广、使用时间最长的方法。

(6) 煤矿安全检测

煤矿安全检测的主要内容包括：对井下CH_4、CO、O_2等气体浓度的检测，对风速、风量、气压、温度、粉尘浓度等环境参数的检测，对生产设备运行状态的监测、监控等。

1）风速测定。

①用风表测定风速。常用风表有杯式和翼式两种。

②用热电式风速仪和皮托管压差计测定风速。其中，热电式风速仪分热线式和热球式两种。热电式风速仪操作比较方便，但现有的热电式风速仪易于损坏，灰尘和湿度对它都有一定的影响，有待进一步改进以便在矿山开采中广泛使用。

③风速很低或者鉴别通风构筑物漏风时，可以采用烟雾法或嗅味法近似测定空气移动速度。

④利用风速传感器测定。常用的风速传感器有超声波旋涡式风速传感器、超声波时差法风速传感器、热效式风速传感器等。

2）矿井通风阻力的测定。矿井通风阻力测定的方法一般有精密压差计和皮托管的测定法、恒温压差计的测定法和空盒气压计的测定法3种。

3）瓦斯检测。瓦斯检测实际上是指甲烷检测，主要检测甲烷在空气中的体积浓度。矿井瓦斯检测方法有实验室取样分析法和井下直接测量法两种。使用便携式瓦斯检测报警仪，可随时检测作业场所的瓦斯浓度，也可使用瓦斯传感器连续实时地监测瓦斯浓度。

煤矿常用的瓦斯检测仪器，按检测原理分类有光学式、催化燃烧式、热导式、气敏半导体式等，可以根据使用场所、测量范围和测量精度等要求，选择不同检测原理的瓦斯检测仪器。

4）一氧化碳检测。一氧化碳是剧毒性气体，吸入人体后，造成人体组织和细胞缺氧，引起中毒窒息。煤矿火灾、瓦斯和煤尘爆炸及爆破作业时都将产生大量的一氧化碳，为了矿工的身体健康，《煤矿安全规程》规定，井下作业场所的一氧化碳浓度应控制在0.002 4%以下。煤矿常用的一氧化碳检测仪器有电化学式、红外线吸收式、催化氧化式等。

5）氧气检测。《煤矿安全规程》对矿井氧气含量有严格规定。煤矿中检测氧气常用的方法主要有气相色谱法、电化学法和顺磁法。其中，气相色谱仪一般安装在地面，通过人工取样分析矿井气体成分浓度。

6）温度检测。煤矿常用的温度传感器有热电偶、热电阻、热敏电阻、半导体PN结、半导体红外热辐射探测器、热噪声、光纤等。热电偶、热电阻原理在工业（地面）上早已得到广泛应用；半导体 PN 结原理在－100～100℃范围内的应用也很成功，煤矿井下应用较多。

7）煤矿安全监测监控系统。矿井监控系统一般由传感器和执行器，信息传输装置，中心站或主站的硬件，及中心站或主站的软件 4 个功能部分组成。

(7) 顶板、边坡、尾矿坝（库）事故的防治技术

1）顶板事故防治技术。

①选用合理的采矿方法。

②搞好地质调查工作。

③加强工作面顶板的支护与维护。

④坚持正规循环作业。

⑤严格顶板监测制度。

⑥及时处理采空区。

2）边坡事故防治技术。

①合理确定边坡参数。

a. 合理确定台阶高度和平台宽度。

b. 正确选择台阶坡面角和最终边坡角。

②选择适当的开采技术。

a. 选择合理的开采顺序和推进方向。

b. 合理爆破作业。

③制定严格的边坡安全管理制度。

3）尾矿坝（库）事故处理技术。

①滑坡抢护。基本原则是上部减载、下部压重，即在主裂缝部位进行削坡，而在坝脚部位进行压坡。

②溃坝防护。

a. 在满足回水水质和水量要求的前提下，尽量降低库水位。

b. 水边线应与坝轴线基本保持平行。

c. 尾矿库实际情况与设计要求不符时，应在汛期前进行调洪演算。

③地震抗防。进行尾矿库抗震检查，根据检查结果，采取预防措施；做好各项抗震准备工作；组织动员居民做好防震准备；严格控制库水位；震前注意库区内岸坡的稳定性，防止滑坡，破坏尾矿设施。

对于上游建有尾矿库、排土场或水库等工程设施的，应了解上游所建工程的稳定情况，必要时应采取防范措施，避免造成更大损失。

7.6 建筑工程施工安全技术

7.6.1 建筑施工安全专业知识

(1) 建筑施工的特点及伤亡事故类别

1）建筑施工的特点。

①产品固定，人员流动性强。

②露天高处作业多，手工操作，繁重体力劳动。

③建筑施工变化大，规则性差。

从上述的特点可以看出，在施工现场必须随着工程形象进度的发展，及时调整和补充各项防护设施，才能消除隐患，保证安全。

2）伤亡事故的类别。

建筑施工的伤亡事故主要有高处坠落、触电、物体打击、机械伤害和坍塌 5 个类别。5 类事故发生的主要部位就是建筑施工中的危险源。

①高处坠落。人员从临边、洞口，包括屋面边、楼板边、阳台边、预留洞口、电梯井口、楼梯口等处坠落；从脚手架上坠落；龙门架（井字架）物料提升机和塔吊在安装、拆除过程坠落；安装、拆除模板时坠落；结构和设备吊装时坠落。

②触电。对经过或靠近施工现场的外电线路没有或缺少防护，在搭设钢管架、绑扎钢筋或起重吊装过程中，碰触这些线路造成触电；使用各类电气设备触电；因电线破皮、老化，又无开关箱等触电。

③物体打击。人员受到同一垂直作业面的交叉作业中和通道口处坠落物体的打击。

④机械伤害。主要是垂直运输机械设备、吊装设备、各类桩机等对人的伤害。

⑤坍塌。施工中发生的坍塌事故主要是现浇混凝土梁、板的模板支撑失稳倒塌，基坑边坡失稳引起土石方坍塌，拆除工程中的坍塌，施工现场的围墙及在建工程屋面板质量低劣坍落。

(2) 建筑工程施工组织设计及安全技术措施

1）建筑工程施工组织设计。建筑工程施工组织设计是在国家和行业的法律、法规、标准的指导下，从施工的全局出发，根据各种具体条件，拟订工程施工方案，对施工程序、施工流向、施工顺序、施工方法、劳动组织、技术措施、施工进度、材料供应、运输道路、场地利用、水电能源保证等现场设施的布置和建设作出规划，以便对施工中的各种需要及其变化做好事前准备，使施工建立在科学合理的基础上，从而做到高速度地取得最好的经济效益和社会效益。

建筑工程施工组织设计是指导全局、统筹规划建筑工程施工活动全过程的组织、技术、经济文件。因此，从工程施工招投标、申报施工许可证到进行施工等活动都必须要有工程施工组织设计作为指导。建筑工程施工组织设计一般分为施工组织总设计、单位工程施工组织设计和分部分项工程施工组织设计 3 类，见表 7—18。

表 7—18　　建筑工程施工组织设计情况

施工组织总设计	单位工程施工组织设计	分部分项工程施工组织设计
以建设项目或群体工程为对象进行编制，对其进行统筹规划，指导全局的施工组织设计。一般在初步设计、技术设计或扩大设计批准后，即可进行编制施工组织总设计。由于大、中型建设项目施工工期往往需要多年，因此施工组织总设计又是编制施工企业年度施工计划的依据	以一个单位工程或一个交工的系统工程为对象而编制的，在施工组织总设计的总体规范和控制下，进行较具体、详细的施工安排，也是施工组织总设计的具体化，是指导本工程项目施工生产活动的文件，也是编制本工程项目季度、月度施工计划的依据	也称为专项施工方案，它的编制对象是危险性较大、技术复杂的分部分项工程或新技术项目，用来具体指导分部分项工程的施工。该施工组织设计的主要内容包括施工方案、进度计划、技术组织措施等

2）施工安全技术措施。施工安全技术措施是施工组织设计中的重要组成部分，它是具体安排和指导工程安全施工的安全管理与技术文件。建筑施工企业在编制施工组织设计时，应当根据建筑工程的特点制定相应的安全技术措施。因此，施工安全技术措施是工程施工中安全生产的指令性文件，在施工现场管理中具有安全生产法规的作用，必须认真编制和贯彻执行。

施工安全技术措施主要包括：

①进入施工现场的安全规定。

②地面及深坑作业的防护。

③高处及立体交叉作业的防护。

④施工用电安全。

⑤机械设备的安全使用。

⑥为确保安全，对于采用的新工艺、新材料、新技术和新结构，制定的有针对性的、行之有效的专门安全技术措施。

⑦预防自然灾害（如防台风、防雷击、防洪水、防地震、防暑降温、防冻、防寒、防滑等）的措施。

⑧防火防爆措施。

(3) 施工现场安全知识

1）施工现场的安全规定。施工现场是建筑行业生产产品的场所，为了保证施工过程中施工人员的安全和健康，建立了多项规定。

①悬挂标牌与安全标志。施工现场的入口处应当设置“一图五牌”，即工程总平面布置图和工程概况牌、管理人员及监督电话牌、安全生产规定牌、消防保卫牌、文明施工管理制度牌，以接受群众监督。在场区有高处坠落、触电、物体打击等危险部分应悬挂安全标志牌。

②施工现场四周用硬质材料进行围挡封闭，在市区内其高度不得低于 1.8 m。场内的地坪应当做硬化处理，道路应当坚实畅通。施工现场应当保持排水系统畅通，不得随意排放。各种设施和材料的存放应当符合安全规定和施工总平面图的要求。

③施工现场的孔、洞、口、沟、坎、井以及建筑物临边，应当设置围挡、盖板和警示标志，夜间应当设置警示灯。

④施工现场的各类脚手架（包括操作平台及模板支撑）应当按照标准进行设计，采取符合规定的工具和器具，按专项安全施工组织设计搭设，并用绿色密目式安全网全封闭。

⑤施工现场的用电线路、用电设施的安装和使用应当符合临时用电规范和安全操作规程，并按照施工组织设计进行架设，严禁任意拉线接电。

⑥施工单位应当采取措施控制污染，做好施工现场的环境保护工作。

⑦施工现场应当设置必要的生活设施，并符合国家卫生有关规定要求。应当做到生活区与施工区、加工区的分离。

⑧进入施工现场必须佩戴安全帽，攀登与独立悬空作业必须配挂安全带。

2）施工过程中的安全知识。

①消除物的不安全状态，实现作业条件安全化的主要措施。

a. 采用新工艺、新技术、新设备，改善劳动条件。

b. 采用安全防护装置，隔离危险部位。

c. 给作业人员配备必要的安全防护用具、服装。

d. 开展安全检查，及时发现安全隐患并进行整改。

②消除人的不安全行为，实现作业行为安全化的主要措施。

a. 开展安全思想教育和安全规章制度教育，提高职工的安全认识。

b. 进行岗位培训，提高职工的安全技术素质。

c. 合理组织施工，使作业人员劳逸结合，有充沛的精力，避免疲劳作业。

d. 按方案施工，认真落实各项安全技术措施。

3）施工现场安全措施。

①目标管理。

a. 控制伤亡事故指标。

b. 施工现场安全达标，在施工期间内都必须达到《建筑施工安全检查标准》（JGJ 59—1999）的合格以上的要求。

c. 施工现场的安全目标，要制定全工期内的目标和分阶段的目标，并要进行责任分解落实到人，制定考评办法，奖优罚劣。

②文明施工。根据建设部《建筑施工安全检查标准》（JGJ 59—1999）的规定：在工程施工期间内，施工现场都能做到地坪硬化、场区绿化、五小设施（办公室、宿舍、食堂、厕所、浴室）卫生化、材料堆放标准化等文明施工的标准。

③安全技术交底。安全技术交底的主要内容有作业特点和危险点、针对危险点的具体预防措施、应注意的安全注意事项、相应的安全操作规程和标准、发生事故后应及时采取的避难和急救措施等。应以书面形式进行交底，并由有关人员签字后妥善保存。

④安全标志。

a. 使用部位。有职业病危害和危险部位，如在施工现场入口处、施工起重机械、临时用电设施、脚手架、出入通道口、楼梯口、电梯井口、孔洞口、桥梁口、隧道口、基坑边沿、爆破物及有害危险气体和液体存放处等，夜间有人经过的坑洞等危险处还应设红灯示警。

b. 悬挂安全标志的标准。必须按《安全色》（GB 2893—2001）、《安全标志及使用导则》

(GB 2894—2008）和《工作场所职业病危害警示标识》(GBZ 158—2003）的规定悬挂醒目的标牌。

⑤季节性施工。建筑施工是露天作业，受到天气变化的影响很大，因此，在施工中要针对季节的变化制定相应施工措施，主要包括雨季施工和冬季施工。高温天气应采取防暑降温措施。

⑥尘毒危害防治。建筑施工中主要有水泥粉尘、电焊锰尘及油漆涂料等有毒气体的危害。随着工艺的改革，有些尘毒危害已经消除。如实施商品混凝土以后，水泥污染正在消除。其他的尘毒应采取措施治理。施工单位应向作业人员提供安全防护用具和安全防护服装，并书面告知危险岗位的操作规程和违章操作的危害。作业人员应当遵守安全施工的强制性标准、规章制度和操作规程。

7.6.2 建筑施工安全技术

专项安全施工组织设计也称分部分项工程安全施工组织设计。《建筑法》第 38 条规定，对专业性较强的工程项目，应当编制专项安全施工组织设计。《建设工程安全生产管理条例》第 26 条规定，对专业性较强的，达到一定规模的危险性较大的分部分项工程，如基坑支护与降水工程、土方开挖工程、模板工程、起重吊装工程、脚手架工程、拆除与爆破工程应编制专项施工方案。根据这个规定，除必须在施工组织设计中编制施工安全技术措施外，还应编制分部分项工程，如脚手架、塔吊安拆、临时用电、爆破工程等的专项安全施工方案或者称为施工安全技术措施，详细地制定施工程序、方法及防护措施，确保该分部分项工程的安全施工。施工安全技术措施内容必须符合现行安全生产法律、法规和安全技术规范、标准。

(1) 土方工程

土方工程施工中安全是一个很突出的问题，因土方坍塌造成的事故占每年因工死亡人数的 5%左右，成为五大伤亡之一。

1）土的分类及鉴别方法。

①根据土的颗粒级配或塑性指数可分为碎石类土、沙土和黏性土。

②根据土的沉积年代，黏性土又可分为老黏性土、一般黏性土和新近沉积黏性土。

③根据土的工程特性还可分出特殊性土，如软土、人工填土、素填土、杂填土等。

在野外主要采用湿润时用刀切、用手捻摸时的感觉、湿土搓条等方法来鉴别土的性质，以便采取相应的支护措施。

2）影响边坡稳定的因素与基坑支护的种类。

①影响边坡稳定的因素。基坑开挖后，其边坡失稳坍塌的实质是边坡土体中的剪应力大于土的抗剪强度。而土体的抗剪强度又是来源于土体的内摩阻力和内聚力。因此，凡是能影响土体中剪应力、内摩阻力和内聚力的，都能影响边坡的稳定。影响因素包括土的类别、土的湿化程度、气候，及基坑边坡上面的附加荷载或外力。

②基坑支护的种类。常用的一些基坑与管沟的支撑方法见表 7—19。

表 7—19　　常用的一些基坑与管沟的支撑方法

支撑名称	适用范围	支撑名称	适用范围
间断式水平支撑	能保持直立的干土或天然湿度的黏土类土，深度在 2 m 以内	断续式水平支撑	挖掘湿度小的黏性土及挖土深度小于 3 m 时
连续式水平支撑	挖掘较潮湿的或散粒的土及挖土深度小于 5 m	连续式垂直支撑	挖掘松散的或湿度很高的土时（挖土深度不限）
锚拉支撑	开挖较大坑基或使用较大型的机械挖土，而不能安装横撑时	斜柱支撑	开挖较大坑基或使用较大型的机械挖土，而不能采用锚拉支撑时
短桩隔断支撑	开挖宽度大的坑基，当部分地段下部放坡不足时	临时挡土墙支撑	开挖宽度较大的坑基，当部分地段下部放坡不足时
混凝土或钢筋混凝土支护	天然湿度的黏土类土中，地下水较少，地面荷载较大，深度 6～30 m，圆形结构护壁或人工挖孔桩护壁时	钢构架支护	在软弱土层中开挖较大、较深坑基，而不能用一般支护方法时
地下连续墙支护	开挖较大较深，周围有建筑物、公路的基坑，作为复合结构的一部分，或用于高层建筑的逆做法施工，作为结构的地下外墙	地下连续墙锚杆支护	开挖较大较深（＞10 m）的大型基坑，周围有高层建筑物，不允许支护有较大变形，采用机械挖土，不允许内部设支撑时
挡土护坡桩支撑	开挖较大较深（＞6 m）基坑，临近有建筑，不允许支撑有较大变形时	挡土护坡桩与锚杆结合支撑	大型较深基坑开挖，临近有高层建筑物，不允许支护有较大变形时

3）土方开挖安全防护措施。

①应针对土质的类别、基坑的深度、地下水位、施工季节、周围环境、拟采用的机具来确定开挖方案。

②开挖的基坑（槽）设计深度如毗邻建筑物、构筑物的基础深时，应采取边坡支撑加固措施，并在施工中进行沉降和位移动态观测。

③根据基坑的深度、土质的特性和周围环境确定对基坑的支护方案。

④根据选定的基坑支护方案进行设计和验算。

⑤根据所采用的开挖方案编制操作程序和规程。

⑥绘制施工图。

⑦制订回填方案。

(2）模板工程

1）模板分类。模板按其功能分类，主要有以下五大类。

①定型组合模板。定型组合模板包括定型组合钢模板、钢木定型组合模板、组合铝模板以及定型木模板。目前我国推广应用量较大的是定型组合钢模板。

②墙体大模板。墙体大模板有钢制大模板、钢木组合大模板以及由大模板组合而成的筒子模板等。

③飞模（台模）。飞模是用于楼盖结构混凝土浇注的整体式工具式模板，具有支拆方便、

周转快、文明施工的特点。飞模有铝合金桁架与木（竹）胶合板面组成的铝合金飞模，有轻钢桁架与木（竹）胶合板面组成的轻钢飞模，也有用门式钢脚手架或扣件钢管脚手架与胶合板或定型模板面组成的脚手架飞模，还有将楼面与墙体模板连成整体的工具式模板——隧道模。

④滑动模板。滑动模板是整体现浇混凝土结构施工的一项新工艺。其广泛应用于工业建筑的烟囱、水塔、筒仓、竖井和民用高层建筑剪力墙、框剪、框架结构施工。滑升模板主要由模板面、围圈、提升架、液压千斤顶、操作平台、支承杆等组成。滑动模板一般采用钢模板面，也可用木或木（竹）胶合板面。它的围圈、提升架、操作平台一般为钢结构，支承杆一般用直径 $\phi25$ 的圆钢或螺纹钢制成。

⑤一般木模板。一般木模板板面采用木板或木胶合板，支撑结构采用木龙骨、木立柱，连接件采用螺栓或铁钉。

2）模板的构造和使用材料的性能。模板由模板面、支撑结构和连接配件组成。模板工程所使用的材料，可以是钢材、木材和铝合金材等。

①钢材。采用平炉或氧气转炉 3 号钢（沸腾钢或镇静钢）16Mn 钢。钢材质量应符合有关国家标准的规定。模板支架的材料宜优先选用钢材。

②木材。木材的树种可根据各地区实际情况选用，材质不宜低于Ⅲ等材。有腐朽、折裂、枯节的木材不得使用。木材选材时，应根据模板构件受力种类，选用适当等级的木材。

③铝合金材。建筑模板结构若采用铝合金材时，应采用纯铝加入锰、镁等合金元素后的铝合金型材。

④面板材料。面板除采用钢、木外，可采用胶合板、复合纤维板、塑料板、玻璃钢板等。其中胶合板应符合《混凝土模板用胶合板》（GB/T 17656—2008）的有关规定。

3）模板荷载规定。

①荷载标准值。

a. 恒荷载标准值。包括模板及其支架自重标准值、新浇筑混凝土自重标准值、钢筋自重标准值。

b. 活荷载标准值。包括施工人员及设备荷载标准值。

c. 风荷载标准值。

②荷载设计值。计算模板及支架结构或构件的强度、稳定性和连接的强度时，应采用荷载设计值（荷载设计值等于荷载标准值乘以荷载分项系数）。计算正常使用极限状态的变形时，应采用荷载标准值。

荷载分项系数按永久荷载为 1.2、活荷载为 1.4 选取。

钢模板及其支架的荷载设计值可乘以系数 0.95 予以折减。采用冷弯薄壁型钢，其荷载设计值不应折减。

③荷载组合。按极限状态设计时，其荷载组合应按以下两种情况分别选取：

a. 对于承载能力极限状态应按荷载效应的基本组合采用。

b. 对于正常使用极限状态应采用标准组合。

4）模板构造及搭设。

①模板安装的规定。

a. 对模板施工队进行全面的安全技术交底，施工队应是具有资质的队伍。

b. 挑选合格的模板和配件。

c. 模板安装应按设计与施工说明书循序拼装。

d. 竖向模板和支架支撑部分安装在基土上时，应加设垫板，如用钢管垫板上应加底座。垫板应有足够强度和支撑面积，且应中心承载。基土应坚实，并有排水措施。

e. 模板及其支架在安装过程中，必须设置有效防倾覆的临时固定设施。

f. 现浇钢筋混凝土梁、板，当跨度大于 4 m 时，模板应起拱；当设计无具体要求时，起拱高度宜为全跨长度的 1/1 000～3/1 000。

g. 现浇多层或高层房屋和构筑物，安装上层模板及其支架应符合下列规定：

a）下层楼板应具有承受上层荷载的承载能力或加设支架支撑。

b）上层支架立柱应对准下层支架立柱，并于立柱底铺设垫板。

c）当采用悬臂吊模板、桁架支模方法时，其支撑结构的承载能力和刚度必须符合要求。

h. 当层间高度大于 5 m 时，宜选用桁架支模或多层支架支模。

i. 模板安装作业高度超过 2 m 时，必须搭设脚手架或平台。

j. 模板安装时，上下应有人接应，随装随运，严禁抛掷。且不得将模板支搭在门窗框上，也不得将脚手板支搭在模板上，并严禁将模板与井字架脚手架或操作平台连成一体。

k. 5 级风及其以上应停止一切吊运作业。

l. 拼装高度为 2 m 以上的竖向模板，不得站在下层模板上拼装上层模板。安装过程中应设置足够的临时固定设施。

m. 当支撑呈一定角度倾斜，或其支撑的表面倾斜时，应采取可靠措施确保支点稳定，支撑底脚必须有防滑移的措施。

n. 除设计图另有规定者外，所有垂直支架柱应保证其垂直。其垂直允许偏差，当层高不大于 5 m 时为 6 mm，当层高大于 5 m 时为 8 mm。

o. 已安装好的模板上的实际荷载不得超过设计值。已承受荷载的支架和附件不得随意拆除或移动。

②单立柱作支撑的要求。

a. 木立柱宜选用整料，当不能满足要求时，立柱的接头不宜超过两个，并应采用对接夹板接头方式。

b. 立柱支撑群（或称满堂架）应沿纵、横向设水平拉杆，其间距按设计规定；立杆上、下两端 20 cm 处设纵、横向扫地杆；架体外侧每隔 6 m 设置一道剪刀撑，并沿竖向连续设置，剪刀撑与地面的夹角应为 45°～60°。当楼层高超过 10 m 时，尚应设置水平方向剪刀撑。拉杆和剪刀撑必须与立柱牢固连接。

c. 单立柱支撑的所有底座板或支撑顶端都应与底座和顶部模板紧密接触，支撑头不得承受偏心荷载。

d. 采用扣件式钢管脚手架作立柱支撑时，立杆接头必须采用对接，主立杆间距不得大于 1 m，纵横杆步距不应大于 1.2 m。

e. 门式钢管脚手架（简称门架）作支撑时，跨距和间距宜小于 1.2 m；支撑架底部垫木上应设固定底座或可调底座。支撑宽度为 4 跨以上或 5 个间距及以上时，应在周边底层、顶层、中间每 5 列、5 排于每门架立杆根部设 ϕ48 mm×3.5 mm 通常水平加固杆，并应用扣件与门架立杆扣牢。

支撑高度超过 10 m 时，应在外侧周边和内部每隔 15 m 间距设置剪刀撑，剪刀撑不应大于 4 个间距，与水平夹角应为 45°～60°，沿竖向应连续设置，并用扣件与门架立杆扣牢。

③柱模板安装的要求。

a. 现场拼装柱模时，应设临时支撑固定，斜撑与地面的倾角宜为 60°，严禁将大片模板系于柱子钢筋上。

b. 若为整体组合柱模，吊装时应采用卡环和柱模连接。

c. 当高度超过 4 m 时，应群体或成列同时支模，并应将支撑连成一体，形成整体框架体系。

5）拆除。

①拆模时混凝土的强度，应符合设计要求；当设计无要求时，应符合下列规定：

a. 不承重的侧模板，包括梁、柱、墙的侧模板，只要混凝土强度能保证其表面及棱角不因拆除模板而受损坏，即可拆除。一般墙体大模板在常温条件下，混凝土强度达到 1 N/mm^2 即可拆除。

b. 承重模板，包括梁、板等水平结构构件的底模，应根据与结构同条件养护的试块强度达到规定，方可拆除。

c. 在拆模过程中，如发现实际结构混凝土强度并未达到要求，有影响结构安全的质量问题，应暂停拆模，经妥当处理，实际强度达到要求后，方可继续拆除。

d. 已拆除模板及其支架的混凝土结构，应在混凝土强度达到设计的混凝土强度标准值后，才允许承受全部设计的使用荷载。

②拆模之前必须有拆模申请，并根据同条件养护试块强度记录达到规定时，技术负责人方可批准拆模。

③各类模板拆除的顺序和方法，应根据模板设计的规定进行。如果模板设计无规定时，可按“先支的后拆，后支的先拆”的顺序进行，“先拆非承重的模板，后拆承重的模板”及支架的顺序进行拆除。

④拆模时下方不能有人，拆模区应设警戒线，以防有人误入被砸伤。

⑤现浇楼板及框架结构拆模。

一般现浇楼板及框架结构的拆模顺序如下：拆柱模斜撑与柱箍→拆柱侧模→拆楼板底模→拆梁侧模→拆梁底模。

楼板小钢模的拆除，应设置供拆模人员站立的平台或架子，还必须将洞口和临边进行封闭后，才能开始工作，拆除时先拆除钩头螺栓和内外钢楞，然后拆下 U 形卡、L 形插销，再用钢钎轻轻撬动钢模板，用木锤或带胶皮垫的铁锤轻击钢模板，把第一块钢模板拆下，然后将钢模逐块拆除。拆下的钢模板不准随意向下抛掷，要向下传递至地面。

多层楼板模板支柱的拆除，下面应保留几层楼板的支柱，应根据施工速度、混凝土强度增长的情况、结构设计荷载与支模施工荷载的差距通过计算确定。

⑥现浇柱模板拆除。现浇柱模板拆除顺序如下：先拆除斜撑或拉杆（或钢拉条）→自上而下拆除柱箍或横楞→拆除竖楞并由上向下拆除模板连接件、模板面。

(3) 建筑构件及设备安装工程

建筑构配件及设备安装工程，也称为起重吊装工程。

1）常用的起重工具和起重机械。

①千斤顶。千斤顶又叫举重器，在起重工作中应用很广。它用很小的力就能顶高很重的机械设备，还能校正设备安装的偏差和构件的变形等。千斤顶的顶升高度一般为 100～400 mm，最大起重量可达 500 t。

②倒链。倒链又叫手拉葫芦或神仙葫芦，可用来起吊轻型构件、拉紧扒杆的缆风绳，及用在构件或设备运输时拉紧捆绑的绳索。它适用于小型设备和重物的短距离吊装，一般的起重量为 0.5～1 t，最大可达 2 t。

③卡环。卡环又名卸甲，用于绳扣（如千斤绳、钢丝绳等）和绳扣，或绳扣与构件吊环之间的连接。它是在起重作业中用得较广的连接工具。卡环由弯环与销子两部分组成，按弯环的形式分为直形和马蹄形两种；按销子与弯环的连接形式分，有螺栓式和抽销式卡环及半自动卡环。

④绳卡。钢丝绳的绳卡主要用于钢丝绳的临时连接和钢丝绳穿绕滑车组时后手绳的固定，以及扒杆上缆风绳绳头的固定等。它是起重吊装作业中用得较广的钢丝绳夹具。通常用的钢丝绳卡，有骑马式、拳握式和压板式 3 种。其中，骑马式卡子是连接力最强的标准钢丝绳卡，应用最广。

⑤吊钩。吊钩根据外形的不同，分单钩和双钩两种。单钩一般在中小型的起重机上用，也是常用的起重工具之一。在使用上单钩较双钩简便，但受力条件没有双钩好，所以起重量大的起重机用双钩较多。双钩多用在桥式起重机、门座式起重机上。

⑥手搬葫芦。手搬葫芦是一种轻巧简便的手动牵引机械。它具有结构紧凑、体积小、自重轻、携带方便、性能稳定等特点。其工作原理是由两对平滑自锁的夹钳，像两只钢爪一样交替夹紧钢丝绳，做直线往复运动，从而达到牵引作用。它能在各种工程中担任牵引、卷扬、起重等作业。

使用手搬葫芦时，起重量不准超过允许荷载，要按照标记的起重量使用；不能任意地加长手柄，应用钢芯的钢丝绳作业。

⑦绞磨。绞磨是一种使用较普遍的人力牵引工具，主要用于起重速度不快、没有电动卷扬机，也没有电源的偏僻地区及牵引力不大的施工作业。

⑧滑车和滑车组。滑车和滑车组是起重吊装、搬运作业中较常用的起重工具。滑车是由吊钩链环、滑轮、轴、轴套和夹板等组成。

2）设备及各种建筑构（配）件吊装。构件吊装要编制专项施工方案，方案中包括：根据吊装构件的重量、用途、形状，施工条件、环境选择吊装方法和吊装的设备；吊装人员的组成；吊装的顺序；构件校正、临时固定的方式；悬空作业的防护等。要按方案进行吊装作业，作业前由技术人员进行安全技术交底。

①柱子的吊装。

a. 起吊时要观察卡环的方位与绳扣的变化情况，发现有异常现象时要采取有效的措施，保证吊装的安全。

b. 吊装前要检查柱脚或杯底的平直度，如误差较大造成点接触或线接触时，应预先剔平或抹平，以保柱子的稳定。

c. 柱子临时固定用的楔子，每边不少于两个，在脱钩前要检查柱脚是否落至杯底，防止在校正过程中，因柱脚悬空，在松动楔子时柱子突然下落发生倾倒。

d. 无论是有缆风绳或无缆风绳校正，都应在吊装完后立即进行，其间隔不得过长，更不能过夜，防止刮大风发生事故。

②行车梁、屋架的吊装。

a. 行车梁的吊装要在柱子杯口二次灌缝的混凝土强度达到70%以后进行。

b. 吊装前要搭设操作平台或脚手架，操作人员应在架子上操作，不可站在柱顶或中腿上，以及不牢固的地方安装构件。构件的两端要有专人用溜绳来控制梁的方向，防止碰撞构件或挤伤人。由地面到高空的往返要走马道梯子等，禁止用起重机将人和构件一起升降。

c. 屋架吊装前要挂好安全网，安全网要随吊装面的移动而增加。

③设备吊装。

a. 在安装过程中，如发现问题应及时采取措施，处理后再继续起吊。

b. 用扒杆吊装大型设备，且多台卷扬机联合操作时，各卷扬机的速度应相同，要保证设备上各吊点受力大致趋于均匀，避免设备变形。

c. 采用回转法或扳倒法吊装塔罐时，塔体底部安装的铰腕必须具有抵抗起吊过程中所产生水平推力的能力，起吊过程中塔体的左右溜绳必须牢靠，塔体回转就位时，使其慢慢落入基础，避免发生意外和变形。

d. 在架体上或建筑物上安装设备时，其强度和稳定性要达到安装条件的要求。在设备安装定位后，要按图纸的要求连接紧固或焊接，满足了设计要求的强度和具有稳固性后，才能脱钩，否则要进行临时的固定。

(4) 拆除工程

对于建筑物和构筑物拆除的方法很多，主要有3类：一是人工拆除，二是机械拆除，三是爆破拆除。无论是采用哪种拆除方法，都应遵守安全生产法律法规和安全技术规程。

《建设工程安全生产管理条例》规定，建设单位在拆除工程施工15日前，将有关资料报拆除工程所在地县级以上建设行政主管部门或其他部门备案。提供的资料包括：施工单位资质等级证明材料，拟拆除建筑物、构筑物及可能危及毗邻建筑物的说明，拆除工程的施工组织设计或方案，堆放、清除废弃物的措施。

1）常用拆除方案的主要安全措施。

①规定现场安全监护人员名单及职责；有工程作业区周边的安全围挡及警示标牌设置要求。

②切断原给排水、电、暖、燃气等源头，拆除各种管道、线网的安全要求。拆除工程施工所需要的水、电，应另行设计专用的临时配电线路、供水管道。

③根据采用的拆除方法（如人工拆除或机械拆除、爆破拆除等）制定有针对性的安全作业措施。

④高处拆除作业应搭设专用的脚手架或作业平台。

⑤拆除建（构）筑物，应自上而下对称顺序进行，先拆除非承重结构后再拆除承重的部分。不得数层同时拆除。当拆除一部分时，与之相关联的其他部位应采取临时加固稳定措

施，防止发生坍塌。承重结构件要等待它所承担的全部结构和荷重拆除后再进行拆除。拆除作业要设置溜放槽，将拆下的散碎材料顺槽溜下。较大的承重材料，应用绳或起重机吊下或运走，严禁向下抛掷。

⑥拆除石棉瓦及轻型材料屋面工程时，严禁拆除作业人员直接踩踏在石棉瓦及其他轻型板材上作业。必须使用移动板梯，同时板梯上端必须挂牢，防止发生高处坠落事故。

⑦遇有 6 级强风、大雨、大雾等恶劣天气，应暂停高处拆除工程作业。强风、雨后应检查高处作业安全设施的安全性，冬季应清除登高通道和作业面的雪、霜、冰块后再进行登高作业。

⑧拆除建筑物一般不应采用推倒方法。因特殊情况必须采用该方法时，必须遵守下列规定：

a. 砍切墙根的深度不能超过墙厚度的 1/3，墙的厚度小于两块半砖的时候，不许进行掏掘。

b. 在掏掘前，要用支撑撑牢。

c. 推倒前，应发出信号，待全体人员避到远离被拆高度 2 倍以上的安全处后，方可进行。

d. 用绳索牵拉。

⑨采用控制爆破拆除工程时：

a. 必须经过爆破设计，对起爆点、引爆物、用药量和爆破程序进行严格计算。

b. 爆破材料严格分类存放在安全的库房内。

c. 要严格进行保管、领取、使用爆炸材料登记手续。

⑩经批准的拆除工程施工组织设计和安全技术措施必须认真执行。遇到工程设计或施工组织设计有变更，或施工条件等有变化，必须及时相应变更或补充有针对性的安全技术措施内容，并按规定办理变更审批手续。

2）拆除作业的安全检查要点。应检查安全技术措施落实情况，及时纠正不符合安全要求的状况，切实做到防患于未然。所有安全设施、防护装置不得随意变动、拆除，如果确因生产作业需要将其暂时移位或拆除，必须向项目施工技术人员报告、取得同意，并采取相应的暂设安全防范措施，作业完成后应立即复原。

各种安全设施、防护装置如有损坏，必须及时整改，确保使用安全的可靠性。安全设施的拆除必须经项目工程技术负责人确认其已完成其防护作用并批准后，方可拆除。

(5) 建筑机械

建筑机械是指用于各种建筑工程施工的工程机械、筑路机械、农业机械和运输机械等有关的机械设备的统称。

下述 9 类产品统称为建筑机械：挖掘机械、起重机械、铲土运输机械、压实机械、路面机械、桩工机械、混凝土机械、钢筋加工机械、装修机械。

其中，混凝土机械种类主要有混凝土搅拌机、砂浆搅拌机、混凝土搅拌站、混凝土搅拌输送车、混凝土泵、混凝土振动器。木工机械有圆盘锯和电平刨两类。

1）混凝土搅拌机安全使用条件、防护设置和安全要求。

①固定式的搅拌机要有可靠的基础，操作台面牢固，便于操作，操作人员应能看到各工

作部位情况；移动式的搅拌机应在平坦坚实的地面上支架牢靠，不准以轮胎代替支撑，使用时间较长的（一般超过三个月的），应将轮胎卸下妥善保管。

②使用前要空车运转，检查各机构的离合器及制动装置情况，不得在运行中做注油保养。

③作业中严禁将头或手伸进料斗内，也不得贴近机架察看，运转出料时，严禁用工具或手进入搅拌筒内扒动。

④运转中途不准停机，也不得在满载时启动搅拌机。

⑤作业中发生故障时，应立即切断电源，将搅拌筒内的混凝土清理干净，然后再进行检修，检修前应拉下搅拌机电源的隔离开关，锁好开关箱，并拴牢上料斗的摇把，以防误动摇把，使料斗移动，发生挤伤事故。

⑥作业后，要进行全面冲洗，筒内料出净，料斗降落到最低处坑内，如需升起放置时，必须用链条将料斗扣牢。料斗升起挂牢后，坑内才准下人。

2）圆盘锯的安全使用条件、防护设置和安全要求。

①锯片必须平整牢固，锯齿尖锐有适当锯路，锯片不能有连续缺齿，不得使用有裂纹的锯片。

②安全防护装置要齐全完整。分料刀的厚薄适度，位置合适；锯盘护罩的位置应固定在锯盘上方，不得在使用中随意转动；操作人的位置与锯片之间应装置挡网，防止破料时遇节疤和铁钉时弹回伤人，挡网应有能防止木料弹回的刚度，同时又能不遮挡操作人员的视线，以看清锯木料的墨线。

③应有控制开关（不得装搬把开关，防止碰撞误开机），闸箱距设备距离不大于 3 m，以便在发生故障时，迅速切断电源。

④木料较长时，两人配合操作。操作中，下料必须待木料超过锯片 20 cm 以外时，方可接料。接料后不要猛拉，应与送料配合。需要回料时，木料要完全离开锯片以后再送回，操作时不能过早过快，防止木料碰锯片。

⑤截断木料和锯短料时，应用推棍，不准用于直接进料，进料速度不能过快。下手接料必须用刨钩。木料长度不足 50 cm 的短料，禁止上锯。

3）电平刨（手压刨）的安全使用条件、防护设置和安全要求。

①除专业木工外，其他工种人员不可操作。

②应装开关箱，开关箱距设备不大于 3 m，便于发生故障时，迅速切断电源。

③使用前，应空转运行，转速正常无故障时，才可进行操作。刨料时，应双手持料，按料时应该使用工具，不要用手直接按料，防止木料移动手按空而发生事故。

④短于 20 cm 的木料不得使用机械。长度超过 2 m 的木料，应由两人配合操作。

⑤刨料前要仔细检查木料，有铁钉、灰浆等物要先清除，遇木节、逆茬时，要适当减慢推进速度。

⑥平面刨的使用，必须装设灵敏可靠的护手装置。目前各地使用的防护装置不一，但不管何种形式，必须灵敏可靠，经试验认定确实可以起到防护作用。

(6) 垂直运输机械

当前，在施工现场用于垂直运输的机械主要有塔式起重机，龙门架、井字架物料提升机和外用电梯3种。

1）塔式起重机。塔式起重机简称塔吊，在建筑施工中已经得到广泛的应用，成为建筑安装施工中不可缺少的建筑机械。由于塔吊的起重臂与塔身可成相互垂直的外形，故可把起重机靠近施工的建筑物安装，塔吊的有效工作幅度优越于履带、轮胎式起重机，其工作高度可达100～160 m。塔吊优于其他起重机械，再加上其操作方便、变幅简单等特点，是今后建筑业的起重、运输、吊装作业的主导机械。

①安全防护、保险装置。

a. 起升高度限制器。用以限制吊钩的起升高度，以防吊钩滑轮上升超过限度，造成俯仰变幅的塔式起重机吊钩滑轮与吊臂头部相碰，小车变幅的塔式起重机吊钩滑轮与小车下部相碰。

b. 起重量限制器。用以防止塔式起重机超负荷作业，能限制最大起重量，主要保护起升机构和钢丝绳等。

c. 起重力矩限制器。也是一种用以防止塔式起重机超负荷作业的安全装置。主要用以限制塔式起重机的实际工作起重力矩不超过额定的起重力矩，以防塔式起重机失稳倾覆和防止金属结构受到破坏。

d. 幅度限制器。对于俯仰变幅式塔式起重机用以防止吊臂在变幅时越过最小幅度的极限而继续向上仰起，导致吊臂向后仰翻。对于小车变幅式塔式起重机，幅度限制器一般安装在小车牵引机构处，用以防止小车超越最小幅度和最大幅度。

e. 大车行程限制器。用来防止塔式起重机驶出轨道的终端而造成倒塔事故。限位开关一般装在台车架上。在轨道的终点处，还应安装弹簧橡胶缓冲装置，以便在大车行程限位开关失灵的情况下，能起到最后的保护作用。

塔式起重机其他的安全装置还有回转限制器、风速报警器、紧急安全断电开关、大钩保险、夹轨器等。

②使用。

a. 塔吊司机和信号人员，必须经专门培训持证上岗。

b. 实行专人专机管理，机长负责制，严格交接班制度。

c. 新安装的或经大修后的塔吊，必须按说明书要求进行整机试运转。

d. 塔吊距架空输电线路应保持安全距离。

e. 司机室内应配备适用的灭火器材。

f. 提升重物前，要确认重物的真实重量，不得超载作业。

g. 两台塔吊在同一条轨道作业时，应保持安全距离。

h. 两台塔吊在同一区域作业，其起重臂端部之间应大于4 m，两台塔吊同时作业，其吊物间距不得小于2 m。

i. 轨道行走的塔吊，处于90°弯道上，禁止起吊重物。

j. 操作中遇大风（6级以上）等恶劣气候，应停止作业，将吊钩升起，夹好轨钳。

③安装、拆除。安装方案应当由具有塔式起重机安装拆卸资质单位的技术人员负责编制。方案编制前应与工程施工单位共同确定塔式起重机安装位置和附墙位置，安装方案要有针对性，方案要经安装拆卸单位的技术负责人审批。

必须由具有塔式起重机安装拆卸资质的专业队伍进行安装作业。起重设备和吊装索具要经严格检查后才可使用。行走式塔式起重机的路基和轨道要验收合格，固定式塔式起重机基础的混凝土强度要符合说明书的规定。场地平整、电源符合要求。按照安装方案进行安装。塔式起重机的安装工作尽可能在白天进行。遇风力5级以上、浓雾、雨雪等恶劣天气，安装工作应停止。安装时要注意观察，统一指挥。必须严格按照规定安装零部件，不得随意取消、代换和增添。

安装完毕进行验收，内容包括技术检查和试验。多数情况下拆除是安装的逆操作，但是也有例外，塔式起重机的拆除也需要有方案，并由有资质的队伍进行。

2）龙门架、井字架物料提升机。龙门架、井字架都是用做施工中的物料垂直运输。龙门架、井字架是因架体的外形结构而得名。龙门架由天梁及两立柱组成，形如门框；井字架由四边的杆件组成，形如“井”字的截面架体，提升货物的吊篮在架体中间上下运行。

龙门架、井字架物料提升机在现场使用，也应编制专项施工方案。

提升机架体的主要构件有立柱、天梁、上料吊篮、导轨及底盘。架体的固定方法可采用在架体上拴缆风绳，其另一端固定在地锚处；或沿架体每隔一定高度设一道附墙杆件，与建筑物的结构部位连接牢固，从而保持架体的稳定。

①安全防护装置、保险装置。

a. 停靠装置。吊篮到位停靠后，当工人进入吊篮内作业时，由于卷扬机抱闸失灵或钢丝绳突然断裂，吊篮不会坠落以保人员安全。

b. 断绳保护装置。当钢丝绳突然断开时，此装置即弹出，两端将吊篮卡在架体上，使吊篮不坠落。

c. 吊篮安全门。即当吊篮落地时，安全门自动开启，吊篮上升时，安全门自行关闭。

d. 楼层口停靠栏杆。提升机与各层进料口的结合处搭设运料通道，通道处应设防护栏杆。

e. 上料口防护棚。提升机地面进料口搭设的防护棚。

f. 超高限位装置。防止吊篮失控上升与天梁碰撞的装置。

g. 下极限限位装置。

h. 超载限位器。为防止装料过多而设置。

i. 通信装置。用于升降时信号联络。

②使用。

a. 应有专职机构和专职人员管理。司机应经专业培训，持证上岗。

b. 严禁载人升降和禁止攀登架体及从架体下面穿越。

③安装与拆除。龙门架、井字架物料提升机的安装与拆除必须编制专项施工方案，并由有资质的队伍施工。起重设备和吊装索具要经严格检查后才可使用。基础的混凝土强度要符合说明书的规定。场地平整、电源符合要求。按照安装方案进行安装。安装工作尽可能在白天进行。遇风力5级以上、浓雾、雨雪等恶劣天气，安装工作应停止。安装时要注意观察，统一指挥。必须严格按照规定安装零部件，不得随意取消、代换和增添。

安装完毕进行验收，内容包括技术检查和试验。多数情况下拆除是安装的逆操作，但是也有例外，拆除也需要有方案，并由有资质的队伍进行。

3）外用电梯。建筑施工外用电梯又称附壁式升降机，是一种垂直井架（立柱）导轨式外用笼式电梯。主要用于工业、民用高层建筑的施工，桥梁、矿井、水塔的高层物料和人员的垂直运输。附壁式升降机的构造原理是将运载梯笼和平衡重之间，用钢丝绳悬挂在立柱顶端的定滑轮上，立柱与建筑结构进行刚性连接。梯笼内以电力驱动齿轮，凭借立柱上固定齿条的反作用力，梯笼沿立柱导轨做垂直运动。

外用电梯由于结构坚固，拆装方便，不用另设机房，应用较广泛。其立柱制成一定长度的标准节，上下各节可以互换，根据需要的高度到施工现场进行组装，一般架设高度可达100 m，用于超高层建筑施工时可达200 m。外用电梯可借助本身安装在顶部的电动吊杆组装，也可利用施工现场的塔吊等起重设备组装。另外，梯笼和平衡重的对称布置，故倾覆力矩很小，立柱又通过附壁架与建筑结构牢固连接（不需缆风绳），所以受力合理可靠。为保证使用安全，外用电梯本身设置了必要的安全装置，这些装置应该经常保持良好状态，防止意外事故。

(7) 脚手架工程

1）脚手架种类。随着建筑施工技术的发展，脚手架的种类也越来越多。从搭设材质上说，不仅有传统的竹、木脚手架，而且还有钢管脚手架。钢管脚手架中又分扣件式、碗扣式、门式、工具式；按搭设的立杆排数，又可分单排架、双排架和满堂架；按搭设的用途，又可分为砌筑架、装修架；按搭设的位置可分为外脚手架和内脚手架。脚手架分为下列三大类。

①外脚手架。搭设在建筑物或构筑物的外围的脚手架称为外脚手架。外脚手架应从地面搭起，所以也叫底撑式脚手架。一般来讲，建筑物多高，其架子就要搭多高。

②内脚手架。搭设在建筑物或构筑物内的脚手架称为内脚手架。主要有马凳式里脚手架和支柱式里脚手架。

③工具式脚手架。

a. 悬挑脚手架。它不直接从地面搭设，而是采用在楼板墙面或框架柱上以悬挑形式搭设。

b. 吊篮脚手架。它的基本构件是用ϕ50 mm×3 mm 的钢管焊成矩形框架，并以 3～4 个框架为一组，在屋面上设置吊点，用钢丝绳吊挂框架，主要适用于外装修工程。

c. 附着式升降脚手架。附着在建筑物的外围，可以自行升降的脚手架称为附着式升降脚手架。

d. 挂脚手架。它是将脚手架挂在墙上或柱上事先预埋的挂钩上，在挂架上铺以脚手板而成。

e. 门式钢管脚手架。它用做模板支撑和满堂脚手架时，结构、构造设计应根据荷载、支撑高度、使用面积等作出，并列入施工方案中。它的搭设一次搭设高度不应超过最上层连墙体三步或自由高度小于 6 m，以保证其稳定。

2）脚手架的作用及基本要求。

①脚手架的作用。脚手架既要满足施工需要，又要为保证工程质量和提高工效创造条件，同时还应为组织快速施工提供工作面，确保施工人员的人身安全。

②脚手架的基本要求。脚手架要有足够的牢固性和稳定性，保证在施工期间对所规定的

荷载或在气候条件的影响下不变形、不摇晃、不倾斜，能确保作业人员的人身安全；要有足够的面积满足堆料、运输、操作和行走的要求；构造要简单，搭设、拆除和搬运要方便，使用要安全。

3）荷载的规定。

①施工荷载值。

a. 承重架（包括砌筑、浇混凝土和安装用架）定为 3 000 N/m^2。

b. 装修架为 2 000 N/m^2。

②恒载、活载。

a. 恒载（永久荷载）。主要是指脚手架结构自重，包括立杆，大横杆、小横杆，斜撑（或剪刀撑），扣件，脚手板，安全网和栏杆等各构件的自重。

b. 活载（可变荷载）。主要是指脚手板上的堆砖（或混凝土、模板和安装件等）、运输车辆（包括所装物件）和作业人员等荷载，以及风荷载。

4）设计计算。

①荷载。荷载包含荷载分类、荷载取值和荷载组合三个内容。

对作用于脚手架上的荷载分为永久荷载和可变荷载。计算构件的内力（轴力）、弯矩、剪力等时要区别这两种荷载，要采用不同的荷载分项系数，永久荷载分项系数取 1.2、可变荷载分项系数取 1.4。

②荷载取值。

a. 永久荷载。永久荷载标准值：按每米立杆承受的结构自重标准值；冲压钢脚手板、木脚手板与竹串片脚手板自重标准值；栏杆与挡脚板自重标准值；脚手架上吊挂的安全设施（如安全网、竹笆等）的荷载应按实际情况采用。

b. 施工荷载。根据脚手架的不同用途，确定装修、结构两种施工均布荷载。装修脚手架为 2 kN/m^2，结构施工脚手架为 3 kN/m^2。

c. 风荷载。《建筑施工扣件式钢管脚手架：安全技术规范》（JGJ 130—2001）4.2.3 条规定，作用于脚手架水平风荷载按下式计算：

$$W_k=0.7\cdot U_z\cdot U_s W_o$$

式中 W_k——风荡载标准值（kN/m^2）；

U_z——风压高度变化系度；

U_s——脚手架风荡载体型系数；

W_o——基本风压（kN/m^2）。

③荷载组合。设计脚手架的承重构件时，应根据使用过程中可能出现的荷载取其最不利组合进行计算。

5）安装验收。

①主节点。立杆、大横杆、小横杆三杆的交叉点称为主节点。主节点处立杆和大横杆的连接扣件与大横杆与小横杆的连接扣件的间距应小于 15 cm。在脚手架使用期间，主节点处的大横杆、小横杆，纵横向扫地杆及连墙件不能拆除。

②大横杆的构造应符合下列规定。

a. 大横杆宜设置在立杆内侧，其长度不能小于 3 跨，应大于或等于 6 m。

b. 大横杆用对接扣件接长，也可采用搭接。

c. 对接、搭接应符合下列规定：

a）大横杆的对接扣件应交错布置。两根相邻大横杆的接头不宜设置在同步或同跨内；不同步不同跨两相邻接头在水平方向错开的距离不应小于 500 mm；各接头中心至最近主节点的距离不宜大于纵距的 1/3。

b）搭接长度不应小于 1 m，应等间距设置 3 个旋转扣件固定，端部扣件盖板边缘至大横杆端部的距离不应小于 100 mm。

c）当使用冲压钢脚手板、木脚手板、竹串片脚手板时，大横杆应作为小横杆的支座，用直角扣件固定在立杆上；当使用竹笆脚手板时，大横杆应采用直角扣件固定在小横杆上，并应等间距设置，间距不应大于 400 mm。

③小横杆的构造应符合下列规定：

a. 主节点处必须设置一根小横杆，用直角扣件扣接且严禁拆除。作业层上非主节点处的小横杆，宜根据支撑脚手架的需要等间距设置，最大间距不应大于纵距的 1/2。

b. 当使用冲压钢脚手板、木脚手板、竹串片脚手板时，双排脚手架的横向水平杆两端均采用直角扣件固定在大横杆上；单排脚手架的小横杆的一端，应用直角扣件固定在大横杆上，另一端应插入墙内，插入长度不应小于 180 mm。

c. 使用竹笆脚手板时，双排脚手架的小横杆两端，应用直角扣件固定在立杆上；单排脚手架的小横杆一端，应用直角扣件固定在立杆上，另一端插入墙内，插入长度不应小于 180 mm。

④脚手板的设置应符合下列规定：

a. 作业层脚手板应铺满、铺稳；冲压钢脚手板、木脚手板、竹串片脚手板等，应设置在三根小横杆上。当脚手板长度小于 2 m 时，可采用两根小横杆支撑，但应将脚手板两端与其可靠固定，严防倾翻。这三种脚手板的铺设可采用对接平铺，也可采用搭接铺设。脚手板对接平铺时，接头处必须设两根小横杆，脚手板外伸长应取 130～150 mm，两块脚手板外伸长度的和不应大于 300 mm，脚手板搭接铺设时，接头必须支在小横杆上，搭接长度应大于 200 mm，其伸出小横杆的长度不应小于 100 mm。

b. 竹笆脚手板应按其主筋垂直于纵向水平杆方向铺设，且采用对接平铺，四个角应用直径为 1.2mm 的镀锌钢丝固定在纵向水平杆（大横杆）上。

c. 作业层端部脚手板探头长度应取 150 mm，其板长两端均应与支撑杆可靠地固定。

⑤立杆的设置应符合下列规定：

a. 每根立杆底部应设置底座，座下再设垫板。

b. 脚手架必须设置纵向扫地杆、横向扫地杆。纵向扫地杆应采用直角扣件固定在距离底座上皮不大于 200 mm 处的立杆上。横向扫地杆也应采用直角扣件固定在紧靠纵向扫地杆上。当立杆基础不在同一高度上时，必须将高处的纵向扫地杆向低处延长两跨与立杆固定，高低差不应大于 1 m。靠边坡上方的立杆轴线到边坡的距离不应小于 500 mm。

c. 脚手架底层步距不应大于 2 m。

d. 立杆必须用连墙件与建筑物可靠连接。立杆接长除顶层顶步可采用搭接外，其余各层必须采用对接扣件连接。对接、搭接应符合下列规定：

a）立杆上的接扣件应交错布置。两根相邻立杆的接头不应设置在同步内，同步内隔一根立杆的两个相隔接头在高度方向错开的距离不宜小于 500 mm；各接头中心至主节点的距离不宜大于步距的 1/3。

b）搭接长度不应小于 1 m，应采用不小于 2 个旋转扣件固定，端部扣件盖板的边缘至杆端距离不应小于 100 mm。

c）连墙件宜靠近主节点设置，偏离主节点的距离不应大于 300 mm；应从底层第一步大横杆处开始设置，当该处设置有困难时，应采用其他可靠措施固定。

⑥其他。设置供操作人员上下使用的安全扶梯、爬梯或斜道。在脚手架上同时进行多层作业的情况下，各作业层之间应设置可靠的防护棚，以防止上层坠物伤及下层作业人员。搭设完毕后应进行检查验收，经检查合格后才准使用。

6）拆除。脚手架专项施工方案中，应包括脚手架拆除的方案和措施，拆除时应严格遵守。

(8) 高处作业工程

在建筑施工中，高处作业基本上分为三大类，即临边作业、洞口作业及独立悬空作业。进行各项高处作业，都必须做好各种必要的安全防护技术措施。

1）操作平台与交叉作业的设计原则与安全使用。

①操作平台。制作前要由专业技术人员按所使用的材料，依照现行的规范进行设计，计算书及图纸要编入施工组织设计。

要在操作平台上显著位置标明允许的荷载值。使用时，操作人员和物料的总重量不得超过设计的允许荷载。操作平台要有必要的强度和稳定性，使用过程中不得晃动。

②交叉作业。进行交叉作业时，不得在同一垂直方向上下同时操作。下层作业的位置，必须处于依上层高度确定的可能坠落范围半径之外。不符合此条件的，中间应设置安全防护层。

2）临边作业的安全防护。临边作业的防护主要为设置防护栏杆，并有其他防护措施。设置防护栏杆为临边防护所采用的主要方式。栏杆应由上、下两道横杆及栏杆柱构成。横杆离地高度，规定为上杆 1.0～1.2 m、下杆 0.5～0.6 m，即位于中间。

防护栏杆的整体构造，应使栏杆上杆能承受来自任何方向的 1 000 N 的外力。通常，可从简按容许应力法计算其弯矩、受弯正应力；需要控制变形时，计算挠度。

在建工程的外侧周边如无外脚手架，应用密目式安全网全封闭；如有外脚手架，在脚手架的外侧也要用密目式安全网全封闭。

3）洞口作业的安全防护。建筑物或构筑物在施工过程中，常会出现各种预留洞口、通道口、上料口、楼梯口、电梯井口，在其附近工作，称为洞口作业。

各种板与墙的孔口和洞口，各种预留洞口，桩孔上口，杯形、条形基础上口，电梯井口，必须视具体情况分别设置牢固的盖板、防护栏杆、密目式安全网或其他防坠落的设施。

在无立足点或无牢靠立足点的条件下，进行的高处作业统称为悬空高处作业。悬空作业无立足点，因此必须适当地建立牢靠的立足点，如搭设操作平台、脚手架或吊篮等，方可进行施工。

(9) 焊接工程

1）气焊与气割作业与安全管理要求。火灾和爆炸是气焊与气割的主要危险。气焊与气割所用的能源如乙炔、液化石油气、氧气等都是易燃易爆气体；氧气瓶、乙炔发生器、乙炔瓶和液化石油气瓶等都属于压力容器。而在焊补燃料容器和管道时，还会遇到其他许多可燃易爆气体和各种压力容器。气焊与气割操作中需与危险物品和压力容器接触，同时又使用明火，如果焊接设备或安全装置有问题，或者违反安全操作规程，就容易造成火灾和爆炸事故。

在气焊火焰作用下，尤其是气割时氧气射流的喷射，使铁成熔珠和熔渣等四处飞溅，容易造成灼烫伤事故。而且较大的熔珠、火星和熔渣等，能飞溅到距操作点 5m 以外的地方，可能引燃工作地周围的可燃物和易爆物品，而发生火灾和爆炸。

由此可见，防火与防爆是气焊与气割安全的工作重点。

2）电焊机的安全装置与焊接作业易发的事故特点及安全防护措施。

①安全装置。每台电焊机都应设置单独的开关箱，箱中装有电源侧和把线侧（二次侧）的漏电开关，当焊接过程中或电焊机空载时，有漏电现象时，都能防止触电事故。

②焊接作业易发的事故特点。

a. 触电机会多。

b. 易发生电气火灾、爆炸和灼烫事故。

c. 电焊高处操作较多。

d. 机械性伤害。

③安全防护措施。

a. 每台电焊机都应设置单独的开关箱，箱中装有电源侧和把线侧（二次侧）的漏电开关，当焊接过程中或电焊机空载时，有漏电现象时，能防止触电事故。

b. 焊接工作开始前，应首先检查电焊机和工具是否完好和安全可靠，如焊钳和焊接电缆的绝缘是否有损坏的地方，电焊机的外壳接地和电焊机的各接线点接触是否良好。不允许未进行安全检查就开始操作。

c. 在狭小空间、容器和管道内工作时，为防止触电，必须穿绝缘鞋，脚下垫有橡胶板或其他绝缘衬垫；最好两人轮换工作，以便互相照看。

d. 身体出汗后而使衣服潮湿时，切勿靠在带电的钢板或工件上，以防触电。

e. 工作地点潮湿时，地面应铺有橡胶板或其他绝缘材料。

f. 更换焊条一定要戴皮手套，不要赤手操作。

g. 在带电情况下，为了安全，不得将焊钳夹在腋下去搬被焊工件或将焊接电缆挂在脖颈上。

h. 推拉闸刀开关时，脸部不允许直对电闸，以防止短路造成的火花烧伤面部。

i. 下列操作，必须切断电源才能进行：改变焊机接头时、更换焊件需要改接二次回路时、更换保险装置时、焊机发生故障需进行检修时、转移工作地点搬动焊机时、工作完毕或临时离开工作现场时。

j. 按规定穿戴防护工作服、防护手套、面罩和绝缘鞋。

(10) 施工现场临时用电工程

1）施工现场临时用电的管理原则。按照《施工现场临时用电安全技术规范》(JGJ 46—2005）的规定："临时用电设备在5台及5台以上或设备总容量在50 kW及50 kW以上者，应编制临时用电施工组织设计。"编制临时用电施工组织设计是施工现场临时用电管理的主要技术文件。

一个完整的施工用电组织设计应包括现场勘测、负荷计算、变电所设计、配电线路设计、配电装置设计、接地设计、防雷设计、外电防护措施、安全用电与电气防火措施、施工用电工程设计施工图等。

2）施工现场外电线路的安全距离及防护。

①外电线路的安全距离。外电线路的安全距离是指带电导体与其附近接地的物体以及人体之间必须保持的最小空间距离或最小空气间隙。

在施工现场，安全距离问题主要是指在建工程（含脚手架具）的外侧边缘与外电架空线路的边线之间的最小安全操作距离和施工现场的机动车道与外电架空线路交叉时的最小安全垂直距离。对此，《施工现场临时用电安全技术规范》（JGJ 46—2005）已经作了具体的规定。

②外电线路的防护。为了确保施工安全，则必须采取设置防护性遮栏、栅栏，以及悬挂警告标志牌等防护措施。如无法设置遮栏则应采取停电、迁移外电线路或改变工程位置等，否则不得强行施工。

3）施工现场临时用电的接地与建筑机械的防雷。在施工现场，由于现场环境、条件的影响，间接触电现象往往比直接触电现象更普遍，危害也更大。所以，除了应采取防止直接触电的安全措施以外，还必须采取防止间接触电的安全技术措施。

①临进用电的接地。设备与大地做金属性连接称为接地。接地通常是用接地体与土壤相接触实现的。金属导体或导体系统埋入地下土壤中，就构成一个接地体。接地体与接地线的总和称为接地装置。

在电气工程上，接地主要有工作接地、保护接地、重复接地和防雷接地4种基本类别。

②建筑机械设备的防雷。施工现场建筑机械是参照第3类工业建、构筑物的防雷规定设置防雷装置。被保护物的高度是指最高点的高度，被保护物必须完全处在折线锥体之内方能确保安全。在《施工现场临时用电安全技术规范》（JGJ 46—2005）中，规定单支避雷针的保护范围是以避雷针为轴的直线圆锥体，直线与轴即地面保护半径所对应的角为60°，这种简易计算主要考虑到施工现场使用方便等因素。

4）施工现场的配电室及自备电源。

①配电室的位置及布置。

a. 通常配电室的选择应根据现场负荷的类型、大小，分布特点，环境特征等进行全面考虑。

b. 配电室应尽量靠近负荷中心，以减少配电线路的长度和减小导线截面，提高配电质量，同时还能使配电线路清晰，便于维护。

c. 配电室内的配电屏是经常带电的配电装置，为了保障其运行安全和检查、维修安全，这些装置之间以及这些装置与配电室棚顶、墙壁、地面之间必须保持电气安全距离。

d. 配电室建筑物的耐火等级应不低于三级，室内不得存放易燃、易爆物品，并应配备沙箱、1211 灭火器等绝缘灭火器材。配电室的屋面应该有隔层及防水、排水措施，并应有自然通风和采光，还须有避免小动物进入的措施。

②自备电源。

施工现场临时用电工程一般是由外电线路供电的，常因外电线路电力供应不足或其他原因而停止供电，使施工受到影响。所以，为了保证施工不因停电而中断，有的施工现场备有发电机组作为外电线路停止供电时的接续供电电源，这就是所谓的自备电源。

自备发配电系统也应采用具有专用保护零线的、中性点直接接地的三相四线制供配电系统。但该系统的运行必须与外电线路电源（例如电力变压等）部分在电气上安全隔离，独立设置。

5）施工现场的配电线路。施工现场的配电线路包括室外线路和室内线路。其敷设方式：室外线路主要有绝缘导线架空敷设（架空线路）和绝缘电缆埋地敷设（埋地电缆线路）两种，也有电缆线路架空明敷设的。室内线路通常有绝缘导线和电缆的明敷设和暗敷设（明设线路或暗设线路）两种。

①架空线的选择。架空线的选择主要是选择架空线路导线的种类和导线的截面，其选择依据主要是施工现场对架空线路敷设的要求和负荷的计算电流。

a. 导线种类的选择。按照施工现场对架空线路敷设的要求，架空线必须采用绝缘导线。或者为绝缘铜线，或者为绝缘铝线，但一般应优先选择绝缘铜线。

b. 导线截面的选择。导线截面的选择主要是依据负荷计算结果，按其允许温升初选导线截面，然后按线路电压偏移和机械强度校验，最后确定导线截面。

②架空线路的安全要求。

a. 架空线必须采用绝缘导线。

b. 架空线的挡距、线间距与弧垂。挡距不得大于 35 m，线间距不得小于 30 mm，还规定了架空线的最大弧垂处与地面的最小垂直距离（施工现场一般场所 4 m、机动车道 6 m、铁路轨道 7.5 m)。

c. 架空导线的最小截面。铝绞线截面不得小于 16 mm^2，铜线截面不得小于 10 mm^2。

d. 架空导线的相序排列：

a）工作零线与相线在一个横担架设时，导线相序排列是：面向负荷从左侧起为 A (N)、B、C。

b）和保护零线在同一横担架设时，导线相序排列是：面向负荷从左侧起为 A（N)、C、(PE)。

c）动力线、照明线在两个横担上分别架设时，上层横担，面向负荷从左侧起为 A、B、C；下层横担，面向负荷从左侧起为 A（B、C)、(N)、(PE)；在两个以上横担上架设时，最下层横担面向负荷，最右边的导线为保护零线（PE)。

③电缆线路的安全要求。室外电缆的敷设分为埋地和架空两种方式，以埋地敷设为宜。

室内外电缆的敷设应以经济、方便、安全、可靠为依据；电缆直接埋地的深度应不小于 0.6 m，并在电缆上下各均匀铺设不小于 50 mm 厚的细沙，然后覆盖砖等硬质保护层；电缆穿越易受机械损伤的场所时应加防护套管；橡皮电缆架空敷设时，应沿墙壁或电杆设置；在建高层建筑内，可采用铝芯塑料电缆垂直敷设。

6）施工现场的配电箱和开关箱。

①配电箱与开关箱的设置。

a. 设置原则。施工现场应设总配电箱（或配电室），总配电箱以下设分配电箱，分配电箱以下设开关箱，开关箱以下就是用电设备。

施工现场的照明配电宜与动力配电分别设置，以不致因动力停电或电气故障而影响照明。

b. 位置选择与环境条件。总配电箱是施工现场配电系统的总枢纽，其装设位置应考虑便于电源引入、靠近负荷中心、减少配电线路、缩短配电距离等因素综合确定。

分配电箱则应设置在负荷相对集中的地区。开关箱与所控制用电设备的距离应不大于3 m。配电箱、开关箱的周围环境应保障箱内开关电器正常、可靠地工作。

除此以外，配电箱、开关箱周围的空间条件，则应保证足够的工作场地和通道，不应放置有碍操作、维修和对电气线路有操作损伤的杂物，不应有灌木、杂草丛生。

②配电箱与开关箱的电器选择。配电箱、开关箱内的开关电器应能保证在正常或故障情况下可靠地分断电路，在漏电的情况下可靠地使漏电设备脱离电源，在维修时有明确可见的电源分断点。为此，配电箱和开关箱的电器选择应遵循下述各项原则：

a. 所有开关电器必须是合格产品。不论是选用新电器，还是使用旧电器，都必须完整、无损、动作可靠、绝缘良好，严禁使用破、损电器。

b. 装有隔离电源的开关电器。

c. 配电箱内的开关电器应与配电线路一一对应配合，做分路设置。

d. 开关箱与用电设备之间应实行“一机一闸”制。

e. 配电箱、开关箱内应设置漏电保护器，其额定漏电动作电流和额定漏电动作时间应安全可靠（一般额定漏电动作电流≤30 mA，额定漏电动作时间<0.1 s），并有合适的分级配合。但总配电箱（或配电室）内的漏电保护器的额定漏电动作电流与额定漏电动作时间的乘积最高应限制在30 mA·s以内。

7）施工现场的工地照明。

①照明开关箱中的所有正常不带电的金属部件都必须做保护接零，所有灯具的金属外壳必须做保护接零。

②照明开关箱（板）应装设漏电保护器。

③照明线路的相线必须经过开关才能进入照明器，不得直接进入照明器。

④灯具的安装高度既要符合施工现场实际，又要符合安装要求。如室外灯具距地不得低于3 m，室内灯具距地不得低于2.4 m。

8）临时用电施工组织设计的编制及内容。临时用电设备在5台及5台以上或设备总容量在50 kW及50 kW以上者，应编制临时用电施工组织设计。

一个完整的临时用电施工组织设计应包括现场勘测、负荷计算、变电所设计、配电线路设计、配电装置设计、接地设计、防雷设计、外电防护措施、安全用电与电气防火措施、施工用电工程设计施工图等。

9）施工现场临时用电的TN－S系统、三级配电、两级保护的基本知识。

①TN－S系统。将电气设备金属外壳做接零保护的系统称为TN系统，保护零线与工作零线分开的称为TN－S系统。施工现场专用的中性点直接接地的电力线路中必须采用TN－S接零保护系统。

②三级配电。总配电箱（或配电室）以下设分配电箱，分配电箱以下设开关箱，即形成三级配电。

③两级保护。两级保护主要是指采用漏电保护措施。除在末级开关箱内安装漏电保护器外，还要在上一级分配电箱或总配电箱中再安装一级漏电保护器，总体上形成两级保护。

7.7 危险化学品安全技术

7.7.1 危险化学品安全基础知识

(1) 危险化学品的概念、危险特性及危险性类别

1）危险化学品的概念。危险化学品是指物质本身具有某种危险特性，当受到摩擦、撞击、震动、接触热源或火源、日光曝晒、遇水受潮、遇性质相抵触物品等外界条件的作用，会导致燃烧、爆炸、中毒、灼伤及污染环境事故发生的化学品。

2）危险化学品的危险特性。

①活性。许多具有爆炸特性的物质其活性都很强，活性越强的物质其危险性就越大。

②燃烧性。压缩气化和液化气体、易燃液体、易燃固体、自燃物品和遇湿易燃物品、氧化剂和有机过氧化物等均可能发生燃烧而导致火灾事故。

③爆炸性。除了爆炸品外，压缩气体和液化气体、易燃液体、易燃固体、自燃物品和遇湿易燃物品、氧化剂和有机过氧化物等都有可能引发爆炸。

④毒性。除毒害品和感染性物品外，压缩气体和液化气体、易燃固体等中的一些物质也会致人中毒。

⑤腐蚀性。强酸、强碱等物质能对人体组织、金属等物品造成损坏，接触人的皮肤、眼睛，或肺部、食道时，会引起表皮组织发生破坏作用而造成灼伤。内部器官被灼伤后可引起炎症，甚至会造成死亡。

3）危险化学品危险性类别。《常用危险化学品分类及标志》（GB 13690—2009）将危险化学品分为以下8类：第1类，爆炸品；第2类，压缩气体和液化气体；第3类，易燃液体；第4类，易燃固体、自燃物品和遇湿易燃物品；第5类，氧化剂和有机过氧化物；第6类，毒害品和感染性物品；第7类，放射性物品；第8类，腐蚀品。

(2) 危险化学品的禁配与储运安全

1）危险化学品运输安全技术。

①托运危险物品必须出示有关证明，到指定的铁路、交通、航运等部门办理运输手续，托运物品必须与托运单上所列的品名相符。

②危险物品的装卸运输人员，应按装运危险物品的性质佩戴相应的防护用品，装卸时必须轻装、轻卸，严禁抛掷、摔拖、重压和摩擦，不得损毁包装容器，并注意标签、堆放稳妥。

③危险物品装卸前，应对车（船）搬运工具进行必要的通风和清扫，不得留有残渣，对装有剧毒物品的车（船），卸车（船）后必须洗刷干净。

④装运爆炸、剧毒、放射性、易燃液体、可燃气体等物品，必须使用符合安全要求的运输工具。

⑤运输爆炸、剧毒和放射性物品，应指派专人押运，押运人员不得少于两人。

⑥运输危险物品的车辆，必须保持安全车速、保持车距，严禁超车、超速和强行会车。按指定的路线和时间运输，不可在繁华道路行驶和停留。

⑦运输易燃易爆的机动车，其排气管应装阻火器，并悬挂“危险品”标志。

⑧蒸汽机车在调车作业中，对装载易燃、易爆物品的车辆，必须挂不少于两节隔离车，并严禁溜放。

⑨运输散装固体危险物品，应根据性质，采取防火、防爆、防水、防粉尘飞扬和遮阳等措施。

2）危险化学品储存的基本要求。

①储存危险化学品必须遵照国家法律、法规和其他有关规定。

②危险化学品必须储存在经公安部门批准设置的专门的危险化学品仓库中，经销部门自管仓库储存危险化学品及储存数量必须经公安部门批准。未经批准不得随意设置危险化学品储存仓库。

③危险化学品露天堆放，应符合防火、防爆的安全要求，爆炸物品、一级易燃物品、遇湿燃烧物品、剧毒物品不得露天堆放。

④储存危险化学品的仓库必须配备有专业知识的技术人员，其库房及场所应设专人管理，管理人员必须配备可靠的个人安全防护用品。

⑤储存危险化学品应有明显的标志，标志应符合《常用危险化学品的分类及标志》（GB 13690—2009）的规定。

⑥危险化学品储存方式分为隔离储存、隔开储存和分离储存3种。

⑦根据危险化学品性质分区、分类、分库储存。各类危险品不得与禁忌物料混合储存。

⑧储存危险化学品的建筑物、区域内严禁吸烟和使用明火。

3）危险化学品包装安全要求。

①Ⅰ类包装。货物具有较大危险性，包装强度要求高。

②Ⅱ类包装。货物具有中等危险性，包装强度要求较高。

③Ⅲ类包装。货物具有较小危险性，包装强度要求一般。

4）混接触和混储运的危险性。

某些化学品相互接触或混合时其危险性更大，有些化学品相互接触或混合易自燃，还有些化学品易发生火灾或爆炸。因此，必须掌握危险化学品之间的抵触和不相容性，以保证其储运安全。

（3）危险化学品的经营安全要求

《危险化学品安全管理条例》第三章中对危险化学品的经营作了专门规定：国家对危险化学品经营销售实行许可制度，未经许可，任何单位和个人不得经营销售危险化学品。

办理经营许可证的程序：一是申请；二是审查；三是经审查，符合条件的，颁发危险化学品经营许可证；四是申请人凭危险化学品经营许可证向工商行政管理部门办理登记注册手续。

国家经贸委第 36 号令《危险化学品经营许可证管理办法》，对经营许可证的种类、申请与审批、监督管理等做了详细规定。

1）危险化学品经营企业的条件和要求。

①经营场所和储存设施符合国家标准。

a. 危险化学品经营企业的经营场所应坐落在交通便利、便于疏散处。

b. 危险化学品经营企业的经营场所的建筑物应符合《建筑设计防火规范》（GB 50016—2006）的要求。

c. 从事危险化学品批发业务的企业应将危险化学品存放在经批准的专用危险化学品仓库（自有或租用），所经营的危险化学品不得存放在业务经营场所。

d. 零售业务的店面应与繁华商业区或居住人口稠密区保持 500 m 以上距离。

e. 零售业务的店面经营面积（不含库房）应不少于 60 m^2，其店面内不得设有生活设施。

f. 零售业务的店面内只许存放民用小包装的危险化学品，其存放总质量不得超过 1 t。

g. 零售业务的店面内危险化学品的摆放应布局合理，禁忌物料不能混放。综合商场（含建材市场）所经营的危险化学品应有专柜存放。

h. 零售业务的店面与存放危险化学品的库房（或罩棚）应有实墙相隔；单一品种存放量不能超过 500 kg，总质量不能超过 2 t。

i. 零售店面备货库房应根据危险化学品的性质与禁忌，分别采用隔离储存、隔开储存或分离储存等不同方式进行储存。

②主管人员和业务人员须经专业培训，才能取得上岗资格。《危险化学品经营企业开业条件和技术要求》要求：危险化学品经营企业法定代表人或经理须经国家授权部门的专业培训，取得合格证书方能经营活动。企业业务经营人员应通过国家授权部门的专业培训，取得合格证书方能上岗。

③有健全的安全管理制度。经营危险化学品的企业应具备的安全管理制度：危险化学品购销管理制度、剧毒物品购销管理制度、危险化学品经营手续环节交接责任管理制度、危险化学品运输管理制度、经营人员岗位责任制、商品储存保管管理制度等。

④符合法律、法规规定和国家标准要求的其他条件。《危险化学品经营企业开业条件和技术要求》规定：零售业务只许经营除爆炸品、放射性物品、剧毒物品以外的危险化学品。

a. 零售业务的店面内显著位置应设有“禁止明火”等警示标志。

b. 零售业务的店面内应放置有效的消防、急救安全设施。

c. 零售业务的店面备货库房应报公安、消防部门批准。

d. 运输危险化学品的车辆应专车专用，只能委托有危险化学品运输资质的运输企业承运并悬挂明显的标志。

《危险化学品安全管理条例》规定经营危险化学品，不得有下列行为：

a. 从未取得危险化学品生产许可证或者危险化学品经营许可证的企业采购危险化学品。

b. 经营国家明令禁止的危险化学品和用剧毒化学品生产的灭鼠药以及其他可能进入人

民日常生活的化学品和日用化学品。

c. 销售没有化学品安全技术说明书和化学品安全标签的危险化学品。

2）剧毒品的经营。

①剧毒化学品的销售规定。

a. 化学品经营企业销售剧毒化学品，应当记录购买单位的名称、地址和购买人员的姓名、身份证号码及所购买剧毒化学品的品名、数量、用途。记录应当至少保存1年。

b. 剧毒化学品经营企业应当每天核对剧毒化学品的销售情况；发现被盗、丢失、误售等情况时，必须立即向当地公安部门报告。

c. 剧毒化学品的托运要委托有资质认定的运输企业，通过公路运输剧毒化学品的托运人应当向目的地的县级人民政府公安部门申请运输剧毒化学品公路运输通行证。

d. 办理剧毒化学品公路运输通行证，托运人应当向公安部门提交有关危险化学品的品名、数量、运输始发地和目的地、运输线路、运输单位、驾驶人员、押运人员、经营单位和购买单位资质情况的材料。

e. 托运人托运危险化学品，应当向承运人说明运输的化学品的品名、数量、危害、应急措施等情况。

f. 运输危险化学品需要添加抑制剂或者稳定剂的，托运人交付托运时应当添加抑制剂或者稳定剂，并告知承运人。

g. 通过公路运输危险化学品，必须配备押运人员，并随时处于押运人员的监管之下，不得超装、超载，不得进入危险化学品运输车辆禁止通行的区域；确需进入禁止通行的区域的，应事先向当地公安部门报告，由公安部门为其指定行车时间和路线，运输车辆必须遵守公安部门规定的行车时间和路线。

②购买剧毒化学品应遵守的规定。

a. 生产、科研、医疗等单位经常使用剧毒化学品的，应当向设区的市级人民政府公安部门申请领取购买凭证。

b. 单位临时需要购买剧毒化学品的，应当凭本单位出具的证明（需注明品名、数量、用途）向设区的市级人民政府公安部门申请领取准购证，凭准购证购买。

c. 个人不得购买农药、灭鼠药、灭虫药以外的剧毒化学品。

d. 剧毒化学品生产企业、经营企业不得向个人或者无购买凭证、准购证的单位销售剧毒化学品。不得伪造、变造、买卖、出借或者以其他方式转让剧毒化学品购买凭证、准购证，不得使用作废的剧毒化学品购买凭证、准购证。

(4) 泄漏处理、火灾控制与销毁处置技术

1）泄漏处理。

①泄漏源控制。利用截止阀切断泄漏源，在线堵漏减少泄漏量或利用备用泄料装置使其安全释放。

②泄漏物处理。现场泄漏物要及时地进行覆盖、收容、稀释、处理。

2）火灾控制。

发生化学品火灾时，不应单独灭火，出口应始终保持清洁和畅通，保证人员安全。几种特殊化学品火灾扑救注意事项：

①扑救液化气体火灾，切忌盲目扑灭火焰，在没有采取堵漏措施的情况下，必须保持稳定燃烧。否则，大量可燃气体泄漏出来与空气混合，遇火源会发生爆炸，后果将不堪设想。

②扑救爆炸物品火灾，切忌用沙土盖压，以免增强爆炸物品爆炸时的威力；另外扑救爆炸物品堆垛火灾时，水流应采用吊射，避免强力水流直接冲击堆垛，以免堆垛倒塌引起再次爆炸。

③对于遇湿易燃物品火灾，绝对禁止用水、泡沫、酸碱等湿性灭火剂扑救。

④氧化剂和有机过氧化物的灭火比较复杂，应针对具体物质做具体分析。由于大多数氧化剂和有机过氧化物遇酸会发生剧烈反应甚至爆炸，如过氧化钠、过氧化钾、氯酸钾、高锰酸钾、过氧化二苯甲酰等。活泼金属过氧化物等一部分也不能用水、泡沫和二氧化碳扑救，因此现场不要配备酸碱灭火器，对泡沫和二氧化碳也应慎用。

⑤扑救毒害品、腐蚀品的火灾时，应尽量使用低压水流或雾状水，避免腐蚀品、毒害品溅出；遇酸类或碱类腐蚀品火灾时，最好调制相应的中和剂稀释中和。

⑥易燃固体、自燃物品一般都可用水和泡沫扑救，只要控制住燃烧范围，逐步扑灭即可。但也有少数易燃固体、自燃物品的扑救方法比较特殊，如2，4—二硝基苯甲醚、二硝基萘、萘等是易升华的易燃固体，受热放出易燃蒸气，能与空气形成爆炸性混合物；尤其在室内，易发生爆炸，在扑救过程中应不时向燃烧区域上空及周围喷射雾状水，并消除周围一切火源。

3）废物销毁。

①固体废物的处置。

a. 处置危险废物。要使危险废物无害化通常采用的方法是使它们变成高度不溶性的物质，这就是固化/稳定化。其方法有水泥固化、石灰固化、塑性材料固化、有机聚合物固化、自凝胶固化、熔融固化和陶瓷固化。

b. 处置工业固体废物。一般工业固体废物可以直接进入填埋场进行填埋。对于粒度很小的固体废物，为防止引起粉尘污染，可装入编织袋后填埋。

②爆炸性物品的销毁。凡确认不能使用的爆炸性物品，必须予以销毁，在销毁以前应报告当地公安部门，选择适当的地点、时间及销毁方法。一般可采用爆炸法、烧毁法、溶解法和化学分解法4种方法。

③有机过氧化物废物处理。有机过氧化物是一种易燃易爆品，应根据其特性选择合适的方法处理，以免发生意外事故。处理方法主要有分解、烧毁、填埋。

(5) 有毒化学品燃烧爆炸事故的危害及预防

火灾与爆炸都会带来生产设施的重大破坏和人员伤亡，但两者的发展过程显著不同。火灾是在起火后火场逐渐蔓延扩大，随着时间的延续，损失数量迅速增长，损失约与时间的平方成比例；爆炸则是猝不及防的，可能仅在一秒钟内爆炸过程已经结束，设备损坏、厂房倒塌、人员伤亡等巨大损失也将在瞬间发生。

1）爆炸的特点。

①爆炸性气体混合物的爆炸。在石油、化工生产过程中，发生的爆炸事故大多是爆炸性气体混合物的爆炸。

②粉尘爆炸。粉尘本身的理化性质（如燃烧热、氧化反应速度等）以及粉尘的颗粒大

小、粉尘浓度都是粉尘爆炸的影响因素。

③蒸气爆炸。处于过热状态的水、有机液体、液化气体等，瞬间汽化而产生的爆炸现象，称为蒸气爆炸，又称为沸腾液体扩展为蒸气爆炸。蒸气爆炸中着火源不是必备条件，只要气、液两相的平衡遭到破坏就能引起蒸气爆炸。

2）有机液体、液化气体的蒸气爆炸原因。

①密闭容器内的液体受到外部火源或热源的加热，温度升高使容器破裂。

②密闭容器内的液体进行聚合或其他反应，因反应热积聚使液体温度上升，导致容器破裂。

③常温下，高压液化气体的密闭容器因设备缺陷导致容器破裂。

一旦发生蒸气爆炸后，可燃蒸气与空气混合后又能引起第二次爆炸，如果这些液体有毒，还会造成大面积的中毒事故。

3）爆炸的破坏作用。爆炸通常伴随发热、发光、压力上升、真空和电离等现象，具有很强的破坏作用。

①直接的破坏作用。

②冲击波的破坏作用。

③造成火灾。

④造成中毒和环境污染。

4）危险化学品火灾爆炸事故的预防。防止火灾爆炸事故发生的基本原则：一是防止和限制可燃、可爆系统的形成，二是消除点火源，三是阻止和限制火灾爆炸的蔓延扩大。

①防止可燃、可爆系统的形成。

a. 根据物质的危险特性进行控制。

b. 防止可燃物外溢泄漏。

c. 惰性气体保护。

d. 通风置换。

e. 安全监测与连锁。

②工艺参数的安全控制。化工生产过程中，工艺参数主要是指温度、压力、流量、物料配比等。按工艺要求将工艺参数严格控制在安全范围内，防止超温、超压、物料泄漏是防火防爆的基本措施之一。

③消除点火源。引发事故的火源有明火、高温表面、冲击摩擦、自燃发热、电气火花、静电火花、雷电、化学反应热、光线照射等，必须对火源实行科学、严格的管理。

④阻止火灾爆炸蔓延扩展的措施。阻止火灾爆炸蔓延扩展的措施包括阻火装置、阻火设施、防爆泄压装置及隔离等。

(6) 危险化学品的侵入途径、危害、抢救、预防及防护用品选用原则

1）毒性危险化学品侵入人体的途径。毒性危险化学品可经呼吸道、消化道和皮肤进入人体。在工业生产中，毒性危险化学品主要经呼吸道和皮肤进入体内，有时也可经消化道进入。

2）工业毒性危险化学品对人体的危害。

①刺激。刺激说明身体已与有毒化学品有了相当的接触，一般受刺激的部位为皮肤、眼

睛和呼吸系统。许多化学品和皮肤接触时，能引起不同程度的皮肤炎症；与眼睛接触轻则导致轻微的、暂时性的不适，重则导致永久性的伤残。一些刺激性气体、尘雾可引起气管炎，甚至严重损害气管和肺组织，如二氧化硫、氯气、煤尘等。一些化学物质将会渗透到肺泡区，引起强烈的刺激。

②过敏。某些化学品可引起皮肤或呼吸系统过敏，如出现皮疹或水疱等症状，这种症状不一定在接触的部位出现，而可能在身体的其他部位出现，引起这种症状的化学品有很多，如环氧树脂、胶类硬化剂、煤焦油衍生物和铬酸等。呼吸系统过敏可引起职业性哮喘，这种症状的反应一般包括咳嗽，特别是夜间，以及呼吸困难。引起这种反应的化学品有甲苯、聚氨酯、福尔马林等。

③窒息。窒息涉及对身体组织氧化作用的干扰。这种症状分为以下 3 种：

a. 单纯窒息。在空间有限的工作场所，氧气被氮气、二氧化碳、甲烷、氢气、氦气等气体所代替，空气中氧浓度降到 17%以下，致使机体组织的供氧不足，就会引起头晕、恶心、调节功能紊乱等症状。缺氧严重时导致昏迷，甚至死亡。

b. 血液窒息。毒性化学物质影响机体传送氧的能力。典型的血液窒息性物质就是一氧化碳。空气中一氧化碳含量达到 0.05%时就会导致血液携氧能力严重下降。

c. 细胞内窒息。毒性化学物质影响机体和氧结合的能力。如氰化氢、硫化氢等物质影响细胞和氧的结合能力，尽管血液中含氧充足。

④麻醉和昏迷。接触高浓度的某些化学品，有类似醉酒的作用。如乙醇、丙醇、丙酮、丁酮、乙炔、烃类、乙醚、异丙醚会导致中枢神经抑制。这些化学品一次大量接触可导致昏迷甚至死亡。

⑤中毒。人体由许多系统组成，所谓全身中毒是指化学物质引起的对一个或多个系统产生有害影响并扩展到全身的现象，这种作用不局限于身体的某一点或某一区域。肝脏的作用就是净化血液中的有毒性危险化学品，并将其转化成无害的和水溶性的物质。然而有一些物质对肝脏有害，例如溶剂酒精、氯仿、四氯化碳、三氯乙烯等。

⑥致癌。长期接触一定的化学物质可能引起细胞的无节制生长，形成恶性肿瘤。这些肿瘤可能在人体第一次接触这些物质的许多年以后才表现出来，潜伏期一般为 4～40 年。出现职业肿瘤的部位是变化多样的，并不局限于接触区域。如砷、石棉、铬、镍等物质可能导致肺癌，鼻腔癌和鼻窦癌是由铬、镍、木材、皮革粉尘等引起的。

⑦致畸。接触化学物质可能对未出生胎儿造成危害，干扰胎儿的正常发育。在怀孕的前三个月，胎儿的脑、心脏、胳膊和腿等重要器官正在发育，一些研究表明化学物质可能干扰正常的细胞分裂过程，如麻醉性气体、水银和有机溶剂，从而导致胎儿畸形。

⑧致突变。某些化学品对人的遗传基因的影响可能导致后代发生异常，实验结果表明 80%～85%的致癌化学物质对后代有影响。

⑨尘肺。尘肺是由于在肺的换气区域发生了小尘粒的沉积以及肺组织对这些沉积物的反应，尘肺病患者肺的换气功能下降，在紧张活动时将发生呼吸短促症状。这种作用是不可逆的，一般很难在早期发现肺的变化。当 X 射线检查发现这些变化时，病情已较重了。能引起尘肺病的物质有石英晶体、石棉、滑石粉、煤粉和铍。

3）危险化学品中毒、污染事故预防控制措施。目前采取的主要措施是替代、变更工艺、隔离、通风、个体防护和保持卫生。

①替代。通常是选用无毒或低毒的化学品替代有毒有害的化学品，选用可燃化学品替代易燃化学品。

②变更工艺。通过变更工艺消除或降低化学品危害。

③隔离。通过封闭、设置屏障等措施，避免作业人员直接暴露于有害环境中。

④通风。通风是控制作业场所空气中有害气体、蒸气或粉尘最有效的措施。

⑤个体防护。当作业场所中有害化学品的浓度超标时，操作人员就必须使用合适的个体防护用品。

⑥保持卫生。包括保持作业场所清洁和作业人员的个人卫生两个方面。

4）劳动防护用品选用原则。一般来讲，在安全技术措施中，改善劳动条件，排除危害因素是根本性的措施，但在一定条件下，如事故救援和抢修过程中，个人劳动防护用品就成为人身安全的主要手段。从危险化学品对人体的侵入途径着眼，防护用品应防止其由呼吸道、暴露部位、消化道等侵入人体。如前所述，因工业生产中毒性危险化学品进入人体的最重要的途径是呼吸道，所以这里主要介绍呼吸道防毒面具的选用原则，见表7—20。

表7—20　　呼吸道防毒面具的选用

<table>
<tr><th colspan="4">品类</th><th>使用范围</th></tr>
<tr><td rowspan="6">过滤式</td><td rowspan="3">全面罩式</td><td colspan="2">头罩式面具</td><td rowspan="6">毒性气体的体积浓度低，一般不高于1%，具体选择按国标《过滤式防毒面具通用技术条件》（GB 2890—2009）进行</td></tr>
<tr><td rowspan="2">面罩式面具</td><td>导管式</td></tr>
<tr><td>直接式</td></tr>
<tr><td rowspan="3">半面罩式</td><td colspan="2">双罐式防毒口罩</td></tr>
<tr><td colspan="2">单罐式防毒口罩</td></tr>
<tr><td colspan="2">简易式防毒口罩</td></tr>
<tr><td rowspan="7">隔离式</td><td rowspan="4">自给式</td><td rowspan="2">供氧（气）式</td><td>氧气呼吸器</td><td rowspan="3">毒性气体浓度高，毒性不明显或缺氧的可移动性作业</td></tr>
<tr><td>空气呼吸器</td></tr>
<tr><td rowspan="2">生氧式</td><td>生氧面具</td></tr>
<tr><td>自救器</td><td>上述情况短暂时间事故自救用</td></tr>
<tr><td rowspan="3">隔离式</td><td rowspan="2">送风长管式</td><td>电动式</td><td rowspan="2">毒性气体浓度高或缺氧的固定作业</td></tr>
<tr><td>人工式</td></tr>
<tr><td colspan="2">自吸长管式</td><td>同上，导管限长<10 m，管内径>18 mm</td></tr>
</table>

7.7.2　石化生产过程中的主要危险及控制

(1) 单元作业过程中的主要危险及控制

1）气体及液体输送过程中的主要危险及控制。

①液态物料输送。危险控制要点如下：

a. 输送易燃液体宜采用蒸气往复泵。

b. 对于易燃液体不可采用压缩空气压送。

c. 临时输送可燃液体的泵和管道连接处必须紧密牢固。

d. 注意管道内流速、管道的接地措施及避免吸入口产生负压。

②气态物料输送。危险控制要点如下：

a. 宜采用液环泵，并保证吸入口保持一定余压。

b. 压缩机汽缸、储气罐及输送管路要有足够强度，安全阀、压力表经过校验。

c. 压缩机不能中断润滑油和冷却水。

d. 易损害的垫圈应经常检查及时换修。

e. 压送特殊气体的压缩机要采取相应的防火措施。

f. 可燃气体的管道应保持正压，管内流速不宜过高，管道有良好接地。

g. 压送可燃气体要使用相应级别的防爆电动机。

h. 当输送可燃气体的管道着火时，应及时采取灭火措施。

2）加热及干燥过程中的主要危险及控制。

①加热过程。危险控制要点如下：

a. 按规定控制温度的范围和升温速度。

b. 易燃物料加热不采用直接火加热。

c. 同压蒸汽加热时装设压力表和安全阀，定期检验设备强度，注意管道保温。

d. 使用热载体加热时，载体循环系统应严格密闭并防止堵塞。

e. 使用电加热时，电气设备要符合防爆要求。

②干燥过程。危险控制要点如下：

a. 严格控制干燥温度。

b. 防止散发出的易燃易爆气体或粉尘接触明火或高温。

c. 严格控制干燥气流流速，并将设备接地。

d. 易燃易爆物料采用真空干燥较安全，消除真空时须降温再放空。

3）蒸馏过程中的主要危险及控制。

危险控制要点如下：

①根据物料特性，选择正确的蒸馏方法和设备。

②易燃液体不能用明火作热源，而应采用水蒸气或过热水蒸气加热。

③蒸馏设备保证很好的气密性。

④蒸馏操作应严格按照操作程序进行。

⑤防止管道阻塞。

⑥保证冷凝器中的冷却水或冷冻盐水不能中断。

⑦设备管道良好接地。

⑧室外安装蒸馏塔应安装可靠的避雷装置。

⑨满足厂房、电气设备的防爆要求。

⑩蒸馏设备应经常检修。

4）冷却（凝）及冷冻过程中的主要危险及控制。

①冷却（凝）过程。危险控制要点如下：

a. 正确选用冷却设备和冷却剂。

b. 严格注意冷却设备的密闭性。

c. 冷却介质在操作中不能中断，温度控制最好采用自动调节。

d. 开车及停车的操作顺序。

e. 为保证不凝可燃气体安全排空，可充氮进行保护。

f. 高凝固点物料，冷却时控制温度，防止设备管道堵塞。

②冷冻过程。危险控制要点如下：

a. 注意耐压等级和气密性，加强压力表、安全阀的检修。

b. 注意低温材料的选择。

c. 发生事故或紧急停车时，要注意被冷冻物料的排空处置。

d. 压缩机的选择。

e. 注意冷载体盐水的防腐性。

5）筛分及过滤过程中的主要危险及控制。

①筛分过程。危险控制要点如下：

在筛分可燃物时，应采取防碰撞打火和消除静电措施，防止因碰撞和静电引起粉尘爆炸和火灾事故。

②过滤过程。危险控制要点如下：

a. 若加压时散发易燃易爆有害气体，应采用密闭过滤机，并应用压缩空气或惰性气体保持压力。

b. 存在火灾爆炸危险时宜采用转鼓式或袋式等真空过滤机。

c. 离心过滤机应注意选材和焊接质量。

6）粉碎及混合过程中的主要危险及控制。

粉碎及混合过程危险控制要点如下：

①设备密闭、通风良好。

②初次研磨物料进行试验，了解其是否黏结、着火。

③可燃粉尘的研磨设备要接地，安装爆破片，注意设备润滑。

④研磨易燃易爆物料通惰性气体保护。

⑤球磨机研磨爆炸性物料、内衬橡皮等柔软材料，且设备采用青铜。

⑥粉末输送管道与水平夹角不得小于45°，以防止沉积。

⑦物料阴燃或着火时，停止送料并采取相应措施。

(2) 典型反应过程中的主要危险及控制

1）氧化与还原反应过程中的主要危险及控制。

①氧化反应。

a. 氧化反应的主要危险性：

a）需加热且为放热反应，反应热不及时移去会失控。

b）被氧化物质大部分是易燃易爆物质。

c）有些氧化剂本身是强氧化剂。

d）多为易燃易爆物质与空气或氧气反应，投料比接近爆炸极限。

e）反应产品也具有易燃易爆性。

f）某些氧化反应生成过氧化物，稳定性差。

b. 氧化反应过程中的危险控制要点：

a）严格控制投料比，应在爆炸范围外。

b）严格控制投料速度、反应温度、流量。

c）防止混入可作为催化物的杂质。

d）阻火器、卸压装置和自动控制、报警联锁装置的安装。

e）设置氮气、水蒸气灭火装置。

②还原反应

a. 还原反应的主要危险性：

a）高温、高压、多数有氢气存在。

b）使用催化剂，有的有自燃和引燃氢气与空气混合物的危险。

c）有些固体催化剂为遇湿易燃品。

d）还原反应中间体，特别是硝基化合物还原反应的中间体也有火灾危险。

e）高温高压下的氢对金属有渗碳作用，造成氢腐蚀。

b. 还原反应过程中的危险控制要点：

a）严格控制各种反应参数和反应条件。

b）注意催化剂的正确使用和处置。

c）注意还原剂的正确使用和处置。

d）设备和管道选材要符合要求并定期检测。

e）电气设备要防爆，建筑的通风卸压要符合要求。

2）硝化反应过程中的主要危险及控制。

①硝化反应的主要危险性。

a. 放热反应，温度越高反应越快。

b. 被硝化的物质大多为易燃物质。

c. 混酸具有强氧化性和腐蚀性。

d. 硝化产品大都具有火灾爆炸危险性。

②硝化反应过程中的危险控制要点。

a. 混酸配制要严格控制温度和酸的配比，并保证充分搅拌和冷却的条件。

b. 防止混酸与有机物接触。

c. 除去混酸中易氧化的组分，含水量也不宜过高。

d. 严格控制反应速度和温度。

e. 产物的保存要求。

f. 注意设备管道的防腐。

3）聚合反应过程中的主要危险及控制。

①聚合反应的主要危险性。

a. 反应中多为易燃易爆物质。

b. 反应多在高压条件下进行。

c. 反应中加入的引发剂都是化学活性很强的过氧化物。

d. 聚合反应热不易导出，可造成局部过热发生爆炸。

②聚合反应过程中的危险控制要点。

a. 设置可燃气体检测报警器。

b. 反应釜的搅拌和温度应有检测和联锁装置。

c. 爆破片、导爆管、静电接地的设置。

d. 对催化剂、引发剂的严格管理。

e. 注意防止爆聚现象的发生。

f. 注意防止黏壁和阻塞现象的发生。

4）裂化反应过程中的主要危险及控制。

①热裂化。

a. 热裂化反应的主要危险性：着火和爆炸。

b. 热裂化反应过程中的危险控制要点：

a）遵守操作规程，严格控制温度和压力。

b）设备采用高镍铬合金钢制造。

c）防爆门、灭火管线、紧急放空管和放空罐的设置。

d）完善的消除静电和避雷措施。

e）有双路电源和水源。

f）注意检查、维修、除焦，避免炉管结焦。

②催化裂化。

a. 催化裂化反应的主要危险性：火灾、爆炸、一氧化碳中毒。

b. 催化裂化反应过程中的危险控制要点：

a）注意保持反应器与再生器压差的稳定。

b）分馏系统保持塔底油浆经常循环。

c）再生器应防止稀相层发生二次燃烧，损坏设备。

d）应备有单独的供水系统。

e）关键设备应备有两路以上的供电。

③加氢裂化。

a. 加氢裂化反应的主要危险性：火灾、爆炸、氢脆。

b. 加氢裂化反应过程中的危险控制要点：

a）加强设备检修和部件更换。

b）加热炉要平稳操作，防止局部过热。

c）反应器必须通过冷氢以控制温度。

7.7.3　石油天然气安全技术

(1) 石油、化工生产

1）石油、化工生产的特点：

①所处理的物料（如原料、中间产物及成品等）大多具有易燃、易爆的特性。

②工艺过程复杂，工艺条件苛刻，工艺上常常需要高压、高温或深度冷冻等。

③作业方式多样化。

2）主要危险。石油、化工生产潜在的主要危险是火灾、爆炸、致人中毒等。一旦发生事故，往往会带来严重的后果，造成众多人员伤亡、巨额的财产损失，还会严重污染环境。

(2) 石油天然气开发过程中的主要危险及控制

1）硫化氢防护。

①硫化氢的性质、危害。硫化氢是可燃性无色气体，具有典型的臭鸡蛋味，对空气的相对密度为1.19。硫化氢是强烈的神经毒物，在石油天然气生产中对人员具有极大的危害性，同时对生产设备腐蚀严重，应该引起高度的重视。

②硫化氢报警装置、防护设施。硫化氢作业现场应安装硫化氢报警系统，该系统应能声、光报警，并能确保整个作业区域的人员都能看得见和听得到。应在作业现场有可能出现硫化氢气体的部位安装固定式硫化氢探测仪，此外还应配备便携式硫化氢探测器；在作业人员易于看到的地方应安装风向标、风速仪等标志信号。

在作业现场，应根据现场作业人员情况配备相应数量的正压式空气呼吸器和空气补充装置。正压式空气呼吸器应存放在人员能迅速取用的安全位置，并应配备备用的正压式空气呼吸器。

2）石油天然气生产过程中的主要危险及其控制。

①石油天然气生产过程的作业环节。石油天然气生产过程主要包括地震勘探、钻井、录井、测井、射孔、采油采气、油气集输、石油工程建设等作业环节。每个作业环节的工作内容、性质有很大的差距，相应安全要求也有很大的不同。

②石油天然气作业过程中的主要危害及其预防措施。

a. 地震勘探安全要求：

a）营地位置的选择。营地应选择在地势平坦、干燥、道路畅通、取水便利、水源无污染和背风的地方，并应避开易燃、易爆或有毒、有害物品的工厂或场所及易受自然灾害侵袭的地方，同时应避开传染病、地方病的高发区。

b）施工过程注意事项。在荒漠、沼泽等无人烟地区施工时，施工人员应至少两人以上同行，并确保通信联络畅通；若遇险情，应采取求生措施，发出求救信号，及时组织营救；穿越陡坡、江河、急流、湖泊、沼泽、险沟、陡崖等地段，应提前实地察看，并采取防止淹溺、摔跌等安全监护措施。

c）爆炸作业。进行爆炸作业时，在接近危险区的边界处应设警戒岗哨和安全标志，禁止人、畜、车（船）进入危险区域内；对盲炮应采取引爆方式处理，不应采用捅、挖的办法。

b. 钻井安全要求：

a）井场布置。井队生活区距井口300 m以上，井口距高压线及其他永久性设施不少于75 m，距民宅不少于100 m；距铁路、高速公路不少于200 m，距学校、医院和大型油库等人口密集性、高危性场所不少于500 m。

b）井控管理。钻井施工中应设专人坐岗观察，及时发现、控制溢流。起钻前应充分循环，排除钻井液中的油气，每起3～5柱钻具至少应向环空和钻具内灌满一次钻井液。在溢流突然发生抢接回压阀无法实现井喷失控的情况下，可扔掉或剪断井内钻具、工具、电缆等，以达到迅速关井控制井口的目的。高压天然气井、新区预探井、含硫化氢天然气井应安装剪切板防喷器。高压天然气井的放喷管线应不少于两条，出口距井口大于 75 m；含硫天然气井放喷管线出口应接至距井口 100 m 以上的安全地带，固定牢靠，排放口处应安装自动点火装置。

(3) 石油天然气储运安全技术

1）管道线路。输油气管道路由的选择，应结合沿线城市、村镇、工矿企业、交通、电力、水利等建设的现状与规划，以及沿线地区的地形、地貌、地质、水文、气象、地震等自然条件，并考虑到施工和日后管道管理维护的方便，确定线路合理走向。

2）输油气站场。一般安全规定包括：输油气站的进口处，应设置明显的安全警示牌及进站须知。对进入输油气站的外来人员应进行安全注意事项及逃生路线等应急知识的教育培训。石油天然气站场总平面布置，应根据其生产工艺特点、火灾危险性等级功能要求，结合地形、风向等条件，经技术、经济比较确定。石油天然气站场内的锅炉房、35 kV 及以上的变（配）电所、加热炉、水套炉等有明火或散火花的地点，宜布置在站场或油气生产区边缘。

3）防腐绝缘与阴极保护。在输油气管道选择路由时，应避开有地下杂散电流干扰大的区域。电气化铁路与输油气管道平行时，应保持一定距离。管道因地下杂散电流干扰阴极保护时，应采取排流措施。输油气管道全线阴极保护电位应达到或低于－0.85 V（相对 $C/CuSO_4$ 电极），但最低电位不超过－1.50 V。管道的管理单位应定期检测管道防腐绝缘与阴极保护情况。

埋地管道需要加保温层时，在钢管的表面应涂敷良好的防腐绝缘层。在保温层外有良好的防水层。裸露或架空的管道应有良好的防腐绝缘层。带保温层的，应有良好的防水措施。大型跨越管段的入土端与埋地管道之间要采取绝缘措施。对输油气站内的油罐、埋地管道，应实施区域性阴极保护，且外表面涂刷颜色和标记应符合相应的标准规定。

4）管道监控与通信。输油气生产的重要工艺参数及状态，应连续检测和记录；复杂的油气管道应设置计算机监控与数据采集系统，对输油气工艺过程、输油气设备及确保安全生产的压力、温度、流量、液位等参数设置联锁保护和声光报警功能。

用于调控中心与站控系统之间的数据传输通道、通信接口应采用两种通信介质，双通道互为备用运行。输油气站场与调控中心应设立专用的调度电话。调度电话应与社会常用的服务、救援电话系统联网。

5）管道清管、管道检测与管道维抢修。

①管道清管。管道清管应制定科学合理的清管周期；根据管道输送介质的不同，控制清管器在管道中合理的运行速度，并做好相应的清管器跟踪工作。发送清管器前，应检查本站及下站的清管器通过指示器。清管器在管道内运行时，应保持运行参数稳定，及时分析清管器的运行情况，对异常情况应采取相应措施。

②管道检测。应按照国家有关规定对管道进行检测，根据检测结果和管道运行安全状况以及有关标准规范规定，确定管道检测周期。

发送管道内检测器前，应对管道进行清管和测径。检测器应携带定位跟踪装置。检测器发送前应调试运转正常，投运期间应进行跟踪和设标。

③管道维抢修。掌握维抢修人员及设备基本要求，施工现场的安全要求应牢记。管道维抢修现场应采取保护措施，划分安全界限，设置警戒线、警示牌。进入作业场地的人员应穿戴劳动防护用品。与作业无关的人员不应进入警戒线内。在管道上实施焊接前，应对焊点周围可燃气体的浓度进行测定，并制定防护措施。焊接操作期间，应对焊接点周围和可能出现的泄漏进行跟踪检查和监测。

(4) 石油化工生产装置检修的安全技术

1）石油化工生产装置检修工作的特点。频繁、复杂、危险性大。

2）检修前的准备工作。

①设置检修指挥部。

②制订检修方案。

③检修前的安全教育。

④检修前检查。

3）装置停车过程中的安全注意事项。

①卸压。缓慢降至微正压。

②降温。按规定降温速率进行降温。

③排净。排净生产系统内的气、液、固体物料。

④杜绝一切点火源。

⑤异常情况和处理方法的记录以及关键装置和关键性操作的监护。

4）停车后的安全处理。

①隔绝。采用拆除管线或插入盲板的方法，其中抽查盲板应办理“抽查盲板作业许可证”，并落实各项安全措施。

②置换。采用蒸气、惰性气体或采用注水排气法对在检修范围内的所有设备和管线中的易燃、易爆、有毒有害气体进行置换，若需人进入内部工作，还须用空气置换惰性气体。

③吹扫。对设备和管道内没有排净的易燃、有毒液体，采用以蒸气或惰性气体进行吹扫的方法清除。

④消洗和铲除。对黏结在设备内壁的易燃、有毒物质的沉积物及结垢必须采用清洗和铲除的办法进行处理。清洗包括蒸煮和化学清洗两种。

⑤其他。对检修现场和通道、设备电源、公用工程系统、安全交接的处理。

5）动火作业。根据火灾危险程度及生产、维修建设等工作的需要，经使用单位提出申请，厂安全、防火部门登记审批，划定“固定动火区”。动火作业分为特殊动火、一级动火和二级动火 3 类。

①动火安全作业证制度。

a. 在禁火区进行动火作业应办理“动火安全作业证”，严格履行申请。

b. 动火证需经动火作业人员核实，符合动火安全规定。

c. 动火证应交现场负责人检查，确认安全措施落实无误。

d. 动火地点或作业内容变更，必须重新办理审证手续，否则不得动火。

e. 同处动火作业和设备内动火作业还须办理“高处安全作业证”和“设备内安全作

业证”。

②动火分析及标准（见表7—21）。

a. 取样要有代表性。

b. 取样时间与动火作业的时间不得超过30 min。

表7—21　动火分析标准

使用测报仪时	浓度≤爆炸下限的20％	
使用其他化学分析手段时	爆炸下限≥10％	浓度＜1％
	4％≤爆炸下限＜10％	浓度＜0.5％
	1％≤爆炸下限＜4％	浓度＜0.2％

c. 进入设备内动火同时还需分析测定空气中有毒有害气体浓度（不超过工业企业设计卫生标准规定的最高容许浓度）和氧含量（18％～22％）。

6）设备内作业。凡进入石油及化工生产区域的罐、塔、釜、槽、球、炉膛、锅筒、管道、容器等以及地下室、阴井、地坑、下水道或其他封闭场所内进行的作业称为设备内作业。设备内作业安全要点如下：

①必须办理“设备内安全作业证”，并要严格履行审批手续。

②作业前必须将该设备与其他设备进行安全隔离，并清洗、置换干净。

③进入设备前30 min取样分析，长时间作业至少每隔2 h再分析1次。

④采取适当通风措施，确保设备内空气良好流通。

⑤应有足够照明，设备内照明电压不大于36 V，潮湿或小容器内照明电压要小于12 V。

⑥进入腐蚀、窒息、易燃、易爆、有毒物料设备内必须佩戴适用的个体防护用品。

⑦设备内动火，按规定同时办理动火证和履行规定手续。

⑧设专人监护，并保持有效的联系。

⑨可能危及作业人员时必须立即撤出，继续作业需重新办理设备内作业审批手续。

⑩作业完工后，各方共同确认设备内无人员、工具、杂物后方可封闭设备孔。

7）检修完工后处理。检修完工后应认真进行检查，确认无误后对设备等进行试压、试漏，调校安全阀、仪表和联锁装置等，对检修的设备进行单体和联动试车，验收交接。

(5) 有毒有害、易燃易爆物质及氧气的检测技术

石油化工企业有毒有害、易燃易爆物质种类繁多，对作业环境的有害物质进行准确、及时的检测、检验，是预防和控制石油化工企业中毒及火灾爆炸事故的有效手段。

1）可燃气体的检测。空气中可燃气体浓度达到其爆炸下限值时，我们称这个场所可燃气体环境爆炸危险度为百分之百，即100％LEL；如果可燃气体含量只达到其爆炸下限的百分之十，我们称这个场所此时的可燃气体环境爆炸危险度为10％LEL。总之，可燃气体环境爆炸危险度为其空气中的含量占爆炸下限的百分数，即：

$$\text{可燃气体环境爆炸危险度（\%）}=\left(\frac{\text{环境空气中可燃气体含量}}{\text{可燃气体爆炸下限值}}\right)\times 100\% \quad (7-12)$$

对作业环境空气中可燃气体的监测，常常直接给出可燃气体环境爆炸危险度，即该可燃气体在空气中的含量与其爆炸下限的百分比来表示：“%LEL”。所以，这种监测有时也被称做“测爆”，所用的监测仪器也被称为“测爆仪”。

2）有毒气体的检测。应该对作业环境中的有毒气体进行自动监测，在达到目标规定的最大容许浓度（致人中毒的浓度前）即可发出警报，以便采取相应对策。另外，进入设备检修，或进入隔离生产间、地沟、地下室、储存室等容易产生有毒气体的地方操作，必须对有毒气体进行监测。

3）氧气含量的检测。空气中缺氧会对人体产生影响，到一定程度还可能发生死亡事故；当可燃气体或易燃液体的蒸气中氧含量过高时，就易引起爆炸。因此应对以下情况检测氧含量：

①空气中缺氧监测。在一些可能产生缺氧的场所，特别是设备中需要进入工作人员时，必须进行氧含量的监测，氧含量低于18%时，严禁入内，以免造成缺氧窒息事故。

②可燃气体中氧含量的监测。由于密闭失效或控制失误，会使可燃气体或易燃液体的蒸气中空气（氧气）含量过高，当达到一定浓度时，就可能发生爆炸，所以对可燃气体中的氧含量进行监测报警，是重要的安全措施。

8 安全生产管理知识

8.1 安全生产管理概述

8.1.1 安全生产管理的基本概念

安全是人类生存和发展活动永恒的主题，安全生产管理作为生产的重要组成部分，在其长期发展历程中产生了以下基本概念。

(1) 劳动保护

劳动保护是依靠科学技术和管理，采取技术措施和管理措施，消除生产过程中危及人身安全和健康的不良环境、不安全设备和设施、不安全环境、不安全场所和不安全行为，防止伤亡事故和职业危害，保障劳动者在生产过程中的安全与健康的总称。

(2) 安全生产

安全生产是为了使生产过程在符合物质条件和工作秩序下进行，防止发生人身伤亡和财产损失等生产事故，消除或控制危险有害因素，保障人身安全与健康，设备和设施免受损坏，环境免遭破坏的总称。

(3) 职业安全卫生

职业安全卫生是安全生产、劳动保护和职业卫生的统称，它是以保障劳动者在劳动过程中的安全和健康为目的的工作领域，以及在法律法规、技术、设备与设施、组织制度、管理机制、宣传教育等方面的所有措施、活动和事物。

(4) 工伤事故

工伤事故是指造成人员死亡、伤害、职业病、财产损失或其他损失的意外事件。统计中，将工伤事故分为20类，分别为物体打击、车辆伤害、机械伤害、起重伤害、触电、淹溺、灼烫、火灾、高处坠落、坍塌、冒顶片帮、透水、放炮、瓦斯爆炸、火药爆炸、锅炉爆炸、容器爆炸、其他爆炸、中毒和窒息及其他伤害。

(5) 事故隐患

事故隐患是指生产系统中可导致事故发生的人的不安全行为、物的不安全状态和管理上的缺陷。可将事故隐患归纳为21类，即火灾、爆炸、中毒和窒息、水害、坍塌、滑坡、泄漏、腐蚀、触电、坠落、机械伤害、煤与瓦斯突出、公路设施伤害、公路车辆伤害、铁路设施伤害、铁路车辆伤害、水上运输伤害、港口码头伤害、空中运输伤害、航空港伤害、其他类隐患。

(6) 危险

按照系统安全工程观点，危险是指系统中存在导致发生不期望后果的可能性超过了人们的承受程度。从危险的概念可以看出，危险是人们对事物的具体认识，必须指明具体对象。如危险环境、危险条件、危险状态、危险物质、危险场所、危险人员、危险因素等。

(7) 危险源

危险源是指可能造成人员伤害、疾病、财产损失、作业环境破坏或其他损失的根源或状态。

(8) 重大危险源

重大危险源是指长期地或者临时地生产、搬运、使用或者储存危险物品，且危险物品的数量等于或者超过临界量的单元（包括场所和设施）。其中，危险物品是指易燃易爆物品、危险化学品、放射性物品等能够危及人身安全和财产安全的物品。

当单元中有多种物质时，如果下式大于等于 1，就是重大危险源。

$$\sum_{i=1}^{N} \frac{q_i}{Q_i} \tag{8-1}$$

式中 q_i——单元中物质 i 的实际存在量；

Q_i——物质 i 的临界量；

N——单元中物质的种类数。

(9) 安全

按照系统安全工程观点，安全是指生产系统中人员免遭不可承受危险的伤害。在生产过程中，不发生人员伤亡、职业病或设备、设施损害或环境危害的条件，是指安全条件；因人、机、环境的相互作用导致系统失效、人员伤害或其他损失，是指安全状况。

(10) 本质安全

本质安全是指设备、设施或技术工艺含有内在的能够从根本上防止发生事故的功能。包括两种安全功能：

1）失误—安全功能。操作者即使操作失误，也不会发生事故或伤害。

2）故障—安全功能。设备、设施或技术工艺发生故障或损坏时，还能暂时维持正常工作或自动转变为安全状态。

上述两种安全功能应该是设备、设施和技术工艺本身固有的，即在它们的规划设计阶段就被纳入其中，而不是事后补偿的。

(11) 安全生产管理

针对人们生产过程中的安全问题，运用有效的资源，发挥人们的智慧，通过人们的努力，进行有关决策、计划、组织和控制等活动，实现生产过程中人与机器设备、物料、环境的和谐，达到安全生产的目标。安全生产管理的目标是，减少和控制危害，减少和控制事故，尽量避免生产过程中由于事故所造成的人身伤害、财产损失、环境污染以及其他损失。

8.1.2 现代安全生产管理

(1) 安全生产管理原理与原则

安全生产管理作为管理的主要组成部分，遵循管理的普遍规律，它既服从管理的基本原理与原则，也有其特殊性。

1）系统原理。安全生产管理是生产管理的一个子系统，它包含各级安全管理人员、安全防护设备与设施、安全管理规章制度、安全生产操作规范和规程以及安全管理信息等。安全贯穿生产活动的各个方面，安全生产管理是全方位、全天候和涉及全体人员的管理。

①含义。运用系统观点、理论和方法，对管理活动进行充分的系统分析，以达到管理的优化目标，即用系统论的观点、理论和方法来认识和处理管理中出现的问题。

②原则。

a. 动态相关性原则。构成管理系统的各要素是运动和发展的，它们相互联系又相互制约。

b. 整分合原则。在整体规划下明确分工，在分工基础上有效综合。

c. 反馈原则。成功的高效管理，离不开灵活、准确、快速的反馈。

d. 封闭原则。在任何一个管理系统内部，管理手段、管理过程等必须构成一个连续封闭的回路，才能形成有效的管理活动。

2）人本原理。

①含义。在管理中必须把人的因素放在首位，体现以人为本的指导思想。以人为本有两层含义：其一，一切管理活动都是以人为本展开的，人既是管理的主体，又是管理的客体；其二，在管理活动中，作为管理对象的要素和管理系统各环节，都需要人掌握、运作、推动和实施。

②原则。

a. 动力原则。推动管理活动的基本力量是人，管理必须有能够激发人的工作能力的动力（管理系统有三种动力：物质动力、精神动力和信息动力）。

b. 能级原则。在管理系统中，建立一套合理能级，根据单位和个人能量的大小安排其工作，才能发挥不同能级的能量，保证结构的稳定性和管理的有效性。

c. 激励原则。以科学的手段，激发人的内在潜力，使其充分发挥积极性、主动性和创造性（人的工作动力来源于内在动力、外部压力和工作吸引力）。

3）预防原理。

①含义。安全生产管理应以预防为主，通过有效的管理和技术手段，减少和防止人的不安全行为和物的不安全状态。

②原则。

a. 偶然损失原则。反复发生的同类事故，并不一定产生完全相同的后果。

b. 因果关系原则。事故的发生是许多因素互为因果连续发生的最终结果，只要事故的因素存在，发生事故是必然的，只是时间或迟或早而已。

c. 3E 原则。针对造成人、物的不安全因素的四方面原因——技术原因、教育原因、身体和态度原因以及管理原因，采取三种防止对策，即工程技术对策、教育对策和法制对策。

d. 本质安全化原则。从一开始和从本质上实现安全化，从根本上消除事故发生的可能性。

4）强制原理。

①含义。采取强制管理的手段控制人的意愿和行为，使个人的活动、行为等受到安全生产要求的约束。

②原则。

a. 安全第一原则。在进行生产和其他活动时把安全工作放在一切工作的首要位置。当生产或其他工作与安全发生矛盾时，要服从安全。

b. 监督原则。为了使安全生产法律法规得到落实，设立安全生产监督管理部门，对企业生产中的守法和执法情况进行监督。

(2) 事故致因理论

事故发生有其自身的发展规律和特点，只有掌握了事故发生的规律，才能保证安全生产系统处于安全状态。前人站在不同的角度，对事故进行研究，给出了很多事故致因理论，下面简要介绍几种。

1）事故频发倾向理论。1939 年法默和查姆勃等人提出了事故频发倾向理论。事故频发倾向是指个别容易发生事故的稳定的个人内在倾向。事故频发倾向者的存在是工业事故发生的主要原因，即少数具有事故频发倾向的工人是事故频发倾向者，他们的存在是工业事故发生的原因。如果企业中减少了事故频发倾向者，就可以减少工业事故。

2）因果连锁理论。海因里希把工业伤害事故的发生发展过程描述为具有一定因果关系事件的连锁，即人员伤亡的发生是事故的结果，事故的发生原因是人的不安全行为或物的不安全状态，人的不安全行为或物的不安全状态是由于人的缺点造成的，人的缺点是由于不良环境诱发或者是由先天的遗传因素造成的。

海因里希将事故因果连锁过程概括为以下 5 个因素：遗传及社会环境，人的缺点，人的不安全行为或物的不安全状态，事故，伤害。海因里希用多米诺骨牌来形象地描述这种事故的因果连锁关系。在多米诺骨牌系列中，一枚骨牌被碰倒了，则将发生连锁反应，其余几枚骨牌相继被碰倒。如果移去中间的一枚骨牌，则连锁被破坏，事故过程被中止。他认为，企业安全工作的中心就是防止人的不安全行为，消除机械的或物质的不安全状态，中断事故连锁的进程，从而避免事故的发生。

3）能量意外释放理论。1961 年，吉布森提出了事故是一种不正常的或不希望的能量释放，各种形式的能量是构成伤害的直接原因。因此，应该通过控制能量或控制作为能量达及人体媒介的能量载体来预防伤害事故。

1966 年，在吉布森的研究基础上，哈登完善了能量意外释放理论，提出“人受伤害的原因只能是某种能量的转移”，并提出了能量逆流于人体造成伤害的分类方法，将伤害分为两类：第一类伤害是由于施加了局部或全身性损伤阈值的能量引起的；第二类伤害是由影响了局部或全身性能量交换引起的，主要是指中毒窒息和冻伤。哈登认为，在一定条件下，某种形式的能量能否产生造成人员伤亡事故的伤害取决于能量大小、接触能量时间长短和频率以及力的集中程度。根据能量意外释放理论，可以利用各种屏蔽来防止意外的能量转移，从而防止事故的发生。

4）系统安全理论。在 20 世纪 50 年代到 60 年代美国研制洲际导弹的过程中，系统安全理论应运而生。系统安全理论包括很多区别于传统安全理论的创新概念：

①在事故致因理论方面，改变了人们只注重操作人员的不安全行为，而忽略硬件故障在事故致因中的作用的传统观念，开始考虑如何通过改善物的系统可靠性来提高复杂系统的安全性，从而避免事故。

②没有任何一种事物是绝对安全的，任何事物中都潜伏着危险因素。通常所说的安全或危险只不过是一种主观的判断。

③不可能根除一切危险源，可以减少来自现有危险源的危险性，宁可减少总的危险性而不是只彻底地去消除几种选定的风险。

④由于人的认识能力有限，有时不能完全认识危险源及其风险，即使认识了现有的危险源，随着生产技术的发展，新技术、新工艺、新材料和新能源的出现，又会产生新的危险源。

(3) 事故预防与控制的基本原则

事故预防是通过采用技术和管理手段使事故不发生；事故控制是通过采取技术和管理手段使事故发生后不造成严重后果或使后果尽可能减小。事故预防与控制的基本原则是从安全技术、安全教育、安全管理方面采取相应对策。

安全技术对策着重解决物的不安全状态问题。安全教育对策和安全管理对策则主要着眼于人的不安全行为问题：前者使人知道，在哪里存在危险源、如何导致事故、事故的可能性和严重程度如何，对于可能的危险应该怎么做；后者则是要求必须怎么做。

8.1.3 我国安全生产管理

(1) 我国安全生产工作现状

1）安全生产事故情况。近年来，我国平均每年因各类事故死亡人数都在 10 万人左右，发生各类事故 100 多万起。安全生产事故的总体现状是：工矿企业事故发生总数有下降趋势，事故发生次数多，事故伤亡人数多，事故发生率远高于美国、英国、日本等工业化国家，重大事故和特别重大事故多发和死亡人数多是安全生产事故的一大特点。

2）安全生产法律体系建设情况。改革开放以来，我国相继制定并颁布了近 20 部有关安全生产方面的法律和行政法规，如《矿山安全法》《煤炭法》《公路法》和《消防法》等。这些法律和行政法规对依法加强安全生产管理工作发挥了重要作用，促进了安全生产法制建设。

2002 年，为全面、完整地反映国家关于加强安全生产监督管理的基本方针、基本原则，确定对各行业、各部门和各类企业普遍适用的安全生产基本管理制度，并对安全生产管理中普遍存在的共性的、基本的法律问题作出统一规范，全国人大颁布实施了《安全生产法》。以《安全生产法》为核心，包括法律、行政法规、部门规章和地方性安全生产法规和规章的我国安全生产法律体系正在逐步建立并完善。2004 年，国务院出台了《关于进一步加强安全生产工作的决定》和《安全生产许可证条例》，这是党和政府加强安全生产工作的又一重大举措，有力地推动了全国的安全生产工作。

3）安全生产监督管理情况。近年来，国家、省（自治区、直辖市）、地（市）、县（区）级安全生产监督管理机构相继建立，安全监管体系日趋健全。国家还增大了对一些高风险行业的安全生产监察力度。但整体上还存在薄弱环节，如安全生产监察执法人数少、监督机构不够健全、监督执法人员素质低等。

4）安全生产技术情况。随着我国经济实力的增强，国家已经规定淘汰了两批落后设备。企业按照产品升级换代的需要，也逐步淘汰了一些落后的工艺和设备，自主开发和引进了一些先进的安全检测、监测仪器设备。国家整体安全生产技术水平在逐年提高。但是，总体安全技术水平仍然比较低，特别是安全监测技术设备、应急救援技术装备远远落后于工业化国家。

5）安全生产管理情况。2003 年，按照《安全生产法》及其他安全生产法律法规的要求，大型建设项目、高风险建设项目和高风险企业开展了安全预评价和安全现状综合评价，使其整体安全生产管理水平有了很大提高。但应该看到，我国大部分企业的管理水平还很低。

(2）我国安全生产管理方针及其含义

我国安全生产管理的方针是“安全第一，预防为主”。

“安全第一”的含义是，在生产经营活动中，在处理保证安全与生产经营活动的关系上，要始终把安全放在首要位置，优先考虑从业人员和其他人员的人身安全，实行“安全优先”的原则。在确保安全的前提下，努力实现生产的其他目标。

“预防为主”的含义是，对安全生产的管理，主要不是在发生事故后去组织抢救、调查、处理和分析，而是在事先有效地控制会导致事故发生的危险，预防事故发生。

8.1.4　安全生产五要素

安全管理工作体系主要由源头控制、过程管理、应急救援和事故处理四个方面构成。而每个方面都离不开安全文化、安全法制、安全责任、安全科技和安全投入五个安全生产关键要素，我们日常安全管理工作也是紧紧围绕这五大要素进行的。这五个要素既相对独立，又相辅相成，甚至互为条件。

安全文化起到灵魂和统率的作用，应该说是基础的基础，是安全生产工作的精神指向，其他的各个要素都在安全文化的指导下展开。安全文化最基本的内涵是职工的安全生产意识，只有加强安全生产宣传教育培训，逐步提高职工的安全意识，把安全工作始终抓在手上，放在心中，做到警钟长鸣，居安思危，言危思进，常抓不懈，在其他要素健全和成熟的前提下，才能形成不伤害自己、不伤害他人、不被他人伤害的安全理念，培育出深入人心的“以人为本”的安全文化。

安全法制就是安全规章制度的建立和执行，是保障安全生产最有力的武器，是开展其他工作的保证和约束，也是安全生产管理进入规范化、制度化的必要条件。只有建立、健全科学完善的制度、规程、标准，并严格做到有章可循、有章必循、违章必究，才能体现安全管理的严肃性和权威性。

安全责任，简而言之，就是安全责任心和责任制。安全责任心是每个职工对自己、对家庭、对单位所要确认的一种良心、一种道德要求。特别是对专职安全管理干部来说，更为重要。安全责任制的实质就是安全生产人人有责，是落实安全法制的手段，是安全法律法规的具体化。落实安全责任制，不仅要强化行政责任问责制度，更要执行安全生产行政责任追究制度，做到谁违章谁负责，谁渎职谁负责。

安全科技就是要科技兴安，它是实现安全生产的重要手段和措施，是安全生产的最基本出路，决定着安全生产的保障和事故预防能力。安全工作需要科技的支撑，只有充分依靠科学技术的手段，生产过程的安全才有根本的保障，才能实现真正意义上的本质安全。

安全投入是指必须保证安全生产必需的经费。它是其他要素的物质支持。安全也是生产力，安全生产的实现要靠投入的保障作为基础，提高安全生产的能力，需要为安全付出成本，安全的成本既是代价，又是效益。因此，建立多元化的安全生产，也是安全发展要求。

8.2 生产经营单位的安全责任管理

8.2.1 安全生产责任制

(1) 生产经营单位建立安全生产责任制的必要性

《安全生产法》第 4 条明确规定："生产经营单位必须建立、健全安全生产责任制。"

生产经营单位安全生产责任制的核心是实现安全生产的"五同时"，就是在计划、布置、检查、总结、评比生产工作的时候，同时计划、布置、检查、总结、评比安全工作。其内容大体可分为两个方面：一是纵向方面，各级人员（从最高管理者、管理者代表到一般职工）的安全生产责任制；二是横向方面，各职能部门（如安全、设备、技术、生产、基建、人事、财务、设计、档案、培训、宣传等部门）的安全生产责任制。

(2) 生产经营单位建立安全生产责任制的要求

1）符合国家安全生产法律法规和政策、方针的要求，并应适时修订。

2）责任制体系要与生产经营单位管理体制协调一致。

3）根据本单位、部门、班组、岗位的实际情况，明确、具体，具有可操作性，防止形式主义。

4）要有专门的人员与机构来保障落实。

5）同时建立监督、检查等制度，特别要注意发挥职工群众的监督作用，以保证责任制得到真正落实。

(3) 生产经营单位安全生产责任制的内容

1）生产经营单位主要负责人——安全生产第一责任者的职责。

①建立、健全本单位安全生产责任制。

②组织制定本单位安全生产规章制度和操作规程。

③保证本单位安全生产投入的有效实施。

④督促、检查本单位的安全生产工作，及时消除生产安全事故隐患。

⑤组织制定并实施本单位的生产安全事故应急救援预案。

⑥及时、如实报告生产安全事故。

2）生产经营单位其他负责人。在各自职责范围内，协助主要负责人搞好安全生产工作。

3）生产经营单位职能管理机构负责人及其工作人员。负责人按照本机构的职责，组织有关工作人员落实安全生产责任制，对属本机构职责范围的安全生产工作负责；工作人员在本人职责范围内做好有关安全生产工作。

4）班组长。贯彻执行本单位对安全生产的规定和要求，督促本班组的工人遵守有关规章制度和安全操作规程，不违章指挥，不违章作业，遵守劳动纪律。

5）岗位工人。接受安全生产教育和培训，遵守有关安全生产规章和安全操作规程，不违章作业，遵守劳动纪律。特种作业人员必须接受专门的培训，经考试合格取得资格证书，方可上岗作业。

8.2.2　生产经营单位安全生产管理机构和管理人员的设置要求

危险性较大的矿山开采、建筑施工和危险物品的生产、经营、储存活动的生产经营单位：必须设置安全生产管理机构或者配备专职安全生产管理人员（是否设置机构或者配备多少专职管理人员，根据危险性和规模的大小等因素确定）。

其他生产经营单位：从业人员超过 300 人的，必须设置机构或者配备专职管理人员（是设置机构，还是配备专职管理人员，根据危险性和规模的大小等因素确定）；从业人员在 300 人以下的，可不设置机构，但必须配备专职或者兼职的管理人员，或者委托具有国家规定的相关专业技术资格的工程技术人员提供安全生产管理服务（但保证安全生产的责任仍由本单位负责）。

具体见表 8—1。

表 8—1　　生产经营单位安全生产管理机构和管理人员的设置要求

可选机构设置要求 / 生产经营单位特点		设置安全生产管理机构	配备专职安全生产管理人员	配备兼职的安全生产管理人员	委托具有国家规定的相关专业技术资格的工程技术人员提供安全生产管理服务
危险性较大的矿山开采、建筑施工和危险物品的生产、经营、储存活动的生产经营单位		√	√		
其他生产经营单位	从业人员超过 300 人	√	√		
	从业人员在 300 人以下		√	√	√

8.2.3　安全生产投入

（1）对安全生产投入的基本要求

生产经营单位必须安排适当的资金，用于改善安全设施，更新安全技术装备、器材、仪器、仪表以及其他安全生产投入，以保证生产经营单位达到法律、法规、标准规定的安全生产条件，并对由于安全生产所必需的资金投入不足导致的后果承担责任。

安全生产投入资金具体由谁来保证，应根据企业的性质而定。一般说来，股份制企业、合资企业等安全生产投入资金由董事会予以保证；一般国有企业由厂长或者经理予以保证；个体工商户等个体经济组织由投资人予以保证。上述保证人承担由于安全生产所必需的资金投入不足而导致事故后果的法律责任。

（2）安全技术措施计划的含义及编制原则

生产经营单位为了保证安全资金的有效投入，应编制安全技术措施计划。该计划的核心是安全技术措施。

安全技术按照行业分可分为矿山安全技术、煤矿安全技术、石油化工安全技术、冶金安全技术、建筑安全技术、水利水电安全技术、旅游安全技术等。

安全技术按照危险、有害因素的类别可分为防火防爆安全技术、锅炉与压力容器安全技术、起重与机械安全技术、电气安全技术等。

安全技术按照导致事故的原因可分为防止事故发生的安全技术和减少事故损失的安全技术等。

编制安全技术措施计划的基本原则:

1）必要性和可行性原则。

2）自力更生与勤俭节约的原则。

3）轻重缓急与统筹安排的原则。

4）领导和群众相结合的原则。

(3) 编制安全技术措施计划的方法

1）编制时间。年度安全技术措施计划应与同年度的生产、技术、财务、供销等计划同时编制。

2）计划内容。

①单位和工作场所。

②措施名称。

③措施内容与目的。

④经费预算及来源。

⑤负责设计、施工单位及负责人。

⑥措施使用方法及预期效果。

3）编制计划的布置。企业领导应根据本单位具体情况向下属单位或职能部门提出具体要求，布置编制工作。

4）计划项目的确定与编制。下属单位确定本单位的安全技术措施计划项目，并编制具体的计划和方案，经群众讨论后，送上级安全部门审查。

5）计划的审批。安全部门对上报计划进行审查、平衡、汇总后，再由安全、技术、计划部门联合会审，并确定计划项目，明确设计施工部门、负责人、完成期限，成文后报总工程师审批。

6）计划的下达。厂长根据总工程师的意见，召集有关部门和下属单位负责人审查核定计划。根据审查、核定结果，与生产计划同时下达到有关部门贯彻执行。

8.2.4 安全生产教育培训

(1) 生产经营单位安全生产教育培训的要求

《安全生产法》第 20 条，第 21 条，第 22 条，第 23 条，第 36 条，第 50 条对安全生产教育培训提出了要求，国家安全生产监督管理局通过若干文件对安全生产教育培训也做出了一些具体规定。总的要求是通过教育培训，提高生产经营单位管理者和普通员工的安全生产责任感，普及安全生产有关法规知识和安全生产技术知识，提高安全操作技能和避险能力，为安全生产提供人员方面的保障。

(2) 生产经营单位安全生产教育培训的对象和内容

1）几种人员教育培训的要求、内容和时间（见表 8—2)。

表 8—2　　几种人员教育培训的要求、内容和时间

对象	要求	内容	时间（学时）	
			高危单位	其他单位
主要负责人	1. 高危单位：必须进行安全资格培训，经安全生产监督管理部门或法律法规规定的有关主管部门考核合格并取得安全资格证书后方可任职 2. 其他单位：必须按照国家有关规定进行安全生产培训 3. 所有单位：每年应进行安全生产再培训	1. 国家有关安全生产的方针、政策、法律和法规及有关行业的规章、规程、规范和标准 2. 安全生产管理的基本知识、方法与安全生产技术，有关行业安全生产管理专业知识 3. 重大事故防范、应急救援措施及调查处理方法，重大危险源管理与应急救援预案编制原则 4. 国内外先进的安全生产管理经验 5. 典型事故案例分析	≥48 每年再培训≥16	≥24 每年再培训≥8
安全生产管理人员	1. 高危单位：必须进行安全资格培训，经安全生产监督管理部门或法律法规规定的有关主管部门考核合格并取得安全资格证书后方可任职 2. 其他单位：必须按照国家有关规定进行安全生产培训 3. 所有单位：每年应进行安全生产再培训	与上面内容比较： •1，4，5 相同 •2，3 的深度加大： 安全生产管理知识、安全生产技术、劳动卫生知识和安全文化知识、有关行业安全生产管理专业知识 重大危险源管理与应急救援预案编制 •不同的是： 工伤保险的政策、法律、法规 伤亡事故和职业病统计、报告及调查处理方法 事故现场勘验技术，以及应急处理措施 •再培训的内容： 新知识、新技术和新本领，含法规、管理经验、典型事故案例	≥48 每年再培训≥16	≥24 每年再培训≥8
新从业人员	进行厂、车间、班组三级安全生产教育培训	厂级： 安全生产基本知识，本单位安全生产规章制度，劳动纪律，作业场所和工作岗位存在的危险因素、防范措施及事故应急措施，有关事故案例等 车间级： 除厂级的内容外，还有本车间安全生产特点和规章制度 班组级： 岗位安全操作规程，生产设备、安全装置、劳动防护用品用具的正确使用方法	≥48	≥24

注：表中“高危单位”是指危险物品的生产、经营、储存单位以及矿山、建筑施工单位。

2）特种作业人员及其安全生产教育。

①特种作业和特种作业人员。特种作业是指在劳动过程中容易发生伤亡事故，对操作者本人，尤其对他人和周围设施的安全有重大危害的作业。从事特种作业的人员称为特种作业人员。

②特种作业的范围。电工作业，金属焊接、切割作业，起重机械（含电梯）作业，企业

内机动车辆驾驶，登高架设作业，锅炉作业（含水质化验），压力容器作业，制冷作业，爆破作业，矿山通风作业，矿山排水作业，矿山安全检查作业，矿山提升运输作业，采掘（剥）作业，矿山救护作业，危险物品作业，经国家有关部门批准的其他作业。

③对特种作业人员的要求。

a. 培训和取证。上岗作业前，必须进行专门的安全技术和操作技能的培训教育，获得证书后方可上岗（特种作业人员的培训推行全国统一培训大纲、统一考核教材、统一证件的制度）。

b. 安全技术考核。安全技术考核包括安全技术理论考试与实际操作技能考核两部分，以实际操作技能考核为主。对离开特种作业岗位达 6 个月以上者，应当重新进行实际操作考核，经确认合格后方可上岗作业。

c. 复审。取得特种作业人员操作证者，每 2 年进行 1 次复审。连续从事本工种 10 年以上的，经用人单位进行知识更新教育后，每 4 年复审 1 次。未按期复审或复审不合格者，其操作证自行失效（复审的内容包括健康检查、违章记录、安全新知识和事故案例教育、本工种安全知识考试等）。

d. 其他。从业人员调整工作岗位或离岗 1 年以上重新上岗时，应进行相应的车间（工段、区、队）级安全生产教育培训。单位实施新工艺、新技术或使用新设备、新材料时应对从业人员进行有针对性的安全生产教育培训。

(3) 生产经营单位安全生产教育培训的方法和形式

安全生产教育培训方法与一般教学方法一样，多种多样，各有特点。在实际应用中，要根据培训内容和培训对象灵活选择。安全教育可采用讲授法、实际操作演练法、案例研讨法、读书指导法、宣传娱乐法等。

安全生产教育培训的形式有：每天的班前会、班后会上说明安全注意事项，安全活动日，安全生产会议，各类安全生产业务培训班，事故现场会，张贴安全生产招贴画、宣传标语及标志，安全文化知识竞赛等。

8.2.5 建设项目“三同时”

(1) 建设项目“三同时”的法律依据

《安全生产法》规定：生产经营单位新建、改建、扩建工程项目的安全设施，必须与主体工程同时设计、同时施工、同时投入生产和使用，安全设施投资应当纳入建设项目概算。《职业病防治法》也有类似的规定，称之为“职业病防护设施”。《劳动法》亦然，称之为“劳动安全卫生设施”。《建设项目（工程）劳动安全卫生监察规定》是目前从事“三同时”监察工作最为明确、具体的法规。与其配套的规章是《建设项目（工程）劳动安全卫生预评价管理办法》和《建设项目（工程）劳动安全卫生预评价单位资格认可与管理规则》。

(2) 建设项目“三同时”的定义和内容

1）“三同时”的定义。建设项目“三同时”是指生产性基本建设项目中的劳动安全卫生设施必须符合国家规定的标准，必须与主体工程同时设计、同时施工、同时投入生产和使用，以确保建设项目竣工投产后，符合国家规定的劳动安全卫生标准，保障劳动者在生产过程中的安全与健康。对安全生产来说，“三同时”是一种事前保障措施，是一种本质安全措施。

2）“三同时”针对的建设项目。“三同时”的要求是针对我国境内的新建、改建、扩建的基本建设项目、技术改造项目和引进的建设项目，它包括在我国境内建设的中外合资、中外合作和外商独资的建设项目。

3）“三同时”的内容和要求。

①可行性研究阶段。建设单位在建设项目可行性研究阶段，应做到：进行劳动安全卫生论证，并将其作为专门章节编入建设项目可行性研究报告；将劳动安全卫生设施所需投资纳入投资计划；实施建设项目劳动安全卫生预评价。

对符合下列情况之一的，由建设单位自主选择并委托本建设项目设计单位以外的、有劳动安全卫生预评价资格的单位进行劳动安全卫生预评价：

a. 大中型或限额以上的建设项目。

b. 火灾危险性生产类别为甲类的建设项目。

c. 爆炸危险场所等级为特别危险场所和高度危险场所的建设项目。

d. 大量生产或使用Ⅰ级、Ⅱ级危害程度的职业性接触毒物的建设项目。

e. 大量生产或使用石棉粉料或含有10%以上游离二氧化硅粉料的建设项目。

f. 安全生产监督管理机构确认的其他危险、危害因素大的建设项目。

预评价工作完成后，由建设单位将预评价报告报送安全生产监督管理机构。

预评价工作应在建设项目初步设计会审前完成并通过安全生产监督管理机构的审批。

②初步设计阶段。设计单位在编制初步设计文件时，应严格遵守我国有关劳动安全卫生的法规、标准，同时编制《劳动安全卫生专篇》，并应依据劳动安全卫生预评价报告及安全生产监督管理机构的批复，完善初步设计。

建设单位在初步设计会审前，应向安全生产监督管理机构报送建设项目劳动安全卫生预评价报告和初步设计文件及图纸资料。安全生产监督管理机构根据国家有关法规和标准，审查并批复初步设计文件中的《劳动安全卫生专篇》。审查同意后，及时办理《建设项目劳动安全卫生初步设计审批表》。

③施工阶段。建设单位对承担施工任务的单位提出落实“三同时”规定的具体要求，并负责提供必需的资料和条件。施工单位应严格按照施工图纸和设计要求，确实做到劳动安全卫生设施与主体工程同时施工，并对建设项目的劳动安全卫生设施的工程质量负责。

④试生产阶段。建设单位在试生产设备调试阶段，应同时对劳动安全卫生设施进行调试和考核，并对其效果做出评价；组织进行劳动安全卫生培训教育，制定完整的劳动安全卫生方面的规章制度及事故预防和应急处理预案。

建设单位在试生产运行正常后、建设项目预验收前，委托安全生产监督管理机构认可的单位进行劳动条件检测和有关设备的安全卫生检测、检验，并将结果数据、存在的问题以及采取的措施写入劳动安全卫生验收专题报告，报送安全生产监督管理机构审批。

⑤竣工验收阶段。安全生产监督管理机构根据建设单位报送的建设项目劳动安全卫生验收专题报告，对建设项目竣工进行劳动安全卫生验收。

凡符合需要进行预评价的建设项目，在正式验收前应进行劳动安全卫生预验收或专项审查验收。对预验收中提出的劳动安全卫生方面的改进意见应按期整改。

建设项目劳动安全卫生设施和技术措施经安全生产监督管理机构验收通过后，应及时办理《建设项目劳动安全卫生验收审批表》。建设项目劳动安全卫生验收专题报告的主要内容包括：

a. 初步设计中的劳动安全卫生设施已按设计要求与主体工程同时建成、投入使用的情况。

b. 建设项目中特种设备已经由具有法定资格的单位检验合格，取得安全使用证（或检验合格证书）的情况。

c. 工作环境、劳动条件经测试符合国家有关规定的情况。

d. 建设项目中劳动安全卫生设施经现场检查符合国家有关劳动安全卫生标准的情况。

e. 设立了安全卫生管理机构，配备了必要的检测仪器、设备，建立、健全了劳动安全卫生规章制度和安全操作规程，组织进行了劳动安全卫生培训教育，特种作业人员已经接受培训、考核，取得安全操作证的情况，制定了事故预防和应急处理预案情况。

⑥投产使用。劳动安全卫生设施进行安全验收后，必须与主体工程同时投入生产和使用，不得随意闲置或拆除。

8.2.6 安全生产检查

(1) 安全生产检查的类型

1）定期安全检查。

2）经常性安全检查。

3）季节性及节假日前安全检查。

4）专业（项）安全检查。

5）综合性安全检查。

6）不定期的职工代表巡视安全检查。

(2) 安全生产检查的对象及内容

安全生产检查对象的确定应本着突出重点的原则，对于危险性大、易发事故、事故危害大的生产系统、部位、装置、设备等应加强检查。一般应重点检查：易造成重大损失的易燃易爆危险物品、剧毒品、锅炉、压力容器、起重设备、运输设备、冶炼设备、电气设备、冲压机械、高处作业和本企业易发生工伤、火灾、爆炸等事故的设备、工种、场所及其作业人员；造成职业中毒或职业病的尘毒点及其作业人员；直接管理重要危险点和有害点的部门及其负责人。

安全生产检查的内容包括软件系统和硬件系统，具体主要是查思想、查管理、查隐患、查整改、查事故处理。

目前，对非矿山企业，国家有关规定要求强制性检查的项目有：锅炉、压力容器、压力管道、高压医用氧舱、起重机、电梯、自动扶梯、施工升降机、简易升降机、防爆电器、厂内机动车辆、客运索道、游艺机及游乐设施等；作业场所的粉尘、噪声、振动、辐射、高温低温、有毒物质的浓度等。

对矿山企业要求强制性检查的项目有：矿井风量、风质、风速及井下温度、湿度、噪声；瓦斯、粉尘；矿山放射性物质及其他有毒有害物质；露天矿山边坡；尾矿坝；提升、运输、装载、通风、排水、瓦斯抽放、压缩空气和起重设备；各防爆电器、电器安全保护装置；矿灯、钢丝绳等；瓦斯、粉尘及其他有毒有害物质检测仪器、仪表；自救器；救护设备；安全帽；防尘口罩或面罩；防护服、防护鞋；防噪声耳塞、耳罩。

(3) 安全生产检查方法及工作程序

1）检查方法。

①常规检查。常规检查是常见的一种检查方法。该方法通常是由安全管理人员作为检查工作的主体，到作业场所的现场，通过感观或辅助一定的简单工具、仪表等，对作业人员的行为、作业场所的环境条件、生产设备设施等进行的定性检查。安全检查人员通过这一手段，及时发现现场存在的不安全隐患并采取措施予以消除，纠正施工人员的不安全行为。

常规检查完全依靠安全检查人员的经验和能力，检查的结果直接受安全检查人员个人素质的影响。因此，对安全检查人员个人素质的要求较高。

②安全检查表法。安全检查表（SCL）是事先把系统加以剖析，列出各层次的不安全因素，确定检查项目，并把检查项目按系统的组成顺序编制成表，以便进行检查或评审。安全检查表是进行安全检查，发现和查明各种危险和隐患，监督各项安全规章制度的实施，及时发现事故隐患并制止违章行为的一个有力工具。

安全检查表应列举需查明的所有可能会导致事故的不安全因素。每一个检查表均需注明检查时间、检查者、直接负责人等，以便分清责任。安全检查表的设计应做到系统、全面，检查项目应明确。

③仪器检查法。机器、设备内部的缺陷及作业环境条件的真实信息或定量数据，只能通过仪器检查法来进行定量化的检验与测量，才能发现安全隐患，从而为后续整改提供信息。因此，必要时需要实施仪器检查。由于被检查的对象不同，检查所用的仪器和手段也不同。

2）工作程序。

①安全检查准备。

a. 确定检查对象、目的、任务。

b. 查阅、掌握有关法规、标准、规程的要求。

c. 了解检查对象的工艺流程、生产情况、危险因素。

d. 制订检查计划，安排检查内容、方法、步骤。

e. 编写安全检查表或检查提纲。

f. 准备必要的检测工具、仪器、记录表格或记录本。

g. 挑选和训练检查人员，并进行必要的分工等。

②实施安全检查。

a. 访谈。

b. 查阅文件和记录。

c. 现场观察。

d. 仪器测量。

③通过分析做出判断。依据获得的信息和数据，进行分析，做出判断，找出主要问题，即物、人、环境、管理几方面的不安全因素。必要时可以通过仪器进行检验。

④做出处理决定。针对存在的问题，确定需采取的纠正和预防措施。

⑤对整改情况进行验证。对复查整改落实情况进行复查、验证，以实现安全检查工作的闭环。

8.2.7　劳动防护用品管理

(1) 劳动防护用品的分类

1）从劳动卫生学角度，通常按防护部位分类：

①头部防护用品，如安全帽、防电磁辐射帽等。

②呼吸器官防护用品，如防尘口罩（面具)、防毒口罩（面具）等。

③眼面部防护用品，如焊接护目镜和面罩、防冲击眼护具等。

④听觉器官防护用品，如耳塞、防噪声头盔等。

⑤手部防护用品，如防酸碱手套、绝缘手套等。

⑥足部防护用品，如防砸鞋、电绝缘鞋、防震鞋等。

⑦躯干防护用品，如阻燃服、耐酸碱服等。

⑧护肤用品，如防腐、防射线的护肤品等。

⑨防坠落用品，如安全带、安全网等。

2）劳动防护用品按照用途分类：

①防止伤亡事故。如防坠落用品、防冲击用品、防触电用品、防机械外伤用品、防酸碱用品、耐油用品、防水用品、防寒用品等。

②预防职业病。如防尘用品、防毒用品、防放射性用品、防热辐射用品、防噪声用品等。

(2) 劳动防护用品的选用原则及发放要求

1）选用原则。

①根据国家标准、行业标准或地方标准选用。

②根据生产作业环境、劳动强度以及生产岗位接触有害因素的存在形式、性质、浓度（或强度）和防护用品的防护性能进行选用。

③穿戴要舒适方便，不影响工作。

2）对用人单位发放的要求。

①根据工作场所中的职业危害因素及其危害程度，按国家经贸委 2000 年颁布的《劳动防护用品配备标准（试行)》中规定的国家工种分类目录中的典型工种的劳动防护用品配备标准，为从业人员免费提供符合国家规定的护品。不得以货币或其他物品替代应当配备的护品。

②到定点经营单位或生产企业购买特种劳动防护用品。护品必须具有“三证”，即生产许可证、产品合格证和安全鉴定证。购买的护品须经本单位安全管理部门验收。按照护品的使用要求，在使用前对其防护功能进行必要的检查。

③教育从业人员，按照护品的使用规则和防护要求，做到“三会”：会检查护品的可靠性；会正确使用护品；会正确维护保养护品，并进行监督检查。

④按照产品说明书的要求，及时更换、报废过期和失效的护品。

⑤建立健全护品的购买、验收、保管、发放、使用、更换、报废等管理制度和使用档

案，并切实贯彻执行和进行必要的监督检查。

(3) 劳动防护用品的正确使用方法

1）使用前首先做外观检查，以认定用品对有害因素防护效能的程度，外观有无缺陷或损坏，各部件组装是否严密，启动是否灵活等。

2）严格按照使用说明书正确使用劳动防护用品。

3）在性能范围内使用防护用品，不得超极限使用；不得使用未经国家指定、未经监测部门认可或经检测达不到标准要求的产品；不能随便代替，更不能以次充好。

8.3 安全生产监督监察

8.3.1 安全生产监督

(1) 安全生产监督管理体制

1）安全生产监督体制：

①县级以上地方各级人民政府的监督管理。

②负有安全生产监督管理职责的部门的监督管理。

③监察机关的监督。

④安全生产社会中介机构监督。

⑤基层群众性自治组织监督。

⑥新闻媒体的监督。

⑦社会公众的监督。

2）安全生产监督监察的基本特征：

①权威性。

②强制性。

③普遍约束性。

3）我国安全生产监督管理的基本原则：

①坚持“有法必依、执法必严、违法必究”的原则。

②坚持以事实为依据，以法律为准绳的原则。

③坚持预防为主的原则。

④坚持行为监察与技术监察相结合的原则。

⑤坚持监察与服务相结合的原则。

⑥坚持教育与惩罚相结合的原则。

(2) 安全生产监督管理人员的职责

1）宣传安全生产法律、法规和国家有关方针和政策。

2）监督检查生产经营单位执行安全生产法律、法规的情况。

3）在履行监督管理职责时，发现违法行为，有权制止或责令改正、责令限期改正、责令停产停业整顿、责令停产停业、责令停止建设。

4）对存在重大事故隐患、职业危害严重的生产经营单位，及时提出整改意见，并向有关部门报告。

5）参加事故应急救援和调查处理。

6）法律、法规规定的其他职责。

总之，安全生产监督管理人员应忠于职守，坚持原则，秉公执法。

(3) 安全生产（包括作业场所职业卫生）监察的程序、方式与内容

1）安全生产监察程序。安全生产监察是为了督促用人单位按照安全生产法规和有关规定从事生产经营活动。安全生产监察程序是指监督检查活动的步骤和顺序，一般包括：

①监察准备。

②调查用人单位执行安全生产法律、法规及标准的情况。

③调查作业现场。

④提出意见或建议。

⑤发出安全生产监察指令书或安全生产处罚决定书。

2）安全生产监察的方式及其内容。安全生产监察的方式有一般监察和专门监察，每种监察中都包括行为监察和技术监察。

①一般监察。

a. 对企业日常生产活动常规的全面监察。

a）不定期地组织监察执法活动。

b）按照安全生产检查考核标准进行系统的检查和评定。

c）根据举报进行监察活动。

b. 基本内容。

a）安全管理。是否建立、健全以安全生产责任制为核心的各项安全管理制度，并能贯彻执行；是否按照有关法律、法规、标准的规定要求，做好特种作业人员安全管理、特种设备安全管理、危险化学品安全管理、重大危险源监控等。

b）安全技术。生产工艺、工作场所和机械设备、建筑设施、易燃易爆危险场所等是否符合安全生产法律、法规和标准。

c）安全教育培训。是否按照有关法律、法规、标准的规定要求，对单位各类人员进行安全教育培训；单位主要负责人、安全管理人员、特种作业人员持证上岗；其他从业人员按规定培训合格后上岗。

d）隐患治理。是否按照有关法律、法规、标准的规定要求，对各类事故隐患进行动态管理，做到“及时发现、及时治理”，落实“预防为主”的方针。

e）伤亡事故管理。是否按照有关法律、法规、标准的规定要求，做好事故的报告、登记，事故调查、处理，事故统计、分析，事故的预测和防范，以及事故应急救援预案等。

f）职业危害管理。职业危害与职业病，毒物危害，粉尘危害，噪声危害，振动危害，非电离辐射危害；体力劳动强度、高温和低温作业、冷水作业等。

②专门监察。

a. 对生产性建设项目的“三同时”监察：建设单位是否按照有关法律、法规、标准的规定要求，做到“三同时”，特别是矿山和涉及危险化学品的建设项目，是否进行安全条件论证和安全评价、安全设施设计审查和竣工验收。设计单位、审查单位和施工单位是否对

“三同时”各负其责。

b. 对劳动防护用品的监察：是否按照有关法律、法规、标准的规定要求，为从业人员配备合格的劳动防护用品，并教育、督促其正确佩戴、使用。

c. 对特种作业人员的监察：是否按照有关法律、法规、标准的规定要求，保证特种作业人员持证上岗，并杜绝违章操作。

d. 对女职工和未成年工特殊保护的监察：是否按照有关法律、法规、标准的规定要求，对女职工和未成年工实施特殊保护。

e. 对严重有害作业场所的监察：是否按照有关法律、法规、标准的规定要求，进行有毒有害作业场所的检测、分级、建档，并将分级结果上报行政主管部门；同时根据单位实际情况，进行有毒有害作业场所的治理。

③行为监察。行为监察的内容主要包括监督检查用人单位安全生产的组织管理、规章制度建设、职工教育培训、各级安全生产责任制的实施等工作。其目的和作用在于提高用人单位各级管理人员和普通职工的安全意识，落实安全措施，对违章操作、违反劳动纪律的不安全行为，严肃纠正和处理。

④技术监察。技术监察是对物质条件的监督检查，包括对新建、扩建、改建和技术改造工程项目的“三同时”监察；对用人单位现有防护措施与设施完好率、使用率的监察；对个人防护用品的质量、配备与作用的监察；对危险性较大的设备、危害性较严重的作业场所和特殊工种作业的监察等。其特点是专业性强、技术要求高。技术监察多从设备的本质安全入手。

8.3.2 煤矿安全生产监察

(1) 煤矿安全生产监察体制

煤矿安全监察实行垂直管理、分级监察的管理体制。煤矿安全监察机关是负责煤矿安全监察工作的行政执法机构，依法对地方各级人民政府和煤矿履行国家监察职责。

1）煤矿安全监察体制的特点。

①加强执法监督，由国家对煤矿安全实行监察。

②实行政企分开，按精简、统一、效能原则，改革现行煤矿安全监察体制。

③把安全管理和安全监察分开，实行垂直管理。

2）煤矿安全监察体制的机构设置。国家安全生产监督管理总局下设国家煤矿安全监察局，是负责煤矿安全监察的行政机构，承担煤矿安全监察职能。国家煤矿安全监察局下设25个省级（自治区、直辖市）煤矿安全监察局和两个安全监察分局。设在地方的煤矿安全监察局由国家安全生产监督管理总局领导，国家煤矿安全监察局负责业务管理。

省级（自治区、直辖市）煤矿安全监察局可在大中型矿区设立安全监察分局，作为其派出机构。

3）国家煤矿安全监察局的主要职责。

①研究煤矿安全生产工作的方针、政策，参与起草有关煤矿安全生产的法律、法规，拟定煤矿安全生产规章、规程和安全标准，提出煤矿安全生产规划和目标。

②按照国家监察、地方监管、企业负责的原则，依法行使国家煤矿安全监察职权。依法

监察煤矿企业贯彻执行安全生产法律、法规情况及其安全生产条件、设备设施安全和作业场所职业卫生情况，负责职业卫生安全许可证的颁发管理工作；对煤矿安全实施重点监察、专项监察和定期监察，对煤矿违法违规行为依法做出现场处理或实施行政处罚。

③组织或参与煤矿重大、特大和特别重大事故调查处理，负责全国煤矿事故与职业危害的统计分析，发布全国煤矿安全生产信息。

④指导煤矿安全生产科研工作，组织对煤矿使用的设备、材料、仪器仪表的安全监察工作。

⑤负责煤矿安全生产许可证的颁发管理和矿长安全资格、煤矿特种作业人员（含煤矿矿井使用的特种设备作业人员）的培训发证工作。

⑥组织煤矿建设工程安全设施的设计审查和竣工验收，对不符合安全生产标准的煤矿企业进行查处。

⑦检查指导地方煤矿安全监督管理工作，对地方煤矿贯彻落实煤矿安全生产法律法规、标准，关闭不具备安全生产条件矿井，煤矿安全监督检查执法，煤矿安全生产专项整治、事故隐患整改及复查，煤矿事故责任人的责任追究落实等情况进行监督检查，并向有关地方人民政府及其有关部门提出意见和建议。

⑧组织、指导和协调煤矿应急救援工作。

⑨承办国务院、国务院安全生产委员会及国家安全生产监督管理总局交办的其他事项。

(2) 煤矿安全生产监察人员的职责

煤矿安全监察员是国家公务员，履行国家煤矿安全监察职责，具有明确的法律地位，受法律保护和约束。每个煤矿安全监察员都必须符合《煤矿安全监察条例》规定的条件，按法定程序并经考核考试录用。煤矿安全监察员必须公道、正派，熟悉煤矿安全法律、法规和规章，具有相应的专业知识和相关的工作经验，并且赋予其相应职责和权力。

煤矿安全监察员应履行以下职责：

1）监督检查地方人民政府有关部门与煤矿企业贯彻实施煤矿安全生产的方针、政策和法律、法规、规章、规程的情况。

2）参加有关安全会议，查阅有关资料，随时进入煤矿企业作业场所对煤矿企业安全管理工作进行监察。

3）参与煤矿建设工程安全设施的设计审查和工程竣工验收。

4）监督检查煤矿建设工程安全设施施工的情况。

5）检查煤矿企业管理人员、特种作业人员和矿山救护队员培训和资格认证的情况。

6）监督检查煤矿企业落实安全生产责任制的情况。

7）监督检查煤矿设备的安全认证和运行情况。

8）对不具备安全生产条件、存在隐患的煤矿企业下达整改通知书，责令限期整改。

9）发现危及职工生命安全的紧急情况时，可决定采取临时处置措施，或根据具体情况下达停产通知书，责令停止作业，撤除人员，事后报告煤矿安全监察机关。

10）对事关煤矿安全的违法行为，依照有关规定做出行政处罚或提出处罚意见，对有关责任人员提出处理建议。

11）监督检查煤矿企业安全技术措施专项费用提取和使用的情况。

12）监督检查煤矿企业职工劳动保护、职业病防治的情况。

13）依照有关规定参加煤矿企业伤亡事故的抢救和调查处理，提出事故处理建议。

14）受理对煤矿安全违法行为的举报。

15）依法实施行政处罚。

16）完成煤矿安全监察机关交办的其他事项。

（3）煤矿安全生产监察的方式与内容

1）煤矿安全生产监察的方式：

①一般监察。即在日常情况下进行的监察工作，这种监察具有随机性，也称常规监察。

②重点监察。即对重点事项的监察，如安全生产许可证、安全管理机构设置、安全管理人员安全资格等。

③专项监察。即针对某一时期煤矿安全工作重点（如瓦斯治理、停产整顿等）进行监察。

④定期监察。即针对某些事故多发期进行监察，如年初、年底、春节后、停产矿井恢复生产等。

2）煤矿安全生产监察的内容：

①是否建立、健全安全生产责任制。

②主要负责人是否向职工代表大会或职工大会报告安全工作，发挥职工群众的监督作用。

③是否设置安全管理机构，配备专业安全管理人员。

④是否对各类职工进行安全教育培训。

⑤职工是否存在违章指挥、违章操作、违反劳动纪律的行为。

⑥生产性建设项目是否做到“三同时”。

⑦企业生产发展规划和年度计划是否包括下列隐患的预防措施：瓦斯爆炸、煤尘爆炸、煤与瓦斯突出，冒顶、片帮、冲击地压、边坡滑落和地表塌陷，地面和井下火灾与水害，爆破器材和爆破作业事故与危害，粉尘、有毒有害气体、放射性物质和其他有害物质的危害，其他危害。

⑧是否具有保障安全生产的图纸、资料，是否设置安全标志、井下避险路线等。

⑨是否提取和使用安全保障基金和安全技术措施专项费用。

⑩是否具备防治瓦斯、煤尘、火灾、水害、顶板事故的技术手段和装备，其抗灾能力与矿井灾害程度相适应。

⑪所使用的有特殊安全要求的设备、器材、防护用品和安全检测仪器，是否符合有关标准，并通过安全认证。

⑫是否在依法批准的开采范围内进行采矿作业。

⑬在建筑物下、铁路下或者水体下开采煤炭，是否制定安全措施，并报煤矿安全监察部门备案。

⑭在停工或者恢复采煤作业时，是否采取安全措施。

⑮是否录用未成年人从事煤矿工作，是否分配女职工从事井下劳动。

⑯是否按照规定要求向职工发放劳动防护用品，是否对从事有职业危害作业的职工进行

健康检查。

⑰是否为职工办理工伤保险，是否为煤矿井下作业人员办理意外伤害保险。

⑱是否建立救护和医疗急救组织，配备必要的装备、器材和药品。

8.3.3　特种设备安全监察

特种设备是指涉及生命安全、危险较大的锅炉、压力容器（含气瓶，下同）、压力管道、电梯、起重机械、客运索道、大型游乐设施等。特种设备的安全使用，事关人民群众的财产安全，事关社会稳定的大局。

我国对特种设备实行安全监察制度，它具有强制性、体系性及责任追究性的特点，主要包括特种设备安全监察管理体制、行政许可、监督检查、事故处理和责任追究等内容。

2003年2月19日，《特种设备安全监察条例》颁布。它是一部全面规范锅炉、压力容器、压力管道、电梯、客运索道、大型游乐设施、起重机械等特种设备的生产（含设计、制造、安装、改造、维修）、使用、检验检测及其安全监察的专门法规，是我国特种设备安全监察制度的法律保障，为特种设备安全监察工作的法制化、科学化奠定了基础。

(1) 特种设备安全监察体制

1）特种设备的安全监督管理体制和安全监察机构。目前，我国安全生产监督管理实行的是综合监督管理与专项安全监察相结合的工作体制。国家对特种设备实行专项安全监察体制。国务院、省（自治区、直辖市）、市（地）以及经济发达县的质检部门设立特种设备安全监察机构。

《特种设备安全监察条例》所称特种设备安全监督管理部门，是指国家质量监督检验检疫总局及各级地方质量技术监督局。

国家在特种设备安全监督管理部门内设立锅炉压力容器安全监察局，各省、自治区、直辖市在特种设备安全监督管理部门内设有特种设备安全监察处，各地市设有安全监察科，工业发达的县或县级市设有安全股。各地建立压力容器检验所和特种设备检验所。

2）特种设备安全监察法规体系。特种设备安全监察法规体系是保证特种设备安全运行的法律保障。各级政府特种设备安全监督管理部门要加强监管、依法行政，就必须有完善的法律法规体系给予保证。

目前，我国制定了一系列特种设备安全监察方面的规章和规范性文件，基本形成了“法律—行政法规—部门规章—规范性文件—相关标准及技术规定”5个层次的特种设备安全监察法规体系结构。其中：法律层次主要包括《安全生产法》《劳动法》《产品质量法》和《商品检验法》；行政法规层次主要包括《特种设备安全监察条例》《危险化学品安全管理条例》；部门规章层次主要包括以国家质检总局局长令形式发布的办法、规定、规则；技术规定主要由各类安全监察规程、管理规定、考核细则、检验规则构成，相关标准则是指技术法规中引用的各类标准。

3）特种设备安全监察制度。我国按照设计、制造、安装、使用、检验、修理、改造及进出口等环节，对锅炉、压力容器的安全实施全过程一体化的安全监察。《特种设备安全监察条例》建立了两项特种设备安全监察制度，即特种设备市场准入制度和特种设备安全监督检查制度。其中，特种设备安全监督检查制度是指实施从设计、制造、安全、使用、检验、修理、改造 7 个环节全过程一体化的监督检查。

(2) 特种设备安全监察机构及人员的职责

1）特种设备安全监察机构的职责。根据《特种设备安全监察条例》，特种设备安全监察由政府设立的安全监督管理部门负责。安全监督管理部门代表国家行使政府行政监督职能。国家、省（自治区、直辖市）、市、州、县各级部门中设立特种设备安全监察机构。特种设备安全监察机构履行下列职责：

①积极宣传安全生产的方针、政策和特种设备安全法规，督促有关单位贯彻执行。

②制定或参与审定有关特种设备的安全技术规程、标准。

③对特种设备制造、安装单位进行检查，发现违规行为时，有权通知该单位予以纠正。

④检查特种设备的使用情况，有权制止违章指挥、违章操作的行为。

⑤发现不安全的因素，发出安全监察指令书，要求使用单位解决；逾期不解决，或有发生事故的危险时，有权通知停止该设备的运行。

⑥监督有关单位对特种设备操作人员的培训和考试，核发合格证。

⑦有权制止无证操作特种设备。

⑧有权参加或进行特种设备的事故调查，提出处理意见。

2）特种设备安全监察人员的职责。特种设备安全监察人员是指代表县级以上特种设备安全监督管理部门执行安全监察任务的特种设备安全监察机构的工作人员。特种设备安全监察人员在其获批准的专业监察范围和法定的区域或场所内，履行下列职责：

①积极宣传安全生产的方针、政策和特种设备安全法规，督促有关单位贯彻执行。

②对特种设备的设计、制造、安装、充装、检验、修理、改造、使用、维修保养、化学清洗单位进行监督检查，发现有违反设备安全法律法规行为时，有权通知违规单位予以纠正。

③对特种设备的制造、安装、充装、检验、修理、改造、使用、维修保养、化学清洗活动进行检查，有权制止无资质或违章作业行为，发现安全质量不符合要求的，可以报告监察机构发出安全监察指令书，要求相关单位限期解决；逾期不解决，有权通知停止设备的制造和使用。

④监督有关单位对司炉工、焊工、压力容器操作人员、医用氧舱维护人员、水处理人员、电梯操作人员、起重机械操作人员、客运索道管理人员、充装人员等特种作业人员的培训考核，有权制止非持证人员上岗作业。

⑤制定或参与审定有关特种设备安全技术规程、标准。

⑥参加特种设备事故的调查，提出处理意见。

(3) 特种设备安全监察的方式与内容

1）行政许可制度。我国对特种设备实施市场准入制度和设备准用制度。市场准入制度主要是对从事特种设备的设计、制造、安装、修理、维护保养、改造单位实施资格许可，并对部分产品出厂实施安全性能监督检验。对在用的特种设备通过实施定期检验，注册登记，施行设备准用制度。

2）监督检查制度。监督检查的目的是预防事故的发生，其实现手段：一是通过检验发现特种设备在设计、制造、安装、维修、改造中的影响产品安全性能的质量问题；二是通过分析事故发生的情况和定期检查发现的问题，用行政执法的手段纠正违法违规行为；三是通过广泛宣传，提高全社会的安全意识和法规意识；四是发挥群众监督和舆论监督的作用，加大对各类违法违规行为的查处力度。

3）事故应对措施。特种设备安全监察机构在做好事故预防工作的同时，要将危机处理机制的建立作为安全监察工作的重要内容。危机处理机制应包括事故应急处理预案、组织和物资保证、技术支撑、人员的救援、后勤保障、建立与舆论界可控的互动关系等。

8.4 职业安全健康管理体系

8.4.1 职业安全健康管理体系的运行模式和构成要素

(1) 职业安全健康管理体系的基本运行模式

ILO－OSH 2001 的运行模式为方针、组织、计划与实施、评价、改进措施；

OHSAS 18001 的运行模式为职业安全健康方针、策划、实施与运行、检查与纠正措施、管理评审，如图 8—1 所示。

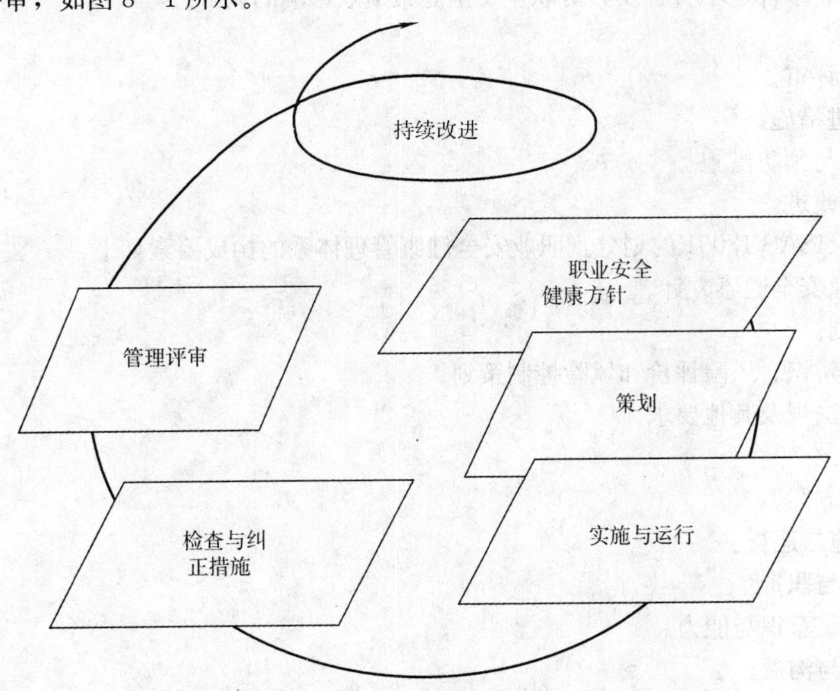

图 8—1 职业健康安全管理体系的基本运行模式

(2) 职业安全健康管理体系的构成要素

依据 ILO－OSH 2001 导则的框架，划分职业安全健康管理体系的构成要素如下：

1）职业安全健康方针。

2）组织。

①机构与职责。

②培训、意识与能力。

③协商与交流。

④文件化。

⑤文件与资料控制。

⑥记录与记录管理。

3）计划与实施。

①初始评审。

a. 危害辨识、风险评价和风险控制策划。

b. 法律法规及其他要求。

②目标。

③管理方案。

④运行控制。

⑤应急预案与响应。

4）检查与评价。

①绩效测量和监测。

②事故、事件、不符合及其对职业安全健康绩效影响的调查。

③审核。

④管理评审。

5）改进措施。

①纠正与预防措施。

②持续改进。

依据 OHSAS 18001 的划分，职业安全健康管理体系的构成要素如下：

1）职业安全健康方针。

2）策划。

①危害辨识、风险评价和风险控制策划。

②法律法规及其他要求。

③目标。

④管理方案。

3）实施与运行。

①结构与职责。

②培训、意识与能力。

③协商与沟通。

④文件。

⑤文件和资料控制。

⑥运行控制。

⑦应急准备与响应。

4）检查和纠正措施。

①绩效测量和监测。

②事故、事件、不符合，纠正与预防措施。

③记录与记录管理。

④审核。

5）管理评审。

8.4.2　职业安全健康管理体系的建立方法与步骤

(1) 职业安全健康管理体系初始评审及体系策划的内容

1）初始评审的内容：

①获取相关的职业安全健康法律、法规和其他要求，对其适用性及需遵守的内容进行确认，并对遵守情况进行调查和评价。

②对现有的或计划的作业活动进行危害辨识和风险评价。

③确定现有措施或计划采取的措施是否能够消除危害或控制风险。

④对所有现行职业安全健康管理的规定、过程和程序等进行检查，并评价其对管理体系要求的有效性和适用性。

⑤分析以往企业安全事故情况以及员工健康监护数据等相关资料，包括人员伤亡、职业病、财产损失的统计、防护记录和趋势分析。

⑥对现行组织机构、资源配备和职责分工等进行评价。

2）体系策划的内容：

①确立职业安全健康方针。

②制定职业安全健康体系目标及其管理方案。

③结合职业安全健康管理体系要求进行职能分配和机构职责分工。

④确定职业安全健康管理体系文件结构和各层次文件清单。

⑤为建立和实施职业安全健康管理体系准备必要的资源。

(2) 职业安全健康管理体系文件的内容和结构

1）体系文件的内容。体系文件描述体系的核心要素及其相互作用，并提供查询相关文件的途径。其主要内容有：

①组织的职业安全健康方针和目标。

②职业安全健康管理的关键岗位与职责。

③主要的职业安全健康风险及其预防和控制措施。

④职业安全健康管理体系框架内的管理方案、程序、作业指导书等。

体系文件要能确保所建立的职业安全健康管理体系在任何情况下（包括各级人员发生变动时）均能得到充分理解和有效运行。

2）体系文件的结构。职业安全健康管理体系文件的结构，多数情况下是采用管理手册、程序文件、作业指导书以及记录的形式。

9 安全事故应急与处理

9.1 事故应急救援

9.1.1 事故应急救援体系

(1) 事故应急救援的基本任务与特点

事故应急救援工作是在预防为主的前提下，贯彻统一指挥、分级负责、区域为主、单位自救和社会救援相结合的原则。这是一项涉及面广、专业性强的工作，单一靠某一个部门是很难完成的，必须把各方面的力量组织起来，形成统一的救援指挥部，在指挥部的统一指挥下，安全、救护、公安、消防、环保、卫生、质检等部门密切配合，协同作战，迅速、有效地组织和实施应急救援，尽可能地避免和减少损失。

1）基本任务。事故应急救援的基本任务包括下述几个方面：

①抢救受害人员。抢救受害人员是事故应急救援的首要任务。事故一旦发生，应立即组织队伍营救受害人员，快速、有序、有效地实施现场急救与安全转送伤员是降低伤亡率，减少事故损失的关键。

②控制危险源。迅速控制危险源是应急救援工作的重要任务。只有及时控制住危险源，特别是对发生在城市或人口稠密地区的化学事故，应尽快组织工程抢险队与事故单位技术人员一起及时控制事故继续扩展。在控制危险源的同时，还应对事故造成的危害进行检验、监测，测定事故的危害区域、危害性质及危害程度。

③指导群众防护，组织群众撤离。由于事故发生具有突然性、扩散迅速、涉及范围广、危害程度大等特点，所以应及时指导和组织群众采取各种措施进行自身防护，并向上风向迅速撤离出危险区或可能受到危害的区域。在撤离过程中，应积极组织群众开展自救和互救工作。

④做好现场清洁，消除危害后果。针对事故对人体、动植物、土壤、水源、空气造成的现实危害和可能的危害，迅速采取封闭、隔离、洗消等措施。对事故外溢的有毒有害物质和可能对人和环境继续造成危害的物质，应及时组织人员予以清除，消除危害后果，防止对人的继续危害和对环境的污染。对危险化学品事故造成的危害进行监测、处置，直至符合国家环境保护标准。

⑤查清事故原因，评估危害程度。事故发生后应及时调查事故的发生原因和性质，评估出事故的危害范围和危险程度，查明人员伤亡情况，做好事故调查。

2）特点。重大事故往往具有发生突然、扩散迅速、危害范围广的特点，因而决定了应急救援行动必须做到迅速、准确和有效。

①迅速。即建立快速应急响应机制，迅速准确地传递事故信息，迅速地召集所需的应急力量和设备、物资等资源，迅速建立统一指挥与协调系统，开展救援活动。

②准确。即有相应的应急决策机制，能基于事故的规模、性质、特点、现场环境等信息，正确预测其发展趋势，准确地对应急救援行动和战术进行决策。

③有效。即应急救援行动的有效性很大程度上取决于应急准备的充分性，包括应急队伍的建设与训练，应急设备和物资的配备与维护，预案落实情况，以及有效的外部增援机制等。

(2) 我国有关法律法规对事故应急救援的要求

对事故应急救援做出规定或提出要求的法律法规有：《中华人民共和国安全生产法》《中华人民共和国职业病防治法》《中华人民共和国消防法》《危险化学品安全管理条例》《使用有毒物品作业场所劳动保护条例》《特种设备安全监察条例》《关于特大安全事故行政责任追究的规定》。主要的规定或要求有：

1）危险化学品单位、有重大危险源的生产经营单位、使用高毒物品作业的用人单位、特种设备使用单位、消防安全重点单位应当制定本单位事故（包括职业病）应急救援预案，配备应急救援人员和必要的应急救援器材和设备，定期组织演练，并告知从业人员和相关人员在紧急情况下应当采取的应急措施；预案报当地有关政府部门备案。生产经营单位的主要负责人具有组织制定并实施本单位的生产安全事故应急救援预案的职责。

2）县级以上地方各级人民政府应当组织有关部门制定本行政区域内特大生产安全事故应急救援预案，建立应急救援体系。

(3) 事故应急救援管理过程

应急管理是一个动态的过程，包括预防、准备、响应和恢复四个阶段。

1）预防。一是通过安全管理和安全技术等手段，尽可能防止事故的发生；二是在假定事故必然发生的前提下，通过预先采取的预防措施，降低或减缓事故的影响或后果严重程度。

2）准备。针对可能发生的事故，为迅速有效地开展应急行动而预先所做的各种准备，包括应急机构的设立和职责的落实，预案的编制，应急队伍的建设，应急设备（施）、物资的准备和维护，预案的演练，与外部应急力量的衔接等，目标是保持重大事故应急救援所需的应急能力。

3）响应。事故发生后立即采取救援行动，包括事故的报警与通报、人员的紧急疏散、急救与医疗、消防和工程抢险措施、信息收集与应急决策和外部求援等，目标是尽可能地抢救受害人员、保护可能受威胁的人群，以及尽可能地控制并消除事故。

4）恢复。事故发生后立即进行恢复工作，使事故影响区域恢复到相对安全的基本状态，然后逐步恢复到正常状态。立即进行的恢复工作包括事故损失评估、原因调查、清理废墟等。短期恢复中应注意避免出现新的紧急情况；长期恢复包括厂区重建和受影响区域的重新规划和 发展。

(4) 事故应急救援体系建立

1）事故应急救援体系的基本构成。一个完整的应急体系应由组织体制、运作机制、法制基础和保障系统 4 部分构成，如图 9—1 所示。

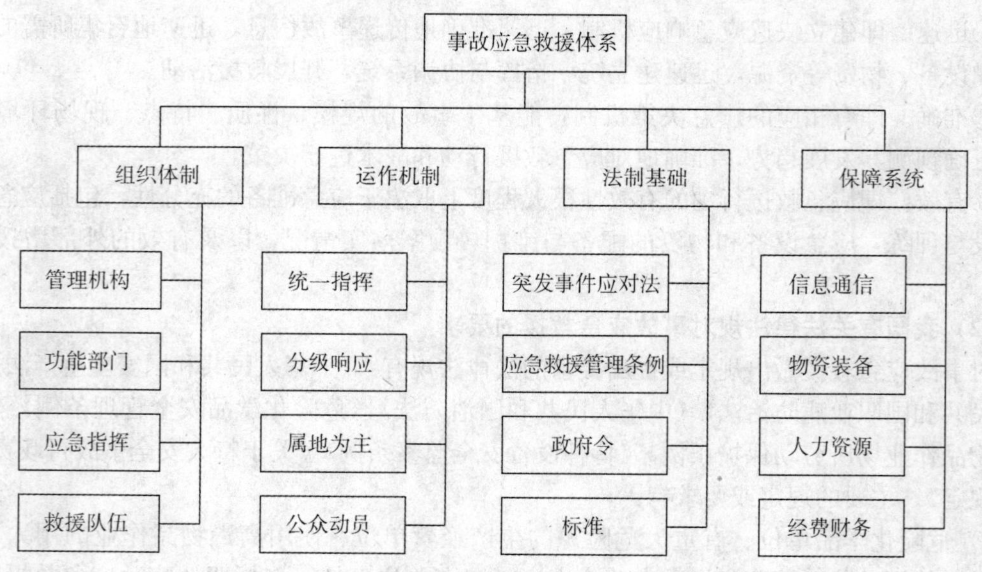

图 9—1　事故应急救援体系基本框架结构

①组织体制。事故应急救援体系组织体制建设中：管理机构是指维持应急日常管理的负责部门；功能部门包括与应急活动有关的各类组织机构，如消防、医疗机构等；应急指挥是在应急预案启动后，负责应急救援活动的场外与场内指挥系统；而救援队伍则由专业和志愿人员组成。

②运作机制。应急救援活动一般划分为应急准备、初级反应、扩大应急和应急恢复 4 个阶段，应急机制与这 4 个阶段的应急活动密切相关。应急运作机制主要由统一指挥、分级响应、属地为主和公众动员这 4 个基本机制组成。

③法制基础。法制建设是应急体系的基础和保障，也是开展各项应急活动的依据。与应急有关的法规可分为 4 个层次：由立法机关通过的法律，如紧急状态法、公民知情权法和紧急动员法等；由政府颁布的规章，如应急救援管理条例等；包括预案在内的以政府令形式颁布的政府法令、规定等；与应急救援活动直接有关的标准或管理办法等。

④保障系统。列于保障系统第一位的是信息与通信系统，构筑集中管理的信息通信平台是应急体系最重要的基础建设。应急信息通信系统要保证所有预警、报警、警报、报告、指挥等活动的信息交流快速、顺畅、准确，以及信息资源共享；物资与装备不但要保证足够，而且还要实现快速、及时供应到位；人力资源保障包括专业队伍的加强、志愿人员以及其他有关人员的培训教育；应急财务保障应建立专项应急科目，如应急基金等，以保障应急管理运行和应急反应中各项活动的开支。

2）事故应急救援体系的响应机制。

重大事故应急救援体系应根据事故的性质、严重程度、事态发展趋势和控制能力实行分级响应机制，对不同的响应级别，相应地明确事故的通报范围、应急中心的启动程度、应急力量的出动和设备、物资的调集规模、疏散的范围、应急总指挥的职位等。典型的响应级别通常可分为 3 级：

①一级紧急情况。必须利用所有有关部门及一切资源的紧急情况，或者需要各个部门同

外部机构联合处理的各种紧急情况，通常要宣布进入紧急状态。在该级别中，做出主要决定的职责通常是紧急事务管理部门。现场指挥部可在现场做出保护生命和财产以及控制事态所必需的各种决定。解决整个紧急事件的决定，应该由紧急事务管理部门负责。

②二级紧急情况。需要两个或更多个部门响应的紧急情况。该事故的救援需要有关部门的协作，并且提供人员、设备或其他资源。该级响应需要成立现场指挥部来统一指挥现场的应急救援行动。

③三级紧急情况。能被一个部门正常可利用的资源处理的紧急情况。正常可利用的资源是指在该部门权力范围内通常可以利用的应急资源，包括人力和物力等。必要时，该部门可以建立一个现场指挥部，所需的后勤支持、人员或其他资源增援由本部门负责解决。

3）事故应急救援体系响应程序。事故应急救援体系响应程序按过程可分为接警与响应级别确定、应急启动、救援行动、事态控制、应急恢复和应急结束等几个环节，如图 9—2 所示。

①接警与响应级别确定。接到事故报警后，按照工作程序，对警情做出判断，初步确定相应的响应级别。如果事故不足以启动应急救援体系的最低响应级别，响应关闭。

②应急启动。应急响应级别确定后，按所确定的响应级别启动应急程序，如通知应急中心有关人员到位、开通信息与通信网络、通知调配救援所需的应急资源、成立现场指挥部等。

③救援行动。有关应急队伍进入事故现场后，迅速开展事故侦测、警戒、疏散、人员救助、工程抢险等有关应急救援工作，专家组为救援决策提供建议和技术支持。当事态超出响应级别无法得到有效控制时，向应急中心请求实施更高级别的应急响应。

④应急恢复。救援行动结束后，进入临时应急恢复阶段。该阶段主要包括现场清理、人员清点和撤离、警戒解除、善后处理和事故调查等。

⑤应急结束。执行应急关闭程序，由事故总指挥宣布应急结束。

4）现场指挥系统的组织结构。重大事故的现场情况往往十分复杂，且汇集了各方面的应急力量与大量的资源，应急救援行动的组织、指挥和管理成为重大事故应急工作所面临的一个严峻挑战。

现场应急指挥系统的结构应当在紧急事件发生前就已建立，预先对指挥结构达成一致意见，将有助于保证应急各方明确各自的职责，并在应急救援过程中更好地履行职责。现场指挥系统模块化的结构由指挥、行动、策划、后勤以及资金/行政 5 个核心应急响应职能组成，如图 9—3 所示。

①事故指挥官。事故指挥官负责现场应急响应所有方面的工作，包括确定事故目标及实现目标的策略，批准实施书面或口头的事故行动计划，高效地调配现场资源，落实保障人员安全与健康的措施，管理现场所有的应急行动。

②行动部。行动部负责所有主要的应急行动，包括消防与抢险、人员搜救、医疗救治、疏散与安置等。所有的战术行动都依据事故行动计划来完成。

③策划部。策划部负责收集、评价、分析及发布事故相关的战术信息，准备和起草事故行动计划，并对有关的信息进行归档。

④后勤部。后勤部负责为事故的应急响应提供设备、设施、物资、人员、运输、服

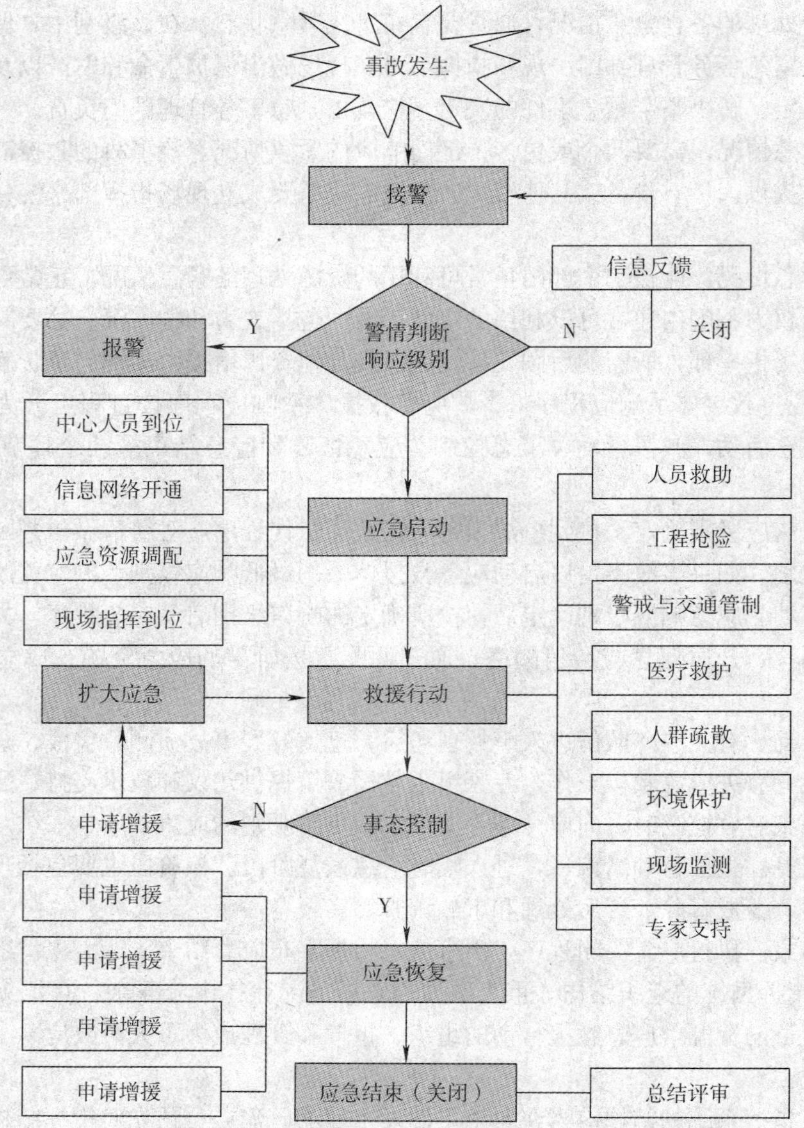

图 9—2 重大事故应急救援体系响应程序

务等。

⑤资金/行政部。资金/行政部负责跟踪事故的所有费用并进行评估，承担其他职能未涉及的管理职责。

9.1.2 事故应急预案的策划与编制

(1) 事故应急预案的作用、层次及文件体系

1）作用：

①明确了应急救援的范围和体系，使应急准备和应急管理有据可依、有章可循。

②有利于做出及时的应急响应，降低事故后果。

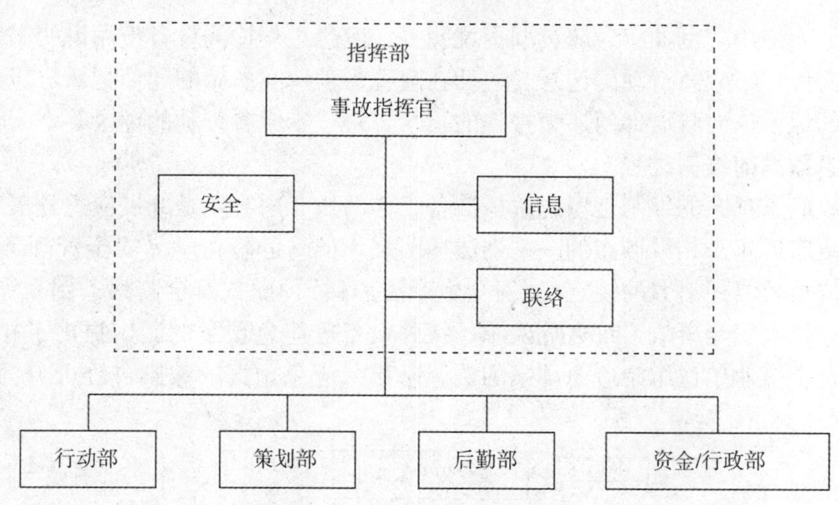

图 9—3 现场应急指挥系统的组织结构

③成为各类突发重大事故的应急基础。通过编制基本应急预案，可保证应急预案足够的灵活性，对那些事先无法预料到的突发事件或事故，也可以起到基本的应急指导作用；针对特定危害编制专项应急预案，有针对性地制定应急措施、进行专项应急准备和演习。

④当发生超过应急能力的重大事故时，便于与上级应急部门协调。

⑤有利于提高全社会的风险防范意识。

2）层次。基于可能面临多种类型的突发重大事故或灾害，为保证各种类型预案之间的整体协调性和层次，并实现共性与个性、通用性与特殊性的结合，对应急预案合理地划分层次，是将各种类型应急预案有机组合在一起的有效方法。

①综合预案。综合预案即城市的整体预案，从总体上阐述城市的应急方针、政策、应急组织结构及相应的职责，应急行动的总体思路等。可以作为城市应急救援工作的基础和“底线”，即使对那些没有预料的紧急情况也能起到基本的应急指导作用。

②专项预案。针对某种具体的、特定类型的紧急情况如危险物质泄漏、火灾、某一自然灾害等的应急而制定，在综合预案的基础上充分考虑了某特定危险的特点，对应急的形势、组织机构、应急活动等进行更具体的阐述，具有较强的针对性。

③现场预案。在专项预案的基础上根据具体情况的需要而编制（如防洪专项预案下的某洪区的防洪预案），针对某一具体现场的特殊危险及周边环境情况，对应急救援中的各个方面做出具体、周密而细致的安排，具有更强的针对性和对现场具体救援活动的指导性。

一个完整的应急预案的文件体系包括预案、程序、指导书、应急行动的记录 4 级文件。

①一级文件——预案。包含应急管理政策、应急预案的目标、应急组织和责任等内容，由一系列为实现应急管理政策和目标而制定的紧急管理程序组成，包括应急准备、现场应急、恢复以及训练等。

②二级文件——程序。说明某个行动的目的和范围，内容十分具体，比如该做什么、由谁去做、什么时间和什么地点等，目的是为应急行动提供信息参考和行动指导。程序格式要简洁明了，确保应急队员在执行应急步骤时不会产生误解。

③三级文件——指导书。对程序中的特定任务及某些行动细节进行说明，供应急组织内

部人员或其他人使用，例如应急队员职责说明书、应急过程检测设备使用说明书等。

④四级文件——应急行动的记录。包括在应急行动期间所做的通信记录、应急队员进出事故危险区的记录、向政府部门递交报告的记录、每一步应急行动的记录等。

（2）应急预案的编制过程

重大事故应急预案的编制是应急救援准备工作的核心内容，是开展应急救援工作的重要保障。我国政府近年来相继颁布的一系列法律法规，如《危险化学品安全管理条例》《关于特大安全事故行政责任追究的规定》《安全生产法》《特种设备安全监察条例》等，对矿山、危险化学品、特大安全事故、重大危险源、特种设备等应急预案的制定提出了相关的要求，是各级政府、企事业单位编制应急预案的法律基础。应急预案的编制过程可分为 5 个步骤，如图 9—4 所示。

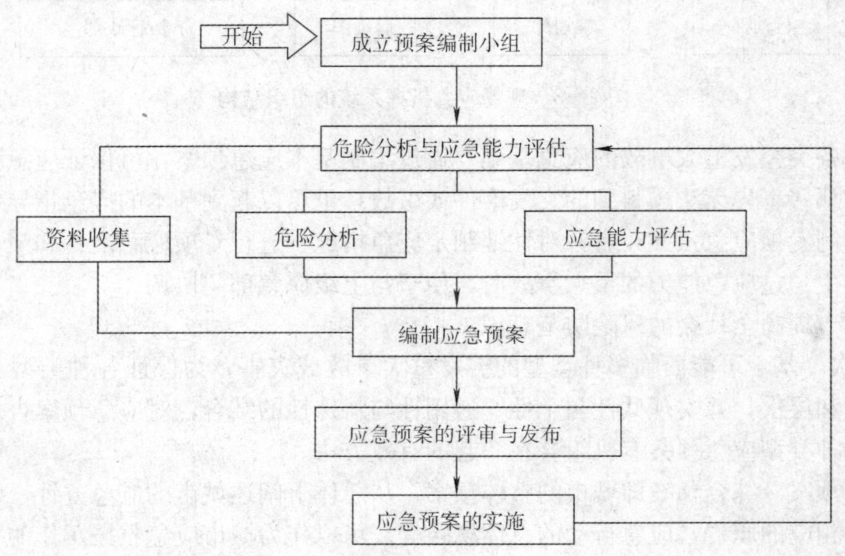

图 9—4　应急预案编制过程

1）成立预案编制小组。应急预案的成功编制需要有关职能部门和团体的积极参与，并达成一致意见，尤其是应寻求与危险直接相关的各方进行合作。成立预案编制小组是将各有关职能部门、各类专业技术有效结合起来的最佳方式，可有效地保证应急预案的准确性和完整性，而且为应急各方提供了一个非常重要的协作与交流机会，有利于统一应急各方的不同观点和意见。

2）危险分析与应急能力评估。

①危险分析。危险分析是应急预案编制的基础和关键过程。危险分析的结果不仅有助于确定需要重点考虑的危险，提供划分预案编制优先级别的依据，而且也为应急预案的编制、应急准备和应急响应提供必要的信息和资料。

危险分析包括危险识别、脆弱性分析和风险分析。危险识别的目的是要将可能存在的重大危险因素识别出来，作为下一步风险分析的对象。脆弱性分析要确定一旦发生危险事故，哪些地方容易受到破坏。风险分析是根据危险识别和脆弱性分析的结果，评估事故或灾害发生时造成破坏（或伤害）的可能性，以及可能导致的实际破坏（或伤害）程度，通常可能会选择对最坏的情况进行分析。

②应急能力评估。依据危险分析的结果，对已有的应急资源和应急能力进行评估，包括城市应急资源的评估和企业应急资源的评估，明确应急救援的需求和不足。应急资源包括应急人员、应急设施（备）、装备和物资等；应急能力包括人员的技术、经验和接受的培训等。应急资源和应急能力将直接影响应急行动的快速、有效性。

制定预案时应当在评价与潜在危险相适应的应急资源和应急能力的基础上，选择最现实、最有效的应急策略。

3）编制应急预案。应急预案的编制必须基于重大事故风险分析结果、应急资源的需求和现状以及有关的法律法规要求。此外，编制预案时应充分收集和参阅已有的应急预案，尽可能地减小工作量和避免应急预案重复和交叉，并确保与其他相关应急预案的协调和一致性。

4）应急预案的评审与发布。

①应急预案的评审。为确保应急预案的科学性、合理性以及与实际情况的符合性，预案编制单位或管理部门应依据我国有关应急的方针、政策、法律、法规、规章、标准和其他有关应急预案编制的指南性文件与评审检查表，组织开展预案评审工作，取得政府有关部门和应急机构的认可。

②应急预案的发布。重大事故应急预案经评审通过后，应由最高行政负责人签署发布，并报送有关部门和应急机构备案。

5）应急预案的实施。实施应急预案是应急管理工作的重要环节，主要包括应急预案宣传、教育和培训，应急资源的定期检查落实，应急演习和训练，应急预案的实践，应急预案的电子化，事故回顾等。

(3) 策划应急预案时应考虑的因素

策划应急预案时应进行合理策划，做到重点突出，反映主要的重大事故风险，并避免预案相互孤立、交叉和矛盾。策划重大事故应急预案时应充分考虑下列因素：

1）重大危险普查的结果，包括重大危险源的数量、种类及分布情况，重大事故隐患情况等。

2）本地区的地质、气象、水文等不利的自然条件（如地震、洪水、台风等）及其影响。

3）本地区以及国家和上级机构已制定的应急预案的情况。

4）本地区以往灾难事故的发生情况。

5）功能区布置及相互影响情况。

6）周边重大危险可能带来的影响。

7）国家及地方相关法律法规的要求。

(4) 事故应急预案的核心要素及编制要求

1）核心要素。六个一级要素及其二级要素构成了城市重大事故应急预案的核心要素。

2）编制要求。

①方针与原则。反映应急救援工作的优先方向、政策、范围和总体目标（如保护人员安全优先，防止和控制事故蔓延优先，保护环境优先），体现预防为主、常备不懈、统一指挥、高效协调以及持续改进的思想。

②应急策划。

a. 危险分析。目的是为应急准备、应急响应和减灾措施提供决策和指导依据，包括危险识别、脆弱性分析和风险分析。危险分析的结果应能提供：

a）地理、人文（包括人口分布）、地质、气象等信息。

b）城市功能布局（包括重要保护目标）及交通情况。

c）重大危险源分布情况及主要危险物质种类、数量及理化、消防等特性。

d）可能发生的重大事故种类及对周边的后果分析。

e）特定的时段（如人群高峰时间、度假季节、大型活动等）。

f）可能影响应急救援的不利因素。

b. 资源分析。针对危险分析所确定的主要危险，列出可用的应急力量和资源，包括：

a）城市的各类应急力量的组成及分布情况。

b）各种重要应急设备、物资的准备情况。

c）上级救援机构或相邻城市可用的应急资源。

通过分析已有能力的不足，为应急资源的规划与配备、与相邻地区签订互助协议和预案编制提供指导。

c. 法律法规要求。列出国家、省、地方涉及应急各部门职责要求以及应急预案、应急准备和应急救援有关的法律法规文件，作为预案编制和应急救援的依据和授权。

③应急准备。

a. 机构与职责。建立完善的应急机构组织体系，包括城市应急管理的领导机构、应急响应中心以及各有关机构部门等。对应急救援中承担任务的所有应急组织明确相应的职责、负责人、候补人及联络方式。

b. 应急资源。根据潜在事故的性质和后果分析，合理组建专业和社会救援力量；配备应急救援中所需的消防手段、各种救援设备、监测仪器、堵漏和清消材料、交通工具、个体防护设备、医疗设备和药品、生活保障物资等，并定期检查、维护与更新，保证其始终处于完好状态。

c. 教育、训练与演练。对公众的日常教育做出规定，尤其是位于重大危险源周边的人群，使其了解潜在危险的性质和健康危害，掌握必要的自救知识，了解预先指定的主要及备用疏散路线和集合地点，了解各种警报的含义和应急救援工作的有关要求。应急训练的基本内容包括基础培训与训练、专业训练、战术训练及其他训练等。演练包括桌面演习和实战模拟演习。

d. 互助协议。与邻近的城市或地区建立正式的互助协议，并做好相应的安排，以便在应急救援中及时得到外部救援力量和资源的援助。此外，也应与社会专业技术服务机构、物资供应企业等签署相应的互助协议。

④应急响应。

a. 接警与通知。迅速、准确地向报警人员询问事故现场的重要信息，接警后按预先确定的通报程序规定，迅速向有关应急机构、政府及上级部门发出事故通知。

b. 指挥与控制。建立分级响应、统一指挥、协调和决策的程序，迅速有效地进行应急响应决策，建立现场工作区域，确定重点保护区域和应急行动的优先原则，指挥和协调现场各救援队伍开展救援行动，合理高效地调配和使用应急资源。

c. 警报和紧急公告。明确在发生重大事故时，如何向受影响的公众发出警报，包括什么时候，谁有权决定启动警报系统，各种警报信号的不同含义，警报系统的协调使用，可使用的警报装置的类型和位置，以及警报装置覆盖的地理区域。决定实施疏散时，应通过紧急公告确保公众了解疏散的有关信息，如疏散时间、路线、随身携带物、交通工具及目的地等。

d. 通信。说明主要通信系统的来源、使用、维护以及应急组织通信需要的详细情况等，并充分考虑紧急状态的通信能力和保障，建立备用的通信系统，以便在现场指挥部、应急中心、各应急救援组织、新闻媒体、医院、上级政府和外部救援机构等之间建立畅通的应急通信网络。

e. 事态监测与评估。建立对事故现场及场外进行监测和评估的程序，包括由谁来负责监测与评估活动，监测仪器设备及监测方法，实验室化验及检验支持，监测点的设置及现场工作，报告程序等。

可能的监测活动包括事故影响边界、气象条件，对食物、饮用水、卫生以及水体、土壤、农作物等的污染，可能的二次反应有害物、爆炸危险性和受损建筑垮塌危险性以及污染物质滞留区等。

f. 警戒与治安。在事故现场周围建立警戒区域，实施交通管制，防止与救援无关的人员进入事故现场，保障救援队伍、物资运输和人群疏散等的交通畅通，并避免发生不必要的伤亡。警戒与治安还应该协助发出警报、现场紧急疏散、人员清点、传达紧急信息、执行指挥机构的通告、协助事故调查等。对危险物质事故，必须列出警戒人员有关个体防护的准备。

g. 人群疏散与安置。对疏散的紧急情况和决策、预防性疏散准备、疏散区域、疏散距离、疏散路线、疏散运输工具、安全蔽护场所以及回迁等做出细致的规定和准备，为此应考虑疏散人群的数量、所需要的时间和可利用的时间、风向等条件变化以及老弱病残等特殊人群的疏散等问题。对已实施临时疏散的人群，要做好临时生活安置，保障必要的水、电、卫生等基本条件。

h. 医疗与卫生。针对城市可能的重大事故，明确为现场急救、伤员运送、治疗及健康监测等所做的准备和安排，包括可用的急救资源列表，医院、职业中毒治疗医院及烧伤等专科医院的列表，抢救药品、医疗器械、消毒、解毒药品等的城市内、外来源和供给。医疗人员必须了解城市内主要危险对人群造成伤害的类型，并经过相应的培训，掌握对危险化学品受伤害人员进行正确消毒和治疗的方法。

i. 公共关系。明确信息发布的审核和批准程序，保证发布信息的统一性；指定新闻发言人，适时举行新闻发布会，准确发布事故信息，澄清事故传言；为公众咨询、接待、安抚受害人员家属做出安排。

j. 应急人员安全。对应急人员自身的安全问题进行周密的考虑，包括安全预防措施、个体防护等级、现场安全监测等，明确应急人员进出现场和紧急撤离的条件和程序，保证应急人员的安全。

k. 消防和抢险。对消防和抢险工作的组织，消防抢险所需的设施、器材和物资，人员的培训，行动方案以及现场指挥等做好周密的安排和准备。

④泄漏物控制。明确对泄漏的危险物质和溶解了有毒蒸气的灭火用水的收容设备（如泵、容器、吸附材料等）、洗消设备（包括喷雾洒水车辆）及洗消物资，并建立洗消物资供应企业的通信名录，保障对泄漏物的及时围堵、收容、清消和妥善处置。

⑤现场恢复（短期恢复）。宣布应急结束的程序，撤点、撤离和交接程序，恢复正常状态的程序，现场清理和受影响区域的连续检测，事故调查与后果评价等。目的是控制此时仍存在的潜在危险，将现场恢复到一个基本稳定的状态，为长期恢复提供指导和建议。

⑥预案管理与评审改进。对预案的制定、修改、更新、批准和发布做出管理规定，并保证定期或在应急演习、应急救援后对应急预案进行评审，针对实际情况的变化以及预案中所暴露出的缺陷，不断地更新、完善和改进应急预案文件体系。

(5) 应急预案的基本结构

不同的预案由于各自所处的层次和适用的范围不同，其内容在详略程度和侧重点上会有所不同，但都可以采用相似的基本结构。即基于应急任务或功能的“1＋4”预案编制结构（见图 9—5），也就是一个基本预案加上应急功能要完成的各种应急任务或功能，并明确其负责和有关的应急组织。该预案基本结构不仅能使预案本身结构清晰，而且保证了各种类型预案之间的协调性和一致性。

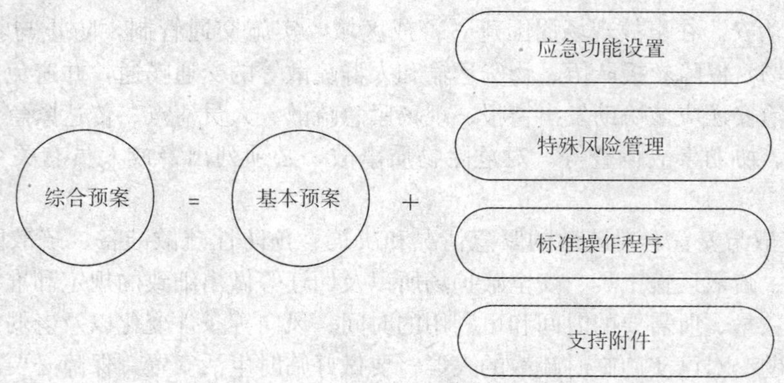

图 9—5　应急预案的基本结构

1）基本预案。基本预案是该应急预案的总体描述。主要阐述应急预案所要解决的紧急情况、应急的组织体系与方针、应急资源、应急的总体思路并明确各应急组织在应急准备和应急行动中的职责以及应急预案的训练、演习和管理等规定。

2）应急功能设置。应急功能是对在各类重大事故应急救援中通常都要采取的一系列基本的应急行动和任务而编写的计划。它着眼于针对突发事故响应时所要实施的紧急任务。由于应急功能是围绕应急行动的，因此它的主要对象是那些任务执行机构。针对每一项应急功能应明确其针对的形势、目标、负责机构和支持机构、任务要求、应急准备和操作程序等。应急预案中包含的功能设置的数量和类型因地方差异会有所不同，主要取决于所针对潜在重大事故危险类型，以及应急的组织方式和运行机制等具体情况。

3）特殊风险管理。特殊风险是指根据各类事故灾难、灾害的特征，需要对其应急功能作出针对性安排的风险。应急管理部门应考虑当地地理、社会环境和经济发展等因素的影响，根据其可能面临的潜在风险类型，说明处置此类风险应该设置的专有应急功能或有关应急功能所需的特殊要求，明确这些应急功能的责任部门、支持部门、有限介入部门以及它们的职责和任务，为该类风险的专项预案制定提出特殊要求和指导。

4）标准操作程序。由于基本预案、应急功能设置并不能说明各项应急功能的实施细节，各应急功能的主要责任部门必须组织制定相应的标准操作程序，为应急组织或个人提供履行应急预案中规定职责和任务的详细指导。标准操作程序应保证与应急预案的协调性和一致性，其中重要的标准操作程序可作为应急预案附件或以适当方式引用。

5）支持附件。支持附件主要包括危险分析附件，通信联络附件，法律法规附件，应急资源附件，教育、培训、训练和演习附件，技术支持附件，协议附件以及其他支持附件等。

9.1.3 应急演练的组织与实施

(1) 应急演练的目的与要求

1）目的。应急演练是我国各类事故及灾害应备过程中的一项重要工作，多部法律、法规及规章对此都有相应的规定，如《消防法》《危险化学品安全管理条例》《矿山安全法实施条例》《使用有毒物品作业场所劳动保护条例》《核电厂核事故应急条例》《突发公共卫生事件应急条例》等规定有关企业和行政部门应针对火灾、化学事故、矿山灾害、职业中毒事故或突发性公共卫生事件定期开展应急演练。

应急演练的目的是通过培训、评估、改进等手段提高保护人民群众生命财产安全和环境的综合应急能力，说明应急预案的各部分或整体是否能有效地付诸实施，验证应急预案应急可能出现的各种紧急情况的适应性，找出应急准备工作中可能需要改善的地方，确保建立和保持可靠的通信渠道及应急人员的协同性，确保所有应急组织都熟悉并能够履行他们的职责，找出需要改善的潜在问题。

2）要求。应急演练的类型有多种，不同类型的应急演练虽有不同特点，但在策划演练内容、演练情景、演练频次、演练评价方法等方面的共同性要求包括：

①应急演练必须遵守相关法律、法规、标准和应急预案规定。

②领导重视、科学计划。开展应急演练工作必须得到有关领导的重视，给予财政等相应支持，必要时有关领导应参与演练过程并扮演与其职责相当的角色。应急演练必须事先确定演练目标，演练策划人员应对演练内容、情景等事项进行精心策划。

③结合实际、突出重点。应急演练应结合当地可能发生的危险源特点、潜在事故类型、可能发生事故的地点和气象条件及应急准备工作的实际情况进行。演练应重点解决应急过程中组织指挥和协同配合问题，解决应急准备工作的不足，以提高应急行动的整体效能。

④周密组织、统一指挥。演练策划人员必须制定并落实保证演练达到目标的具体措施，各项演练活动应在统一指挥下实施，参演人员要严守演练现场规则，确保演练过程的安全。演练不得影响生产经营单位的安全正常运行，不得使各类人员承受不必要的风险。

⑤由浅入深、分步实施。应急演练应遵循由下而上、先分后合、分步实施的原则，综合性的应急演练应以若干次分练为基础。

⑥讲究实效、注重质量。应急演练指导机构应精干，工作程序要简明，各类演练文件要实用，避免一切形式主义的安排，以取得实效为检验演练质量的唯一标准。

⑦应急演练原则上应避免惊动公众，如必须卷入有限数量的公众，则应在公众教育得到普及、条件比较成熟时相机进行。

(2) 应急演练的指导思想和基本任务

应急预案的存在并不能使个人、企业和政府主管部门有效地对实际发生的事故做出响应。经验表明，如果应急响应人员不能充分理解每项职责和步骤，在面对突发事故时，就会出现响应失误或救援失败等情况。因此，为了有效地实施救援行动，政府应急官员和相关支持单位还必须就预案的整个理念、人员的职责以及执行程序进行培训。

应急救援培训、演练的指导原则是加强基础、突出重点、边练边战、逐步提高。

应急培训、演练的基本任务是，锻炼和提高队伍在突发情况下的快速抢险堵源、及时营救伤员、正确指导和帮助群众防护或撤离、有效消除危害后果、开展现场急救和伤员转送等应急救援技能和应急反应综合素质，有效降低危害事故，减少事故损失。

总之，为提高救援人员的技术水平与救援队伍的整体能力，以便在事故的救援行动中达到快速、有序、有效的效果，应经常性地开展应急救援培训、演练，使之成为一项重要的日常工作。

(3) 应急演练的类型及实施过程

1）应急演练的类型。

①按组织形式划分，应急演练可分为桌面演练和实战演练。

a. 桌面演练。桌面演练是指参演人员利用地图、沙盘、流程图、计算机模拟、视频会议等辅助手段，针对事先假定的演练情景，讨论和推演应急决策及现场处置的过程，从而促进相关人员掌握应急预案中所规定的职责和程序，提高指挥决策和协同配合能力。桌面演练通常在室内完成。

b. 实战演练。实战演练是指参演人员利用应急处置涉及的设备和物资，针对事先设置的突发事件情景及其后续的发展情景，通过实际决策、行动和操作，完成真实应急响应的过程，从而检验和提高相关人员的临场组织指挥、队伍调动、应急处置技能和后勤保障等应急能力。实战演练通常要在特定场所完成。

②按内容划分，应急演练可分为单项演练和综合演练。

a. 单项演练。单项演练是指涉及应急预案中特定应急响应功能或现场处置方案中一系列应急响应功能的演练活动。注重针对一个或少数几个参与单位（岗位）的特定环节和功能进行检验。

b. 综合演练。综合演练是指涉及应急预案中多项或全部应急响应功能的演练活动。注重对多个环节和功能进行检验，特别是对不同单位之间应急机制和联合应对能力的检验。

③按目的与作用划分，应急演练可分为检验性演练、示范性演练和研究性演练。

a. 检验性演练。检验性演练是指为检验应急预案的可行性、应急准备的充分性、应急机制的协调性及相关人员的应急处置能力而组织的演练。

b. 示范性演练。示范性演练是指为向观摩人员展示应急能力或提供示范教学，严格按照应急预案规定开展的表演性演练。

c. 研究性演练。研究性演练是指为研究和解决突发事件应急处置的难点问题，试验新方案、新技术、新装备而组织的演练。

不同类型的演练相互组合，可以形成单项桌面演练、综合桌面演练、单项实战演练、综合实战演练、示范性单项演练、示范性综合演练等。

2）应急演练的实施过程。应急演练实施阶段是指从宣布初始事件起到演练结束的整个过程。虽然应急演练的类型、规模、持续时间、演练情景、演练目标等有所不同，但演练过程中应包括如下基本内容：

①演练控制。演练过程中参演应急组织和人员应尽可能按实际紧急事件发生时的响应要求进行演示，即“自由演示”，由参演应急组织和人员根据自己关于最佳解决办法的理解，对情景事件作出响应行动。策划小组或演练活动负责人的作用主要是宣布演练开始和结束，以及解决演练过程中的矛盾。控制人员的作用主要是向演练人员传递控制消息，提醒演练人员终止对情景演练具有负面影响或超出演练范围的行动，提醒演练人员采取必要行动以正确展示所有演练目标，终止演练人员不安全的行为，延迟或终止情景事件的演练。

演练过程中参演的应急组织和人员应遵守当地相关的法律法规和演习现场规则，确保演练安全进行，如果演练偏离正确方向，控制人员可以采取“刺激行动”以纠正错误。“刺激行动”包括终止演练过程，使用“刺激行动”时应尽可能平缓，以诱导方法纠偏，只有对背离演练目标的“自由演示”才使用强刺激的方法使其中断反应。

②演练实施要点。为充分发挥演练在检验和评价城市应急能力方面的重要作用，演练策划人员、参演应急组织和人员针对不同应急功能的演练时，应注意如下演练实施要点：

a. 早期通报。

b. 指挥与控制。

c. 通信。

d. 警报与紧急公告。

e. 公共信息与社区关系。

f. 资源管理。

g. 卫生与医疗服务。

h. 应急响应人员安全。

i. 公众保护措施。

j. 火灾与搜救。

k. 执法。

l. 事态评估。

m. 人道主义服务。

n. 市政工程。

综合性应急演练的过程可划分为演练准备、演练实施和演练总结三个阶段。

建立由多种专业人员组成的应急演练策划小组是成功组织开展演练工作的关键。参演人员不得参与策划小组，更不能参与演练方案的设计。

(4) 应急演练总结和评价

演练结束后，进行总结与讲评是全面评价演练是否达到演练目标、应急准备水平及是否需要改进的一个重要步骤，也是演练人员进行自我评价的机会。演练总结与讲评可以通过访谈、汇报、协商、自我评价、公开会议和通报等形式完成。

1）演练评价。演练评价是指观察和记录演练活动、比较演练人员表现与演练目标要求并提出演练发现的过程。演练评价的目的是确定演练是否达到演练目标要求，检验各应急组织指挥人员及应急响应人员完成任务的能力。要全面、正确地评价演习效果，必须在演练覆盖区域的关键地点和各参演应急组织的关键岗位上，派驻公正的评价人员。评价人员的作用主要是观察演练的进程，记录演练人员采取的每一项关键行动及其实施时间，访谈演练人员，要求参演应急组织提供文字材料，评价参演。应急组织和演练人员表现并反馈演练发现。

2）演练总结。演练总结应包括如下内容：

①演练背景。

②参与演习的部门和单位。

③演练方案和演练目标。

④演练过程的全面评价。

⑤演练过程发现的问题和整改措施。

⑥对应急预案和有关程序的改进建议。

⑦对应急设备、设施维护与更新的建议。

⑧对应急组织、应急响应人员能力和培训的建议。

9.2 安全事故处理

9.2.1 事故分类

这里的事故分类主要是指伤亡事故，特别是企业职工伤亡事故的分类。伤亡事故分类的原则是：适合国情，统一口径，提高可比性，有利于科学分析和积累资料，有利于安全生产的科学管理。

伤亡事故的分类，分别从不同方面描述了事故的不同特点。根据我国有关劳动保护法规和标准，目前应用比较广泛的事故分类主要有以下几种：

（1）按伤害程度分类

事故发生后，按事故对受伤害者造成损伤以致劳动能力丧失的程度分类：

1）轻伤，指损失工作日为1个工作日以上（含1个工作日），105个工作日以下的失能伤害。

2）重伤，指损失工作日为105个工作日以上（含105个工作日）的失能伤害，重伤的损失工作日最多不超过6 000日。

3）死亡，其损失工作日定为6 000日，这是根据我国职工的平均退休年龄和平均死亡年龄计算出来的。

此种分类是按伤亡事故造成损失工作日的多少来衡量的，而损失工作日是指受伤害者丧失劳动能力（简称失能）的工作日。各种伤害情况的损失工作日数，可按标准《企业职工伤亡事故分类》（GB 6441—86）中的有关规定计算或选取。

（2）按事故严重程度分类

发生事故后，按照职工所受伤害程度和伤亡人数分类：

1）轻伤事故，指只有轻伤的事故。

2）重伤事故，指有重伤没有死亡的事故。

3）死亡事故，指一次死亡 1～2 人的事故。

4）重大伤亡事故，指一次死亡 3～9 人的事故。

5）特大伤亡事故，指一次死亡 10 人以上（含 10 人）的事故。

(3) 按事故类别分类

《企业职工伤亡事故分类》（GB 6441—86）中，将事故类别划分为 20 类。这一分类方法同 20 世纪 50 年代制定的分类标准相比有所改进。具体分类如下：

1）物体打击，指失控物体的惯性力造成的人身伤害事故。如落物、滚石、锤击、碎裂、崩块、砸伤等造成的伤害，不包括爆炸而引起的物体打击。

2）车辆伤害，指本企业机动车辆引起的机械伤害事故。如机动车辆在行驶中的挤、压、撞车或倾覆等事故，在行驶中上下车、搭乘矿车或放飞车所引起的事故，以及车辆运输挂钩、跑车事故。

3）机械伤害，指机械设备与工具引起的绞、碾、碰、割、戳、切等伤害。如工件或刀具飞出伤人，切屑伤人，手或身体被卷入，手或其他部位被刀具碰伤，被转动的机构缠压住等。但属于车辆、起重设备的情况除外。

4）起重伤害，指从事起重作业时引起的机械伤害事故。包括各种起重作业引起的机械伤害，但不包括触电，检修时制动失灵引起的伤害，上下驾驶室时引起的坠落式跌倒。

5）触电，指电流流经人体，造成生理伤害的事故。适用于触电、雷击伤害。如人体接触带电的设备金属外壳或裸露的临时线，漏电的手持电动手工工具；起重设备误触高压线或感应带电；雷击伤害；触电坠落等事故。

6）淹溺，指因大量水经口、鼻进入肺内，造成呼吸道阻塞，发生急性缺氧而窒息死亡的事故。适用于船舶、排筏、设施在航行、停泊、作业时发生的落水事故。

7）灼烫，指强酸、强碱溅到身体上引起的灼伤，或因火焰引起的烧伤，高温物体引起的烫伤，放射线引起的皮肤损伤等事故。适用于烧伤、烫伤、化学灼伤、放射性皮肤损伤等伤害。不包括电烧伤以及火灾事故引起的烧伤。

8）火灾，指造成人身伤亡的企业火灾事故。不适用于非企业原因造成的火灾，比如居民火灾蔓延到企业。此类事故属于消防部门统计的事故。

9）高处坠落，指出于危险重力势能差引起的伤害事故。适用于脚手架、平台、陡壁施工等高于地面的坠落，也适用于山地面踏空失足坠入洞、坑、沟、升降口、漏斗等情况。但排除以其他类别为诱发条件的坠落。如高处作业时，因触电失足坠落应定为触电事故，不能按高处坠落划分。

10）坍塌，指建筑物、构筑物、堆置物等的倒塌以及土石塌方引起的事故。适用于因设计或施工不合理而造成的倒塌，以及土方、岩石发生的塌陷事故。如建筑物倒塌，脚手架倒塌，挖掘沟、坑、洞时土石的塌方等情况。不适用于矿山冒顶片帮事故，或因爆炸、爆破引起的坍塌事故。

11）冒顶片帮，指矿井工作面、巷道侧壁由于支护不当、压力过大造成的坍塌，称为片帮；顶板垮落为冒顶。二者常同时发生，简称冒顶片帮。适用于矿山、地下开采、掘进及其他坑道作业发生的坍塌事故。

12）透水，指矿山、地下开采或其他坑道作业时，意外水源带来的伤亡事故。适用于井巷与含水岩层、地下含水带、溶洞或与被淹巷道、地面水域相通时，涌水成灾的事故。不适用于地面水害事故。

13）放炮，指施工时，放炮作业造成的伤亡事故。适用于各种爆破作业。如采石、采矿、采煤、开山、修路、拆除建筑物等工程进行的放炮作业引起的伤亡事故。

14）瓦斯爆炸，指可燃性气体瓦斯、煤尘与空气混合形成了达到燃烧极限的混合物，接触火源时，引起的化学性爆炸事故。主要适用于煤矿，同时也适用于空气不流通，瓦斯、煤尘积聚的场合。

15）火药爆炸，指火药与炸药在生产、运输、储藏过程中发生的爆炸事故。适用于火药与炸药生产在配料、运输、储藏、加工过程中，由于振动、明火、摩擦、静电作用，或因炸药的热分解作为，储藏时间过长或因存药过多发生的化学性爆炸事故，以及熔炼金属时，废料处理不净，残存火药或炸药引起的爆炸事故。

16）锅炉爆炸，指锅炉发生的物理性爆炸事故。适用于使用工作压力大于 0.7 个大气压（0.07 MPa）、以水为介质的蒸汽锅炉（以下简称锅炉），但不适用于铁路机车、船舶上的锅炉以及列车电站和船舶电站的锅炉。

17）容器（压力容器的简称）爆炸，指比较容易发生事故，且事故危害性较大的承受压力载荷的密闭装置。容器爆炸是压力容器破裂引起的气体爆炸，即物理性爆炸，包括容器内盛装的可燃性液化气在容器破裂后立即蒸发，与周围的空气混合形成爆炸性气体混合物，遇到火源时产生的化学爆炸，也称容器的二次爆炸。

18）其他爆炸。凡不属于上述爆炸的事故均列为其他爆炸事故，如：

①可燃性气体如煤气、乙炔等与空气混合形成的爆炸。

②可燃蒸气与空气混合形成的爆炸性气体混合物，如汽油挥发气引起的爆炸。

③可燃性粉尘以及可燃性纤维与空气混合形成的爆炸性气体混合物引起的爆炸。

④间接形成的可燃气体与空气相混合，或者可燃蒸气与空气相混合（如可燃固体、自燃物品，当其受热、水、氧化剂的作用迅速反应，分解出可燃气体或蒸气与空气混合形成爆炸性气体），遇火源爆炸的事故。

此外，炉膛爆炸，钢水包、亚麻粉尘的爆炸，都属于上述爆炸方面的，也均属于其他爆炸。

19）中毒和窒息，指人接触有毒物质，如误吃有毒食物或呼吸有毒气体引起的人体急性中毒事故，或在废弃的坑道、暗井、涵洞、地下管道等不通风的地方工作，因为氧气缺乏，有时会发生突然晕倒，甚至死亡的事故，称为窒息。两种现象合为一体，称为中毒和窒息事故。不适用于病理变化导致的中毒和窒息事故，也不适用于慢性中毒的职业病导致的死亡。

20）其他伤害。凡不属于上述伤害的事故均称为其他伤害，如扭伤、跌伤、冻伤、野兽咬伤、钉子扎伤等。

（4）按受伤性质分类

受伤性质是指人体受伤的类型。实质上，这是从医学的角度给予创伤的具体名称，常见的有以下一些名称：

1）电伤，指由于电流流经人体，电能的作用所造成的人体生理伤害。包括引起皮肤组织的烧伤。

2）挫伤，指由于挤压、摔倒及硬性物体打击，致使皮肤、肌肉肌腱等软组织损伤。常见有颈部挫伤和手指挫伤。严重者可导致休克、昏迷。

3）割伤，指由于刃具、玻璃片等带刃的物体或器具割破皮肤肌肉引起的创伤。严重时可导致大出血，危及生命。

4）擦伤，指由于外力摩擦，使皮肤破损而形成的创伤。

5）刺伤，指由尖锐物刺破皮肤肌肉而形成的创伤。其特点是伤口小但深，严重时可伤及内脏器官，导致生命危险。

6）撕脱伤，指因机器的辗轧或绞轧，或炸药的爆炸使人体的部分皮肤肌肉由于外力牵拽造成大片撕脱而形成的创伤。

7）扭伤，指关节在外力作用下超过了正常活动范围，致使关节周围的筋受伤害而形成的创伤。

8）倒塌压埋伤，指在冒顶、塌方、倒塌事故中，泥土、沙石将人全部埋住，因缺氧引起窒息而导致的死亡或因局部被挤压时间过长而引起的肢体麻木或血管、内脏破裂等一系列症状。

9）冲击伤，指在冲击波超压或负压作用下，人体所产生的原发件操作。其特点是多部位、多脏器伤损，体表伤害较轻而内脏损伤较重，死亡迅速，救治较难。

9.2.2 事故报告

（1）事故报告的规定

《安全生产法》对事故的报告作出了具体的规定。生产经营单位发生生产安全事故后，事故现场有关人员应当立即报告本单位负责人。

单位负责人接到事故报告后，应当迅速采取有效措施，组织抢救，防止事故扩大，减少人员伤亡和财产损失，并按照国家有关规定立即如实报告当地负有安全生产监督管理职责的部门，不得隐瞒不报、谎报或者拖延不报，不得故意破坏事故现场、毁灭有关证据。

负有安全生产监督管理职责的部门接到事故报告后，应当立即按照国家有关规定上报事故情况。负有安全生产监督管理职责的部门和有关地方人民政府对事故情况不得隐瞒不报、谎报或者拖延不报。

（2）安全事故报告程序

1）依据《企业职工伤亡事故报告和处理规定》的规定，生产安全事故的报告制度为：

①伤亡事故发生后，负伤者或者事故现场有关人员应当立即直接或者逐级报告企业负责人。

②企业负责人接到重伤、死亡、重大死亡事故报告后，应当立即报告企业主管部门和企业所在地劳动部门、公安部门、人民检察院、工会。

③企业主管部门和劳动部门接到死亡、重大死亡事故报告后，应当立即按系统逐级上报；死亡事故报至省、自治区、直辖市企业主管部门和劳动部门；重大死亡事故报至国务院有关主管部门、劳动部门。

④发生死亡、重大死亡事故的企业应当保护事故现场，并迅速采取必要措施抢救人员和

财产，防止事故扩大。

2）依据《工程建设重大事故报告和调查程序规定》的规定，工程建设重大事故的报告制度为：

①重大事故发生后，事故发生单位必须以最快的方式，将事故的简要情况向上级主管部门和事故发生地的市、县级建设行政主管部门及检察、劳动（如有人身伤亡）部门报告；事故发生单位属于国务院部委的，应同时向国务院有关主管部门报告。

②事故发生地的市、县级建设行政主管部门接到报告后，应当立即向人民政府和省、自治区、直辖市建设行政主管部门报告；省、自治区、直辖市建设行政主管部门接到报告后，应当立即向人民政府和建设部报告。

③重大事故发生后，事故发生单位应当在24小时内写出书面报告，按1）所列程序和部门逐级上报。

④重大事故书面报告应当包括以下内容：

a. 事故发生的时间、地点、工程项目、企业名称。

b. 事故发生的简要经过、伤亡人数和直接经济损失的初步估计。

c. 事故发生原因的初步判断。

d. 事故发生后采取的措施及事故控制情况。

e. 事故报告单位。

3）依据《特别重大事故调查程序暂行规定》的规定，对于建设工程特别重大事故的报告要求如下：

①特大事故发生单位在事故发生后，必须做到：

a. 立即将所发生特大事故的情况，报告上级归口管理部门和所在地地方人民政府，并报告所在地的省、自治区、直辖市人民政府和国务院归口管理部门。

b. 在24小时内写出事故报告，报本条第a项所列部门。

②涉及军民两个方面的特大事故，特大事故发生单位在事故发生后，必须立即将所发生特大事故的情况报告当地警备司令部或最高军事机关，并应当在24小时内写出事故报告，报上述单位。

③省、自治区、直辖市人民政府和国务院归口管理部门，接到特大事故报告后，应当立即向国务院作出报告。

④特大事故报告应当包括的内容同“重大事故书面报告应当包括的内容”。

9.2.3 事故调查

（1）事故调查内容

根据我国现行职工伤亡事故法规、标准，死亡、重伤事故应按要求进行调查。轻伤事故的调查，可参照执行。

1）事故现场处理。

①事故发生后，应救护受伤害者，采取措施，制止事故蔓延扩大。

②认真保护事故现场，凡与事故有关的物体、痕迹、状态，不得破坏。

③为抢救受伤者需要移动现场某些物体时，必须做好现场标志，记录或进行拍照、录

像。

④为确保现场勘察，清理事故现场，要经事故调查组或劳动部门和人民检察院同意后方可进行。

2）物证收集。

①现场物证包括破损部件、碎片、残留物、致害物及位置等。

②在事故现场收集到的所有物件均应贴上标签，注明地点、时间、管理者。

③对收集到的所有物件应保持原样，不准冲洗、擦试。

④对有害健康的物品应采取不损坏原始证据的安全防护措施。

3）事故事实材料收集。

①与事故鉴别、记录有关的材料。

a. 发生事故的单位、地点、时间。

b. 受害人和肇事者的姓名、性别、年龄、文化程度、职业、技术等级、工龄、本工种工龄、支付工资的形式。

c. 受害人和肇事者的技术状况，接受安全教育情况。

d. 出事当天，受害人和肇事者什么时间开始工作，工作内容、工作量、作业程序、操作时的动作或位置情况。

e. 受害人和肇事者过去的事故记录。

②发生事故的有关情况。

a. 事故发生前设备、设施等的性能和质量状况。

b. 使用的材料情况，必要时进行物理性能和化学性能的实验与分析。

c. 有关设计和工艺方面的技术文件、工作指令和规章制度方面的资料及执行情况（正确的做法）。

d. 关于工作环境方面的状况，包括照明、湿度、温度、通风、声响、色彩度、道路、工作面状况以及工作环境中的有毒、有害物质取样分析记录。

e. 个人防护措施状况应注意防护用具的有效性、质量、使用范围。

f. 出事前受害人和肇事者的健康状况。

g. 其他可能与引发事故有关的细节或因素。

4）证人材料收集。当事故发生后，要尽快找到被调查收集证人的取证材料，询问证人的口述材料应认真考证其真实程度，并应注意：

①与证人谈话了解事故发生前后有关情况，要交代政策，讲明道理，态度认真、诚恳、亲切、和蔼，防止采取以审讯或粗暴方式，使其愿意合作，反映事实情况。

②询问取证要及时，避免因时间推移，证人对事故现场有关记忆淡漠，防止证人思想情绪发生变化或受到暗示，人为地附和他人而改变自己原有记忆，以及其他人为因素造成掩盖事故发生真相，歪曲事实，而影响事故调查和正确结案工作。

5）事故现场调查笔录、现场照相（录像）、事故图材料。对发生每起死亡事故，尤其是重大事故、特别重大事故的调查中，一份完整的事故现场勘验记录，基本上是由事故现场调查笔录、现场照相（录像）、事故图三个主要部分组成。事故现场调查笔录是事故现场勘验记录的主体，现场照片（录像）、事故图是事故现场调查笔录的重要附件。这三部分在事故调查原因分析、追究事故的有关责任中，起到恢复重现事故现场原貌的作用。

①事故现场调查笔录。事故现场调查笔录是对发生事故现场客观事实的真实记载，便于事故调查分析了解现场的原始状况，必要时可根据记录内容恢复现场的原貌，是分析事故原因，提取肇事者和责任者真实口述的重要客观依据。

②现场照相（录像）。现场照相（录像），是事故调查记录的重要组成部分，是提供事故分析认定的依据之一。事故现场照相，大体分为三种：

a. 事故现场全貌照相。也称橄榄照相，反映出事故现场方位、全貌、事故发生范围的情况。

b. 事故现场近距照相。显示主要物体的状态、特点，记录事故发生重要部位、设备、残骸和死亡者尸体所在部位，与周围环境中的位置及其相互关系。

c. 事故现场细目照相。主要反映记录事故现场发现可能被清除或被践踏的痕迹，如刹车痕迹，地面和建筑物的伤痕，火灾、爆炸引起的损害，受害者的伤害部位等，要及时拍照，以免遭受破坏消失，影响事故调查结案。

③事故图。事故调查报告中绘制出的事故图，如事故现场示意图、流程图、受害者位置图等，以及了解事故情况所必需的信息。事故图能准确地反映出事故现场原貌、位置、周围环境与肇事者有关的设备、设施、物体、痕迹的相互关系，查找出真正事故原因，确定肇事者及有关责任者，采取防范措施。

为保证事故调查正常进行，企业单位必须积极配合事故调查组的工作，提供事故调查中所涉及的有关情况、人员、资料、器材等条件。事故调查组根据所调查人证、物证等有关材料，确定事故性质和事故类别，整理出事故调查经过材料，为事故分析做好准备。

（2）事故调查程序

1）事故调查。

①轻伤、重伤事故，由企业负责人或指定人员组织生产、技术、安全等有关人员及工会成员参加的事故调查组进行调查。对一次重伤 3 人以上（含 3 人）的重伤事故，安全监察部门视情况进行调查。

②死亡事故，由企业主管部门会同企业所在地设区的市（或者相当于设区的市一级）安全监察部门、公安部门、工会组成事故调查组，进行调查，县（区）等以下企业发生死亡事故，地市一级安全监察部门可视情况，委托县（市）一级安全监察部门参加事故调查。上级安全监察部门委托下级安全监察部门参加调查时，原则上是委派一级。

③重大死亡事故，按照企业的隶属关系由省、自治区、直辖市企业主管部门或者国务院有关主管部门会同同级安全监察部门、公安部门、监察部门、工会组成事故调查组，进行调查。对一次死亡 3 人以上的事故，省安全监察部门和有关部门可授权市（地）安全监察部门和有关部门调查。

④无主管部门或一起事故涉及分属不同主管部门的企业发生伤亡事故，由安全监察部门或当地人民政府授权部门组织调查。

⑤按照规定的调查组参加单位，因故不能参加事故调查时，已组成调查组仍合法进行调查工作。

⑥对死亡事故和重大死亡事故的调查组，应当邀请人民检察院派人员参加。有的还可邀

请其他有关部门的人员和有关专家参加。专家组的任务是：参与特别重大事故调查、对事故隐患评估和安全技术咨询工作。

2）事故调查组成员条件。

①具有事故调查所需要的某一方面的专长。

②与发生事故没有直接利害关系。

3）事故调查组的职责。

①查明事故发生原因、过程和人员伤亡、经济损失情况。

②确定事故责任者。

③提出事故处理意见和防范措施的建议。

④写出事故调查报告。

4）事故调查组有权向发生事故的企业和有关单位、有关人员了解有关情况和索取有关资料，任何单位和个人不得拒绝，不得阻碍、干涉事故调查组的正常工作。

5）事故调查组在查明事故情况以后，如果对事故的分析和事故责任者的处理不能取得一致意见，安全监察部门有权提出结论性意见；如果仍有不同意见，应报上级安全监察部门协商有关部门处理；仍不能达到一致意见的，报同级人民政府裁决。但不得超过事故处理工作的时限。按《生产安全事故报告和调查处理条例》（国务院令第 493 号），伤亡事故处理工作应当在 60 日内结案，特殊情况不得超过 120 日。

9.2.4 事故分析

(1) 事故分析步骤

在进行事故调查原因分析时，通常按照以下步骤进行分析：

1）整理和阅读调查材料。

2）分析伤害方式。从以下几个方面进行分析：受伤部位、受伤性质、起因物、致害物、伤害方式、不安全状态、不安全行为。

3）确定事故的直接原因。

4）确定事故的间接原因。

5）确定事故责任者。

(2) 分析事故原因

1）属于下列情况者为直接原因：

①机械、物质或环境的不安全状态导致事故。

②人的不安全行为导致事故。

2）属于下列情况者为间接原因：

①技术和设计上有缺陷，主要是工业构件、建筑物、机械设备、仪器仪表工艺过程、操作方法、维修检验等的设计、施工和材料使用存在问题。

②教育培训不够，未经培训或无证上岗，缺乏或不懂安全操作技术知识，安全生产意识差。

③劳动组织不合理。主要是工作安排不合理、随意加班加点。

④对现场工作缺乏检查或指导错误。

⑤没有安全操作规程，或操作规程和管理制度不健全。

⑥没有或不认真实施事故防范措施，对事故隐患整改不力。

⑦其他非直接原因引发事故的因素。

3）进行事故原因分析时，应从直接原因入手，逐步深入到间接原因，从而掌握事故的全部原因，再分清主次，进行事故责任分析。

(3) 分析事故责任

确定事故的责任人，包括直接责任者、主要责任者、领导责任者；确定事故的责任是行政责任、刑事责任还是民事责任。

9.2.5 事故处理

(1) 事故性质认定的原则、程序和目的

1）事故调查的原则。事故性质认定依赖于事故调查的结论，事故调查的原则：实事求是、尊重科学的原则，“四不放过”原则，公正、公开原则，分级管辖原则。

2）“四不放过”原则。

①事故原因没有查清不放过。

②广大职工没有受到教育不放过。

③防范措施没有落实不放过。

④事故责任者没有严肃处理不放过。

事故处理的“四不放过”原则是要求对安全生产工伤事故必须进行严肃认真的调查处理，接受教训，防止同类事故重复发生。

“四不放过”原则的第一层含义是要求在调查处理伤亡事故时，首先要把事故原因分析清楚，找出导致事故发生的真正原因，不能敷衍了事，不能在尚未找到事故主要原因时就轻易下结论，也不能把次要原因当成真正原因，未找到真正原因绝对不轻易放过，直至找到事故发生的真正原因，并搞清各因素之间的因果关系才算达到事故原因分析的目的。

“四不放过”原则的第二层含义是要求在调查处理工伤事故时，不能认为原因分析清楚了，有关人员也处理了，就算完成任务了，还必须使事故责任者和广大群众了解事故发生的原因及所造成的危害，并深刻认识到搞好安全生产的重要性，使大家从事故中吸取教训，在今后工作中更加重视安全工作。

“四不放过”原则的第三层含义是要求在对工伤事故进行调查法律责任与预防控制处理时，必须针对事故发生的原因，提出防止相同或类似事故发生的切实可行的预防措施，并督促事故发生单位加以实施。只有这样，才算达到了事故调查和处理的最终目的。

“四不放过”原则的第四层含义也是安全事故责任追究制的具体体现，即对事故责任者要严格按照安全事故责任追究规定和有关法律、法规的规定进行严肃处理。

3）事故调查处理过程。事故调查处理过程包括组成调查组、开展调查和完成调查报告、有关部门对调查报告进行批复结案等几个阶段。

4）关于事故批复的规定。特别重大事故调查报告完成后，要先经国家监察部门对责任人处理做出批复，再由国务院或其委托的国家安全生产监督管理部门做总体批复。特别重大事故一般由省、自治区、直辖市做出决定，特殊情况也可由国务院或国务院委托国家安全生产监督管理部门批复。重大事故由地市人民政府或其授权的安全生产监督管理部门批复。轻伤、重伤、死亡事故由企业所在地设区的政府（或相当级别政府）或其授权的安全生产监督管理部门批复。

5）事故调查处理的最主要目的。总结事故发生的教训和规律，找出针对性的预防措施。

（2）事故责任认定和处理的依据

事故责任认定是在事故原因分析的基础上进行的。事故责任分为：

1）直接责任者。指其行为与事故的发生有直接关系的人员。

2）主要责任者。指对事故的发生起主要作用的人员。

有下列行为的人员负直接责任或主要责任：

①违章指挥或违章作业、冒险作业造成事故的。

②违反安全生产责任制和操作规程造成事故的。

③违反劳动纪律，擅自开动机械设备，擅自更改、拆除装置和设备造成事故的。

3）领导责任者。指对事故的发生负有领导责任的人员。

下列情况负领导责任：

①由于安全生产责任制、安全生产规章和操作规程不健全造成事故的。

②未按规定对员工进行安全教育和技术培训，或未经考试合格上岗造成事故的。

③机械设备超过检修期或超负荷运行或设备有缺陷不采取措施造成事故的。

④作业环境不安全，未采取措施造成事故的。

⑤ 新建、改建、扩建工程项目的安全设施，未与主体工程同时设计、同时施工、同时投入生产和使用造成事故的。

领导责任也可能涉及多人，但其中有的人负主要领导责任，有的人负次要领导责任。

现阶段根据我国有关法律、法规的规定，事故调查和处理主要依据《生产安全事故报告和调查处理条例》（国务院令第 493 号）。

4）责任追究制度。安全生产责任者未履行安全生产有关的法定责任，根据其行为的性质及后果的严重性，可以追究其行政责任、民事责任或刑事责任。可依据的法规有《安全生产法》《刑法》《国务院关于特大安全事故行政责任追究的规定》等。

（3）事故性质的认定方法

对事故性质的认定可依据国家法规和标准，如《企业职工伤亡事故报告和处理规定》《特别重大事故调查程序暂行规定》《企业职工伤亡事故调查分析规则》《企业职工伤亡事故分类标准》等评定。事故的性质一般分为责任事故和非责任事故。

在已明确事故的直接原因和间接原因的基础上，非责任事故是指由目前不可控的自然力引起的事故或目前人类尚未完全掌握的技术原因引起的事故，除此之外皆为责任事故。

附录 1 国家职业标准·安全评价师（试行）

中华人民共和国劳动和社会保障部制定

二〇〇八年四月十九日

说明

根据《中华人民共和国劳动法》的有关规定，为了进一步完善国家职业标准体系，为职业教育、职业培训和职业技能鉴定提供科学、规范的依据，劳动和社会保障部组织有关专家，制定了《安全评价师国家职业标准（试行）》（以下简称《标准》）。

一、本《标准》以客观反映现阶段本职业的水平和对从业人员的要求为目标，在充分考虑经济发展、科技进步和产业结构变化对本职业影响的基础上，对职业的活动范围、工作内容、能力要求和知识水平都作了明确规定。

二、本《标准》的制定遵循了有关技术规程的要求，既保证了《标准》体例的规范化，又体现了以职业活动为导向、以职业能力为核心的特点，同时也使其具有根据科技发展进行调整的灵活性和实用性，符合培训、鉴定和就业工作的需要。

三、本《标准》依据有关规定将本职业分为三个等级，包括职业概况、基本要求、工作要求和比重表四个方面的内容。

四、本《标准》是在各有关专家和实际工作者的共同努力下完成的。参加编写的主要人员有：王如君、阴建康、刘正伟、任建国、丛波、王新、张延松、陈网桦、蒋君成、崔维贤、韩雪峰、王海鹰、王雷；参加审定的主要人员有：杨富、王浩、郭金峰、夏听、刘志、何琪、严涛、陈蕾、刘永澎。本《标准》在制定过程中，得到中国石油和化学工业协会、中国安全生产科学研究院、北京国石安康科技有限公司、大连安全科学研究院、煤炭科学研究总院重庆研究院、南京理工大学、南京工业大学、上海市化工职防院等有关单位的大力支持，在此一并致谢。

五、本《标准》业经劳动和社会保障部批准，自 2008 年 2 月 29 日起施行。

安全评价师国家职业标准

1. 职业概况

1.1 职业名称

安全评价师

1.2 职业定义

采用安全系统工程方法、手段，对建设项目和生产经营单位生产安全存在的风险进行安全评价的人员。

1.3 职业等级

本职业共设三个等级，分别为：三级安全评价师（国家职业资格三级）、二级安全评价师（国家职业资格二级）、一级安全评价师（国家职业资格一级）。

1.4 职业环境

室内、外，常温，有时会在危险、有害环境中工作。

1.5 职业能力特征

具有较强的文字表达、语言沟通、获取信息、综合分析与处理、组织协调、洞察风险和思维判断的能力；具备团队合作精神；身体健康。

1.6　基本文化程度

大学专科毕业

1.7　培训要求

1.7.1　培训期限

全日制职业学校教育，根据其培养目标和教学计划确定，晋级培训期限：三级安全评价师不少于 150 标准学时；二级安全评价师不少于 120 标准学时；一级安全评价师不少于 90 标准学时。

1.7.2　培训教师

培训三级安全评价师的教师应具有二级安全评价师及以上职业资格证书或相关专业高级专业技术职务任职资格；培训二级安全评价师的教师应具有一级安全评价师职业资格证书或相关专业高级专业技术职务任职资格 3 年以上；培训一级安全评价师的教师具有一级安全评价师职业资格证书或相关专业高级专业技术职务任职资格 5 年以上。

1.7.3　培训场地设备

标准教室或具备相应条件的会议室，配备必要的计算机、投影仪或多媒体设备等，卫生、光线、通风条件良好。

1.8　鉴定要求

1.8.1　适用对象

从事或准备从事本职业的人员。

1.8.2　申报条件

——三级安全评价师（具备以下条件之一者）

（1）取得安全工程类专业大学专科学历证书，从事安全生产相关工作 5 年以上。

过渡期间按过渡实施方案执行。

（2）取得其他专业大学专科学历证书，从事安全生产相关工作 5 年以上，经三级安全评价师正规培训达规定标准学时数，并取得结业证书。

（3）取得安全工程类专业大学本科学历证书，从事安全生产相关工作 3 年以上。

（4）取得其他专业大学本科学历证书，从事安全生产相关工作 3 年以上，经三级安全评价师正规培训达规定标准学时数，并取得结业证书。

——二级安全评价师（具备以下条件之一者）

（1）连续从事安全生产相关工作 13 年以上。

（2）取得三级安全评价师职业资格证书后，连续从事本职业工作 5 年以上。

（3）取得三级安全评价师职业资格证书后，连续从事本职业工作 4 年以上，经二级安全评价师正规培训达规定标准学时数，并取得结业证书。

（4）取得安全工程类专业大学本科学历证书后，连续从事本职业工作 5 年以上，或取得其他专业大学本科学历证书后，连续从事本职业工作 7 年以上，经二级安全评价师正规培训达规定标准学时数，并取得结业证书。

（5）取得硕士研究生及以上学历证书后，连续从事本职业工作 2 年以上，经二级安全评价师正规培训达规定标准学时数，并取得结业证书。

——一级安全评价师（具备以下条件之一者）

（1）连续从事安全生产相关工作 19 年。

（2）取得二级安全评价师职业资格证书后，连续从事本职业工作 4 年以上。

（3）取得二级安全评价师职业资格证书后，连续从事本职业工作 3 年以上，经一级安全评价师正规培训达规定标准学时数，并取得结业证书。

新职业试行期间：

(4) 取得硕士研究生及以上学历证书。从事安全生产相关工作 10 年以上，经一级安全评价师正规培训达规定标准学时数，并取得结业证书。

1.8.3 鉴定方式

分为理论知识考试和专业能力考核。理论知识考试采用闭卷笔试方式，专业能力考核采用笔试或综合模拟考试方式。理论知识考试和专业能力考核均实行百分制，成绩皆达 60 分及以上者为合格。二级安全评价师和一级安全评价师还须进行综合评审。

1.8.4 考评人员与考生配比

理论知识考试考评人员与考生配比为 1∶15，每个标准教室不少于 2 名考评人员；专业能力考核考评员与考生配比为 1∶15，且不少于 2 名考评员。综合评审委员不少于 3 人。

1.8.5 鉴定时间

理论知识考试不少于 120 min；专业能力考核不少于 150 min；综合评审时间不少于 30 min。

1.8.6 鉴定场所设备

理论知识考试在标准教室进行。专业能力考核在具有相应考试设施（如多媒体设备等）的标准教室或模拟现场进行。综合评审在标准教室或会议室进行。

2. 基本要求

2.1 职业道德

2.1.1 职业道德基本知识

2.1.2 职业守则

(1) 遵纪守法，客观公正。

(2) 诚实守信，勤勉尽责。

(3) 加强自律，规范执业。

(4) 钻研业务，提高素质。

(5) 竭诚服务，接受监督。

2.2 基础知识

2.2.1 法律、法规和标准、规范

(1) 安全生产相关法律、规范。

(2) 安全生产技术标准、规范。

(3) 安全评价技术标准、规范。

2.2.2 安全评价技术基础知识

(1) 安全系统工程。

(2) 安全评价理论。

(3) 系统安全分析方法。

(4) 安全评价过程控制。

2.2.3 安全生产技术理论知识

(1) 防火、防爆安全技术。

(2) 职业危害控制技术。

(3) 特种设备安全技术。

(4) 矿山安全技术。

(5) 危险化学品安全技术。

(6) 民用爆破器材、烟花爆竹安全技术。

（7）建筑施工安全技术。

（8）其他安全技术。

2.2.4　安全生产管理知识

（1）生产经营单位的安全生产管理。

（2）重大危险源辨识与监控。

（3）事故应急救援。

（4）职业安全健康体系。

（5）安全生产监管、监察。

（6）事故报告、调查、分析与处理。

（7）安全生产事故隐患排查治理。

3. 工作要求

本标准对三级安全评价师、二级安全评价师、一级安全评价师的能力要求依次递进，高级别涵盖低级别的要求。

3.1　三级安全评价师

职业功能	工作内容	能力要求	相关知识
一、危险有害因素辨识	（一）前期准备	1. 能采集安全评价所需的法律、法规、标准、规范、事故案例信息 2. 能采集被评价对象所涉及的人、机、物、法、环基础技术资料	1. 基础资料信息采集方法 2. 生产安全事故案例分析知识
	（二）现场勘察	1. 能对类比工程进行调查 2. 能按现场勘察方案对现场周边环境、水文地质条件等的安全状况进行调查 3. 能使用现场询问观察法、现场检查表对被评价对象的内外部安全距离、安全设施设备装置运行状况、安全监控状况、检测检验状况及管理情况等进行查验	1. 现场调查分析方法 2. 与评价相关的工程设计、勘察基础知识 3. 安全生产条件 4. 安全检查表编写知识
	（三）危险有害因素分析	1. 能对现场勘察结果进行汇总 2. 能对独立生产单元、辅助单元、设施设备装置、作业场所存在的危险、有害因素进行识别 3. 能分析危险、有害因素分布情况	1. 危险、有害因素辨识方法 2. 生产过程危险和有害因素分类与代码知识 3. 企业职工伤亡事故分类知识 4. 重大危险源辨识知识
二、危险与危害程度评价	（一）划分评价单元	1. 能以危险、有害因素的类别划分评价单元 2. 能以装置特征和物质特性划分评价单元 3. 能依据评价方法的有关规定划分评价单元	评价单元划分的原则和方法
	（二）定性定量评价	能使用安全检查表、预先危险性分析、作业条件危险性评价、风险矩阵、重大危险源辨识方法进行评价	1. 安全评价方法的确定原则 2. 预先危险性分析、作业条件危险性评价、风险矩阵重大危险源辨识方法知识

续表

职业功能	工作内容	能力要求	相关知识
三、风险控制	（一）提出安全对策措施	1. 能提出评价单元的技术、布局、工艺、方式和设施、设备、装置方面的安全对策措施 2. 能提出评价单元配套和辅助工程的安全对策措施 3. 能提出制定评价单元应急救援措施的技术要点	安全对策措施基本知识
	（二）编制评价报告	1. 能编制安全评价报告前言、编制依据、项目概况、危险有害因素辨识、定性定量评价、单元安全对策措施等章节内容 2. 能按照安全评价有关规范编制安全评价报告的单元评价结论	1. 单元评价结论编制原则 2. 安全评价报告编写规范

3.2　二级安全评价师

职业功能	工作内容	能力要求	相关知识
一、危险有害因素辨识	（一）前期准备	1. 能编制危险有害因素辨识方案及现场检查表 2. 能分析评价对象，能确定评价范围	1. 工程项目危险有害特征知识 2. 计划表编制方法
	（二）危险有害因素分析	1. 能对建设项目和生产经营单位存在的危险有害因素进行分类 2. 能对建设项目和生产经营单位存在的危险有害因素进行分析	1. 企业生产工艺基础知识 2. 各类安全评价导则和细则
二、危险与危害程度评价	（一）定性评价	能运用故障假设分析法与故障假设/检查表分析法、故障类型和影响分析法、工作任务分析法进行评价	故障假设分析法与故障假设/检查表分析法、故障类型和影响分析法、工作任务分析法知识
	（二）定量评价	能运用事故树、事件树、火灾爆炸指数法、概率理论分析方法进行评价	事故树、事件树、火灾爆炸指数法、概率理论分析方法知识
三、风险控制	（一）提出安全对策措施	1. 能提出安全技术对策措施 2. 能提出安全管理对策措施 3. 能编制事故应急救援预案	安全评价对策措施效果知识
	（二）编制评价报告	1. 能确定综合评价结论，完成安全评价报告 2. 能对安全评价报告进行内部审核	安全评价过程控制基本知识

续表

职业功能	工作内容	能力要求	相关知识
四、技术管理	（一）项目实施计划管理	1. 能对评价项目承接风险进行分析 2. 能编制现场勘察人员及器材设备配置方案 3. 能编制项目实施计划	1. 人员配置管理计划知识 2. 项目勘察方案编写要求
	（二）项目成果管理	1. 能对项目完成情况进行跟踪 2. 能根据用户意见对评价报告进行完善	信息反馈与交流知识
五、培训与指导	（一）培训	1. 能编制三级安全评价师培训计划 2. 能编制三级安全评价师培训讲义	1. 培训讲义编写基本知识 2. 多媒体课程开发知识 3. 专业能力指导方法
	（二）指导	1. 能指导三级安全评价师进行评价工作 2. 能编制三级安全评价人员作业指导书	

3.3　一级安全评价师

职业功能	工作内容	能力要求	相关知识
一、危险有害因素辨识	（一）前期准备	1. 能编制区域经济发展和产业结构、社会人文环境和周边自然生态状况等资料的收集方案 2. 能编制区域危险、有害因素分析方案	区域危险、有害因素辨识方案编制原则和要素
	（二）危险有害因素分析	1. 能分析区域内建设项目和生产经营单位的危险、有害因素对区域周边单位生产、经营活动或者居民生活的影响 2. 能分析区域周边单位生产、经营活动或者居民生活对区域内建设项目和生产经营单位的影响 3. 能分析区域所在地的自然条件对建设项目和生产经营单位的影响	1. 自然灾害知识 2. 选址与总图布置知识
二、危险与危害程度评价	（一）定性评价	能运用危险和可操作性研究、认知可靠性分析、模糊理论法进行评价	危险和可操作性研究、认知可靠性分析、模糊理论法知识
	（二）定量评价	1. 能运用液体及气体泄漏扩散、火焰与辐射强度、火球爆炸伤害、爆炸冲击波超压伤害、气云爆炸超压破坏、凝聚态爆炸、粉尘爆炸、爆炸伤害 TNT 当量模型进行评价 2. 能运用事故频率分析方法对发生事故的概率进行评价 3. 能进行风险等级、事故损失评价	1. 事故后果预测方法 2. 事故频率分析方法 3. 定量风险评价知识 4. 财产损失预测知识

续表

职业功能	工作内容	能力要求	相关知识
三、风险控制	（一）报告审核	1. 能提出和确定安全评价报告审核要素 2. 能制订安全评价报告审核方案 3. 能对安全评价报告进行审定	安全评价报告审核知识
	（二）项目方案编制	1. 能编制安全评价项目投标书 2. 能确定项目风险分析方案 3. 能审定评价工作计划	1. 项目投标知识 2. 项目风险分析知识 3. 技术经济分析方法
四、技术管理	（一）评价技术创新与开发	1. 能运用国内外新的安全评价方法进行评价 2. 能创新与开发新的安全评价技术方法	1. 安全评价数据库功能设置知识 2. 信息处理知识
	（二）技术支撑	1. 能提出安全评价基础数据库的建立方案 2. 能提出安全评价技术支撑体系建设方案	
五、培训与指导	（一）培训	1. 能编制二级安全评价师培训计划 2. 能编制二级安全评价师培训教材	教案编写基本知识
	（二）指导	1. 能指导二级安全评价师进行评价工作 2. 能制订安全评价报告质量评判标准和实施方案 3. 能编制安全评价过程控制文件	1. 安全评价报告质量管理方法 2. 安全评价过程控制文件编写方法 3. 专业能力指导方案

4. 比重表

4.1 理论知识

%

项目		三级安全评价师	二级安全评价师	一级安全评价师
基本要求	职业道德	5	5	5
	基础知识	35	9	4
相关知识	危险有害因素辨识	24	15	18
	危险与危害程度评价	21	35	40
	风险控制	15	20	13
	技术管理	—	8	10
	培训与指导	—	8	10
合计		100	100	100

4.2 专业能力

%

项目		三级安全评价师	二级安全评价师	一级安全评价师
能力要求	危险有害因素辨识	35	25	20
	危险与危害程度评价	35	41	46
	风险控制	30	15	14
	技术管理	—	10	10
	培训与指导	—	9	10
合计		100	100	100

附录2 安全评价过程控制文件编写指南

安全评价机构应按照相关要求编制安全评价过程控制文件，明确过程控制方针和目标，确定岗位职责，保证安全评价过程控制持续有效。

过程控制文件包括过程控制手册、程序文件和作业文件，经安全评价机构主要负责人批准实施，并定期检查改进。

过程控制文件内容包括风险分析、实施评价、报告审核、技术支撑、作业文件、内部管理、档案管理和检查改进等。

一、风险分析

（一）理解要点

1. 风险分析的时机。风险分析应在安全评价项目合同签订之前进行。

2. 风险分析的重点

（1）被评价单位：基本概况、评价类别（预评价、验收评价、现状评价）和项目投资规模、地理位置、周边环境、行业风险特性等。

（2）评价机构：项目是否在资质业务范围之内，现有评价人员专业构成是否满足评价项目需要，是否聘请相关专业的技术专家，承担项目的风险。

（3）项目的经济性。

（4）项目的可行性。

（5）工作计划。

（二）实施要求

1. 建立并不断改进风险分析程序文件。

2. 明确风险分析负责部门和参与部门。

3. 明确风险分析具体内容，确定判断准则。

4. 记录、保存风险分析结果。

5. 合同签订后应制订详细的工作计划，记录、保存计划实施过程。

二、实施评价

（一）理解要点

1. 根据过程控制方针和目标实施安全评价。

2. 组建评价项目组并任命项目组长。项目组应由与评价项目相关的专业人员组成，且评价人员专业配备能够满足项目要求，个别专业人员不足时，应选择相应专业的技术专家参加。

3. 项目组按照有关法律法规和技术标准及过程控制要求进行安全评价。

（1）系统收集被评价单位有关资料（含影像资料），进行现场考察、勘察、观测。

（2）获取检测检验数据。

（3）划分评价单元。

（4）识别危险有害因素。

（5）选择评价方法。

（6）取得评价结果。

（7）提出安全对策措施和建议。

（8）作出评价结论。

（9）编制评价报告。

（二）实施要求

1. 建立并不断改进实施评价程序文件。

2. 明确项目组组成原则。

3. 明确原始评价资料收集要求。

4. 明确检测检验数据采用要求。

5. 明确评价报告签字、批准、盖章程序要求。

三、报告审核

（一）理解要点

1. 报告审核

报告审核的重点是评价依据资料的完整性、危险有害因素识别的充分性、评价单元划分的合理性、评价方法的适用性、对策措施的针对性和评价结论的正确性等。

2. 内部审核

内部审核是由安全评价机构内非项目组成员进行的审核。主要内容包括：评价依据是否充分、有效，危险有害因素识别是否全面，评价单元划分是否合理，评价方法选择是否适当，对策措施是否可行，结论是否正确，格式是否符合要求，文字是否准确等。

3. 技术负责人审核

技术负责人审核是在评价报告内部审核完成后，由技术负责人重点对现场收集的有关资料是否齐全、有效和危险有害因素识别充分性、评价方法合理性、对策措施针对性、结论正确性及格式、文字等内容进行的审核。

4. 过程控制负责人审核

过程控制负责人审核是在内部审核和技术负责人审核完成后，由过程控制负责人重点对评价项目整个过程是否符合过程控制文件要求而进行的审核。主要包括：是否进行了风险分析，是否编制了项目实施计划，是否进行了报告审核，记录是否完整，是否满足过程控制要求等内容。

（二）实施要求

1. 建立并不断改进报告审核程序文件。

2. 明确报告内部审核部门和审核人员职责，重点明确技术和过程控制负责人职责。

3. 明确内部审核、技术和过程控制负责人审核要求。

4. 内部审核、技术和过程控制负责人审核记录应完整并保存。

四、技术支撑

（一）理解要点

1. 基础数据库

（1）法律法规、技术标准数据库。

（2）有关物质特性、事故案例数据库。

（3）其他数据库。

2. 技术及软件

购买及自主开发的技术及应用软件、内部管理信息系统软件、图书和资料管理系统软件等。

3. 检测检验及科研开发能力

检测检验主要包括检测检验资质类别、业务范围、项目及检测检验人员资格等。科研开发能力是指机构安全评价技术研究的基础条件（包括设备和科研人员状况）、科研开发项目、科研经费与资金投入等。

4. 协作支撑

安全评价机构如果自身不具备检测检验及科研开发能力，应与有关的安全科学技术研究单位和具有相关检测检验资质的机构签订技术协作协议，建立协作支撑渠道。

（二）实施要求

1. 上述各项是安全评价机构必备的技术支撑条件。

2. 技术支撑条件应在过程控制手册中详细说明。

五、作业文件

作业文件是程序文件的支持性文件。

（一）理解要点

按照相关规定和技术标准，结合业务范围及领域，编制相应的安全评价作业文件。

（二）实施要求

1. 编制安全预评价、验收评价和现状评价作业文件，并不断完善。

2. 根据业务范围及领域，编制相应的作业文件，并通过加强内部培训，保证贯彻执行。

六、内部管理

（一）理解要点

1. 评价人员和技术专家管理。

2. 业绩考核。

3. 业务培训。

4. 信息通报。

5. 跟踪服务。

6. 保密。

7. 资质和印章管理。

（二）实施要求

1. 建立评价人员和技术专家管理制度

评价人员管理主要包括劳动关系（劳动合同和具有法律效力的劳动关系证明）和从业资格、业绩、培训、保密及从业行为等；技术专家管理主要包括聘用协议和业绩、培训、保密及从业行为等。

2. 建立业绩考核管理制度

建立机构、评价人员和技术专家业绩档案，及时统计和报送业绩情况。

3. 建立业务培训制度

(1) 根据职责明确评价人员的能力要求。

(2) 制订评价人员业务培训计划，保存培训记录。

(3) 定期审查和不断改进业务培训计划，保证其适宜性和有效性。

(4) 业务培训内容

①法律法规、技术标准。

②安全专业知识。

③安全评价过程控制文件。

④其他。

4. 建立信息通报制度

安全评价机构情况（尤其是资质条件）发生变化或发生重大事件应及时报告资质管理部门。

5. 建立跟踪服务制度

明确跟踪服务基本要求，对跟踪服务各环节实施有效控制，积极、妥善解决被评价单位提出的问题，及时处理被评价单位或来自其他方面的投诉、申诉。项目完成后，应对评价报告中提出的对策措施的实施情况进行跟踪，确认其适用性及有效性，适时进行调整。

6. 建立保密制度

明确保密范围，确定保密等级，对被评价单位的技术和商业机密保守秘密。

7. 建立资质和印章管理制度

严格资质和印章管理，认真履行相关手续，严禁转借或出租资质和印章。

七、档案管理

（一）理解要点

1. 明确获取法律法规和技术标准的内容、途径、方法、频次，并对其有效性进行识别，保持有关法律法规、技术标准和政策信息及时、有效。

2. 文件和资料管理

文件和资料主要包括法律法规及技术标准、过程控制手册、程序文件、作业文件、管理制度、基础数据库、评价项目档案、过程控制记录和外部文件等。

（二）实施要求

1. 建立并不断改进文件和资料控制程序，明确相关部门和人员的职责，规定文件和资料的编号、受控状态、修改、审核、批准、借阅、档案的保存期限和密级、记录的格式和要求等。

2. 建立并不断改进获取法律法规和技术标准控制程序，明确相关部门和人员职责。

3. 编制适用的法律法规和技术标准目录，并定期更新。

4. 过程控制记录应便于查询，避免损坏、变质或遗失，明确记录保存期限。明确工作过程中记录的编目、归档、保存及处理实施控制要求，保证记录的完整、有效。记录应字迹清楚、标识明确。

八、检查改进

（一）理解要点

检查改进是安全评价机构过程控制实现自我约束、自我发展、自我完善的重要环节。

1. 内部审查

安全评价机构应定期组织内部审查，通过观察、交谈，查阅文件和记录，获取客观证据，及时发现不合格项。

内部审查内容：

（1）审查范围。

（2）审查依据。

（3）审查方案。

（4）明确实施审查和报告审查结果的职责和要求。

2. 及时采取纠正和预防措施

纠正和预防措施是对过程控制运行的监督。对于发生偏离过程控制方针和目标的情况应及时加以纠正，预防同类问题的再次发生。

（二）实施要求

1. 建立并不断改进内部审查程序

制定内部审查控制要求，明确内部审查的时机、方式，保证内部审查有效实施。内部审查由机构内部专业人员进行，审查人员与被审查活动无直接关系。

（1）明确内部审查记录要求。

（2）明确相关部门和人员职责。

（3）编写不合格项报告和内部审查报告。

（4）明确纠正和预防措施要求。

2. 建立并不断改进投诉申诉处理程序

（1）调查和处理不合格项和投诉、申诉。

（2）制定措施纠正和预防不合格项产生的影响。

（3）采取纠正和预防措施。

（4）确认纠正和预防措施的有效性。

附录3　生产安全事故报告和调查处理条例

第一章　总　则

第一条　为了规范生产安全事故的报告和调查处理，落实生产安全事故责任追究制度，防止和减少生产安全事故，根据《中华人民共和国安全生产法》和有关法律，制定本条例。

第二条　生产经营活动中发生的造成人身伤亡或者直接经济损失的生产安全事故的报告和调查处理，适用本条例；环境污染事故、核设施事故、国防科研生产事故的报告和调查处理不适用本条例。

第三条　根据生产安全事故（以下简称事故）造成的人员伤亡或者直接经济损失，事故一般分为以下等级：

（一）特别重大事故，是指造成30人以上死亡，或者100人以上重伤（包括急性工业中毒，下同），或者1亿元以上直接经济损失的事故；

（二）重大事故，是指造成10人以上30人以下死亡，或者50人以上100人以下重伤，或者5 000万元以上1亿元以下直接经济损失的事故；

（三）较大事故，是指造成3人以上10人以下死亡，或者10人以上50人以下重伤，或者1 000万元以上5 000万元以下直接经济损失的事故；

（四）一般事故，是指造成3人以下死亡，或者10人以下重伤，或者1 000万元以下直接经济损失的事故。

国务院安全生产监督管理部门可以会同国务院有关部门，制定事故等级划分的补充性规定。

本条第一款所称的“以上”包括本数，所称的“以下”不包括本数。

第四条　事故报告应当及时、准确、完整，任何单位和个人对事故不得迟报、漏报、谎报或者瞒报。

事故调查处理应当坚持实事求是、尊重科学的原则，及时、准确地查清事故经过、事故原因和事故损失，查明事故性质，认定事故责任，总结事故教训，提出整改措施，并对事故责任者依法追究责任。

第五条　县级以上人民政府应当依照本条例的规定，严格履行职责，及时、准确地完成事故调查处理工作。

事故发生地有关地方人民政府应当支持、配合上级人民政府或者有关部门的事故调查处理工作，并提供必要的便利条件。

参加事故调查处理的部门和单位应当互相配合，提高事故调查处理工作的效率。

第六条　工会依法参加事故调查处理，有权向有关部门提出处理意见。

第七条　任何单位和个人不得阻挠和干涉对事故的报告和依法调查处理。

第八条　对事故报告和调查处理中的违法行为，任何单位和个人有权向安全生产监督管理部门、监察机关或者其他有关部门举报，接到举报的部门应当依法及时处理。

第二章　事故报告

第九条　事故发生后，事故现场有关人员应当立即向本单位负责人报告；单位负责人接到报告后，应当于1小时内向事故发生地县级以上人民政府安全生产监督管理部门和负有安全生产监督管理职责的有关部门报告。

情况紧急时，事故现场有关人员可以直接向事故发生地县级以上人民政府安全生产监督管理部门和负有安全生产监督管理职责的有关部门报告。

第十条 安全生产监督管理部门和负有安全生产监督管理职责的有关部门接到事故报告后，应当依照下列规定上报事故情况，并通知公安机关、劳动保障行政部门、工会和人民检察院：

（一）特别重大事故、重大事故逐级上报至国务院安全生产监督管理部门和负有安全生产监督管理职责的有关部门；

（二）较大事故逐级上报至省、自治区、直辖市人民政府安全生产监督管理部门和负有安全生产监督管理职责的有关部门；

（三）一般事故上报至设区的市级人民政府安全生产监督管理部门和负有安全生产监督管理职责的有关部门。

安全生产监督管理部门和负有安全生产监督管理职责的有关部门依照前款规定上报事故情况，应当同时报告本级人民政府。国务院安全生产监督管理部门和负有安全生产监督管理职责的有关部门以及省级人民政府接到发生特别重大事故、重大事故的报告后，应当立即报告国务院。

必要时，安全生产监督管理部门和负有安全生产监督管理职责的有关部门可以越级上报事故情况。

第十一条 安全生产监督管理部门和负有安全生产监督管理职责的有关部门逐级上报事故情况，每级上报的时间不得超过 2 小时。

第十二条 报告事故应当包括下列内容：

（一）事故发生单位概况；

（二）事故发生的时间、地点以及事故现场情况；

（三）事故的简要经过；

（四）事故已经造成或者可能造成的伤亡人数（包括下落不明的人数）和初步估计的直接经济损失；

（五）已经采取的措施；

（六）其他应当报告的情况。

第十三条 事故报告后出现新情况的，应当及时补报。

自事故发生之日起 30 日内，事故造成的伤亡人数发生变化的，应当及时补报。道路交通事故、火灾事故自发生之日起 7 日内，事故造成的伤亡人数发生变化的，应当及时补报。

第十四条 事故发生单位负责人接到事故报告后，应当立即启动事故相应应急预案，或者采取有效措施，组织抢救，防止事故扩大，减少人员伤亡和财产损失。

第十五条 事故发生地有关地方人民政府、安全生产监督管理部门和负有安全生产监督管理职责的有关部门接到事故报告后，其负责人应当立即赶赴事故现场，组织事故救援。

第十六条 事故发生后，有关单位和人员应当妥善保护事故现场以及相关证据，任何单位和个人不得破坏事故现场、毁灭相关证据。

因抢救人员、防止事故扩大以及疏通交通等原因，需要移动事故现场物件的，应当做出标志，绘制现场简图并做出书面记录，妥善保存现场重要痕迹、物证。

第十七条 事故发生地公安机关根据事故的情况，对涉嫌犯罪的，应当依法立案侦查，采取强制措施和侦查措施。犯罪嫌疑人逃匿的，公安机关应当迅速追捕归案。

第十八条 安全生产监督管理部门和负有安全生产监督管理职责的有关部门应当建立值班制度，并向社会公布值班电话，受理事故报告和举报。

第三章　事故调查

第十九条 特别重大事故由国务院或者国务院授权有关部门组织事故调查组进行调查。

重大事故、较大事故、一般事故分别由事故发生地省级人民政府、设区的市级人民政府、县级人民政府负责调查。省级人民政府、设区的市级人民政府、县级人民政府可以直接组织事故调查组进行调查，也可以授权或者委托有关部门组织事故调查组进行调查。

未造成人员伤亡的一般事故，县级人民政府也可以委托事故发生单位组织事故调查组进行调查。

第二十条　上级人民政府认为必要时，可以调查由下级人民政府负责调查的事故。

自事故发生之日起 30 日内（道路交通事故、火灾事故自发生之日起 7 日内），因事故伤亡人数变化导致事故等级发生变化，依照本条例规定应当由上级人民政府负责调查的，上级人民政府可以另行组织事故调查组进行调查。

第二十一条　特别重大事故以下等级事故，事故发生地与事故发生单位不在同一个县级以上行政区域的，由事故发生地人民政府负责调查，事故发生单位所在地人民政府应当派人参加。

第二十二条　事故调查组的组成应当遵循精简、效能的原则。

根据事故的具体情况，事故调查组由有关人民政府、安全生产监督管理部门、负有安全生产监督管理职责的有关部门、监察机关、公安机关以及工会派人组成，并应当邀请人民检察院派人参加。

事故调查组可以聘请有关专家参与调查。

第二十三条　事故调查组成员应当具有事故调查所需要的知识和专长，并与所调查的事故没有直接利害关系。

第二十四条　事故调查组组长由负责事故调查的人民政府指定。事故调查组组长主持事故调查组的工作。

第二十五条　事故调查组履行下列职责：

（一）查明事故发生的经过、原因、人员伤亡情况及直接经济损失；

（二）认定事故的性质和事故责任；

（三）提出对事故责任者的处理建议；

（四）总结事故教训，提出防范和整改措施；

（五）提交事故调查报告。

第二十六条　事故调查组有权向有关单位和个人了解与事故有关的情况，并要求其提供相关文件、资料，有关单位和个人不得拒绝。

事故发生单位的负责人和有关人员在事故调查期间不得擅离职守，并应当随时接受事故调查组的询问，如实提供有关情况。

事故调查中发现涉嫌犯罪的，事故调查组应当及时将有关材料或者其复印件移交司法机关处理。

第二十七条　事故调查中需要进行技术鉴定的，事故调查组应当委托具有国家规定资质的单位进行技术鉴定。必要时，事故调查组可以直接组织专家进行技术鉴定。技术鉴定所需时间不计入事故调查期限。

第二十八条　事故调查组成员在事故调查工作中应当诚信公正、恪尽职守，遵守事故调查组的纪律，保守事故调查的秘密。

未经事故调查组组长允许，事故调查组成员不得擅自发布有关事故的信息。

第二十九条　事故调查组应当自事故发生之日起 60 日内提交事故调查报告；特殊情况下，经负责事故调查的人民政府批准，提交事故调查报告的期限可以适当延长，但延长的期限最长不超过 60 日。

第三十条　事故调查报告应当包括下列内容：

（一）事故发生单位概况；

（二）事故发生经过和事故救援情况；

（三）事故造成的人员伤亡和直接经济损失；

（四）事故发生的原因和事故性质；

（五）事故责任的认定以及对事故责任者的处理建议；

（六）事故防范和整改措施。

事故调查报告应当附具有关证据材料。事故调查组成员应当在事故调查报告上签名。

第三十一条 事故调查报告报送负责事故调查的人民政府后，事故调查工作即告结束。事故调查的有关资料应当归档保存。

第四章 事故处理

第三十二条 重大事故、较大事故、一般事故，负责事故调查的人民政府应当自收到事故调查报告之日起15日内做出批复；特别重大事故，30日内做出批复，特殊情况下，批复时间可以适当延长，但延长的时间最长不超过30日。

有关机关应当按照人民政府的批复，依照法律、行政法规规定的权限和程序，对事故发生单位和有关人员进行行政处罚，对负有事故责任的国家工作人员进行处分。

事故发生单位应当按照负责事故调查的人民政府的批复，对本单位负有事故责任的人员进行处理。

负有事故责任的人员涉嫌犯罪的，依法追究刑事责任。

第三十三条 事故发生单位应当认真吸取事故教训，落实防范和整改措施，防止事故再次发生。防范和整改措施的落实情况应当接受工会和职工的监督。

安全生产监督管理部门和负有安全生产监督管理职责的有关部门应当对事故发生单位落实防范和整改措施的情况进行监督检查。

第三十四条 事故处理的情况由负责事故调查的人民政府或者其授权的有关部门、机构向社会公布，依法应当保密的除外。

第五章 法律责任

第三十五条 事故发生单位主要负责人有下列行为之一的，处上一年年收入40%至80%的罚款；属于国家工作人员的，并依法给予处分；构成犯罪的，依法追究刑事责任：

（一）不立即组织事故抢救的；

（二）迟报或者漏报事故的；

（三）在事故调查处理期间擅离职守的。

第三十六条 事故发生单位及其有关人员有下列行为之一的，对事故发生单位处100万元以上500万元以下的罚款；对主要负责人、直接负责的主管人员和其他直接责任人员处上一年年收入60%至100%的罚款；属于国家工作人员的，并依法给予处分；构成违反治安管理行为的，由公安机关依法给予治安管理处罚；构成犯罪的，依法追究刑事责任：

（一）谎报或者瞒报事故的；

（二）伪造或者故意破坏事故现场的；

（三）转移、隐匿资金、财产，或者销毁有关证据、资料的；

（四）拒绝接受调查或者拒绝提供有关情况和资料的；

（五）在事故调查中作伪证或者指使他人作伪证的；

（六）事故发生后逃匿的。

第三十七条 事故发生单位对事故发生负有责任的，依照下列规定处以罚款：

（一）发生一般事故的，处10万元以上20万元以下的罚款；

（二）发生较大事故的，处20万元以上50万元以下的罚款；

（三）发生重大事故的，处50万元以上200万元以下的罚款；

（四）发生特别重大事故的，处200万元以上500万元以下的罚款。

第三十八条　事故发生单位主要负责人未依法履行安全生产管理职责，导致事故发生的，依照下列规定处以罚款；属于国家工作人员的，并依法给予处分；构成犯罪的，依法追究刑事责任：

（一）发生一般事故的，处上一年年收入 30%的罚款；

（二）发生较大事故的，处上一年年收入 40%的罚款；

（三）发生重大事故的，处上一年年收入 60%的罚款；

（四）发生特别重大事故的，处上一年年收入 80%的罚款。

第三十九条　有关地方人民政府、安全生产监督管理部门和负有安全生产监督管理职责的有关部门有下列行为之一的，对直接负责的主管人员和其他直接责任人员依法给予处分；构成犯罪的，依法追究刑事责任：

（一）不立即组织事故抢救的；

（二）迟报、漏报、谎报或者瞒报事故的；

（三）阻碍、干涉事故调查工作的；

（四）在事故调查中作伪证或者指使他人作伪证的。

第四十条　事故发生单位对事故发生负有责任的，由有关部门依法暂扣或者吊销其有关证照；对事故发生单位负有事故责任的有关人员，依法暂停或者撤销其与安全生产有关的执业资格、岗位证书；事故发生单位主要负责人受到刑事处罚或者撤职处分的，自刑罚执行完毕或者受处分之日起，5 年内不得担任任何生产经营单位的主要负责人。

为发生事故的单位提供虚假证明的中介机构，由有关部门依法暂扣或者吊销其有关证照及其相关人员的执业资格；构成犯罪的，依法追究刑事责任。

第四十一条　参与事故调查的人员在事故调查中有下列行为之一的，依法给予处分；构成犯罪的，依法追究刑事责任：

（一）对事故调查工作不负责任，致使事故调查工作有重大疏漏的；

（二）包庇、袒护负有事故责任的人员或者借机打击报复的。

第四十二条　违反本条例规定，有关地方人民政府或者有关部门故意拖延或者拒绝落实经批复的对事故责任人的处理意见的，由监察机关对有关责任人员依法给予处分。

第四十三条　本条例规定的罚款的行政处罚，由安全生产监督管理部门决定。

法律、行政法规对行政处罚的种类、幅度和决定机关另有规定的，依照其规定。

第六章　附　则

第四十四条　没有造成人员伤亡，但是社会影响恶劣的事故，国务院或者有关地方人民政府认为需要调查处理的，依照本条例的有关规定执行。

国家机关、事业单位、人民团体发生的事故的报告和调查处理，参照本条例的规定执行。

第四十五条　特别重大事故以下等级事故的报告和调查处理，有关法律、行政法规或者国务院另有规定的，依照其规定。

第四十六条　本条例自 2007 年 6 月 1 日起施行。国务院 1989 年 3 月 29 日公布的《特别重大事故调查程序暂行规定》和 1991 年 2 月 22 日公布的《企业职工伤亡事故报告和处理规定》同时废止。

附录 4　生产经营单位安全生产事故应急预案编制导则

1　范围

本标准规定了生产经营单位编制安全生产事故应急预案（以下简称应急预案）的程序、内容和要素等基本要求。

本标准适用于中华人民共和国领域内从事生产经营活动的单位。生产经营单位结合本单位的组织结构、管理模式、风险种类、生产规模等特点，可以对应急预案框架结构等要素进行调整。

2　术语和定义

下列术语和定义适用于本标准。

2.1　应急预案 emergency response plan

针对可能发生的事故，为迅速、有序地开展应急行动而预先制订的行动方案。

2.2　应急准备 emergency preparedness

针对可能发生的事故，为迅速、有序地开展应急行动而预先进行的组织准备和应急保障。

2.3　应急响应 emergency response

事故发生后，有关组织或人员采取的应急行动。

2.4　应急救援 emergency rescue

在应急响应过程中，为消除、减少事故危害，防止事故扩大或恶化，最大限度地降低事故造成的损失或危害而采取的救援措施或行动。

2.5　恢复 recovery

事故的影响得到初步控制后，为使生产、工作、生活和生态环境尽快恢复到正常状态而采取的措施或行动。

3　应急预案的编制

3.1　编制准备

编制应急预案应做好以下准备工作：a）全面分析本单位危险因素、可能发生的事故类型及事故的危害程度；b）排查事故隐患的种类、数量和分布情况，并在隐患治理的基础上，预测可能发生的事故类型及其危害程度；c）确定事故危险源，进行风险评估；d）针对事故危险源和存在的问题，确定相应的防范措施；e）客观评价本单位应急能力；f）充分借鉴国内外同行业事故教训及应急工作经验。

3.2　编制程序

3.2.1　应急预案编制工作组

结合本单位部门职能分工，成立以单位主要负责人为领导的应急预案编制工作组，明确编制任务、职责分工，制订工作计划。

3.2.2　资料收集

收集应急预案编制所需的各种资料（相关法律法规、应急预案、技术标准、国内外同行业事故案例分析、本单位技术资料等）。

3.2.3　危险源与风险分析

在危险因素分析及事故隐患排查、治理的基础上，确定本单位的危险源、可能发生事故的类型和后果，进行事故风险分析，并指出事故可能产生的次生、衍生事故，形成分析报告，分析结果作为应急预案的编制依据。

3.2.4　应急能力评估

对本单位应急装备、应急队伍等应急能力进行评估，并结合本单位实际，加强应急能力建设。

3.2.5　应急预案编制

针对可能发生的事故，按照有关规定和要求编制应急预案。应急预案编制过程中，应注重全体人员的参与和培训，使所有与事故有关人员均掌握危险源的危险性、应急处置方案和技能。应急预案应充分利用社会应急资源，与地方政府预案、上级主管单位以及相关部门的预案相衔接。

3.2.6　应急预案评审与发布

应急预案编制完成后，应进行评审。评审由本单位主要负责人组织有关部门和人员进行。外部评审由上级主管部门或地方政府负责安全管理的部门组织审查。评审后，按规定报有关部门备案，并经生产经营单位主要负责人签署发布。

4　应急预案体系的构成

应急预案应形成体系，针对各级各类可能发生的事故和所有危险源制订专项应急预案和现场应急处置方案，并明确事前、事发、事中、事后的各个过程中相关部门和有关人员的职责。生产规模小、危险因素少的生产经营单位，综合应急预案和专项应急预案可以合并编写。

4.1　综合应急预案

综合应急预案是从总体上阐述处理事故的应急方针、政策，应急组织结构及相关应急职责，应急行动、措施和保障等基本要求和程序，是应对各类事故的综合性文件。

4.2　专项应急预案

专项应急预案是针对具体的事故类别（如煤矿瓦斯爆炸、危险化学品泄漏等事故）、危险源和应急保障而制订的计划或方案，是综合应急预案的组成部分，应按照综合应急预案的程序和要求组织制订，并作为综合应急预案的附件。专项应急预案应制定明确的救援程序和具体的应急救援措施。

4.3　现场处置方案

现场处置方案是针对具体的装置、场所或设施、岗位所制定的应急处置措施。现场处置方案应具体、简单、针对性强。现场处置方案应根据风险评估及危险性控制措施逐一编制，做到事故相关人员应知应会，熟练掌握，并通过应急演练，做到迅速反应、正确处置。

5　综合应急预案的主要内容

5.1　总则

5.1.1　编制目的

简述应急预案编制的目的、作用等。

5.1.2　编制依据

简述应急预案编制所依据的法律法规、规章，以及有关行业管理规定、技术规范和标准等。

5.1.3　适用范围

说明应急预案适用的区域范围，以及事故的类型、级别。

5.1.4　应急预案体系

说明本单位应急预案体系的构成情况。

5.1.5　应急工作原则

说明本单位应急工作的原则，内容应简明扼要、明确具体。

5.2　生产经营单位的危险性分析

5.2.1　生产经营单位概况

主要包括单位地址、从业人数、隶属关系、主要原材料、主要产品、产量等内容，以及周边重大危险源、重要设施、目标、场所和周边布局情况。必要时，可附平面图进行说明。

5.2.2　危险源与风险分析

主要阐述本单位存在的危险源及风险分析结果。

5.3　组织机构及职责

5.3.1　应急组织体系

明确应急组织形式，构成单位或人员，并尽可能以结构图的形式表示出来。

5.3.2　指挥机构及职责

明确应急救援指挥机构总指挥、副总指挥、各成员单位及其相应职责。

应急救援指挥机构根据事故类型和应急工作需要，可以设置相应的应急救援工作小组，并明确各小组的工作任务及职责。

5.4　预防与预警

5.4.1　危险源监控

明确本单位对危险源监测监控的方式、方法，以及采取的预防措施。

5.4.2　预警行动

明确事故预警的条件、方式、方法和信息的发布程序。

5.4.3　信息报告与处置

按照有关规定，明确事故及未遂伤亡事故信息报告与处置办法。

a）信息报告与通知

明确 24 小时应急值守电话、事故信息接收和通报程序。

b）信息上报

明确事故发生后向上级主管部门和地方人民政府报告事故信息的流程、内容和时限。

c）信息传递

明确事故发生后向有关部门或单位通报事故信息的方法和程序。

5.5　应急响应

5.5.1　响应分级

针对事故危害程度、影响范围和单位控制事态的能力，将事故分为不同的等级。按照分级负责的原则，明确应急响应级别。

5.5.2　响应程序

根据事故的大小和发展态势，明确应急指挥、应急行动、资源调配、应急避险、扩大应急等响应程序。

5.5.3　应急结束

明确应急终止的条件。事故现场得以控制，环境符合有关标准，导致次生、衍生事故隐患消除后，经事故现场应急指挥机构批准后，现场应急结束。应急结束后，应明确：

a）事故情况上报事项；

b）需向事故调查处理小组移交的相关事项；

c）事故应急救援工作总结报告。

5.6　信息发布

明确事故信息发布的部门，发布原则。事故信息应由事故现场指挥部及时准确向新闻媒体通报事故信息。

5.7　后期处置

主要包括污染物处理、事故后果影响消除、生产秩序恢复、善后赔偿、抢险过程和应急救援能力评估及应急预案的修订等内容。

5.8　保障措施

5.8.1　通信与信息保障

明确与应急工作相关联的单位或人员通信联系方式和方法，并提供备用方案。建立信息通信系统及维护方案，确保应急期间信息通畅。

5.8.2　应急队伍保障

明确各类应急响应的人力资源，包括专业应急队伍、兼职应急队伍的组织与保障方案。

5.8.3　应急物资装备保障

明确应急救援需要使用的应急物资和装备的类型、数量、性能、存放位置、管理责任人及其联系方式等内容。

5.8.4　经费保障

明确应急专项经费来源、使用范围、数量和监督管理措施，保障应急状态时生产经营单位应急经费的及时到位。

5.8.5　其他保障

根据本单位应急工作需求而确定的其他相关保障措施（如交通运输保障、治安保障、技术保障、医疗保障、后勤保障等)。

5.9　培训与演练

5.9.1　培训

明确对本单位人员开展的应急培训计划、方式和要求。如果预案涉及社区和居民，要做好宣传教育和告知等工作。

5.9.2　演练

明确应急演练的规模、方式、频次、范围、内容、组织、评估、总结等内容。

5.10　奖惩

明确事故应急救援工作中奖励和处罚的条件和内容。

5.11　附则

5.11.1　术语和定义

对应急预案涉及的一些术语进行定义。

5.11.2　应急预案备案

明确本应急预案的报备部门。

5.11.3　维护和更新

明确应急预案维护和更新的基本要求，定期进行评审，实现可持续改进。

5.11.4　制定与解释

明确应急预案负责制定与解释的部门。

5.11.5　应急预案实施

明确应急预案实施的具体时间。

6　专项应急预案的主要内容

6.1　事故类型和危害程度分析

在危险源评估的基础上，对其可能发生的事故类型和可能发生的季节及其严重程度进行确定。

6.2　应急处置基本原则

明确处置安全生产事故应当遵循的基本原则。

6.3　组织机构及职责

6.3.1　应急组织体系

明确应急组织形式，构成单位或人员，并尽可能以结构图的形式表示出来。

6.3.2　指挥机构及职责

根据事故类型，明确应急救援指挥机构总指挥、副总指挥以及各成员单位或人员的具体职责。应急救援指挥机构可以设置相应的应急救援工作小组，明确各小组的工作任务及主要负责人职责。

6.4 预防与预警

6.4.1 危险源监控

明确本单位对危险源监测监控的方式、方法，以及采取的预防措施。

6.4.2 预警行动

明确具体事故预警的条件、方式、方法和信息的发布程序。

6.5 信息报告程序

主要包括：

a) 确定报警系统及程序；

b) 确定现场报警方式，如电话、警报器等；

c) 确定24小时与相关部门的通信、联络方式；

d) 明确相互认可的通告、报警形式和内容；

e) 明确应急反应人员向外求援的方式。

6.6 应急处置

6.6.1 响应分级

针对事故危害程度、影响范围和单位控制事态的能力，将事故分为不同的等级。按照分级负责的原则，明确应急响应级别。

6.6.2 响应程序

根据事故的大小和发展态势，明确应急指挥、应急行动、资源调配、应急避险、扩大应急等响应程序。

6.6.3 处置措施

针对本单位事故类别和可能发生的事故特点、危险性，制定的应急处置措施（如煤矿瓦斯爆炸、冒顶片帮、火灾、透水等事故应急处置措施，危险化学品火灾、爆炸、中毒等事故应急处置措施）。

6.7 应急物资与装备保障

明确应急处置所需的物质与装备数量、管理和维护、正确使用等。

7 现场处置方案的主要内容

7.1 事故特征

主要包括：

a) 危险性分析，可能发生的事故类型；

b) 事故发生的区域、地点或装置的名称；

c) 事故可能发生的季节和造成的危害程度；

d) 事故前可能出现的征兆。

7.2 应急组织与职责

主要包括：

a) 基层单位应急自救组织形式及人员构成情况；

b) 应急自救组织机构、人员的具体职责，应同单位或车间、班组人员工作职责紧密结合，明确相关岗位和人员的应急工作职责。

7.3 应急处置

主要包括以下内容：

a) 事故应急处置程序。根据可能发生的事故类别及现场情况，明确事故报警、各项应急措施启动、应急救护人员的引导、事故扩大及同企业应急预案的衔接的程序。

b) 现场应急处置措施。针对可能发生的火灾、爆炸、危险化学品泄漏、坍塌、水患、机动车辆伤害等，从操作措施、工艺流程、现场处置、事故控制、人员救护、消防、现场恢复等方面制定明确的应急处置措施。

c）报警电话及上级管理部门、相关应急救援单位联络方式和联系人员，事故报告的基本要求和内容。

7.4　注意事项

主要包括：

a）佩戴个人防护器具方面的注意事项；

b）使用抢险救援器材方面的注意事项；

c）采取救援对策或措施方面的注意事项；

d）现场自救和互救注意事项；

e）现场应急处置能力确认和人员安全防护等事项；

f）应急救援结束后的注意事项；

g）其他需要特别警示的事项。

8　附件

8.1　有关应急部门、机构或人员的联系方式

列出应急工作中需要联系的部门、机构或人员的多种联系方式，并不断进行更新。

8.2　重要物资装备的名录或清单

列出应急预案涉及的重要物资和装备名称、型号、存放地点和联系电话等。

8.3　规范化格式文本

信息接收、处理、上报等规范化格式文本。

8.4　关键的路线、标志和图纸

主要包括：

a）警报系统分布及覆盖范围；

b）重要防护目标一览表、分布图；

c）应急救援指挥位置及救援队伍行动路线；

d）疏散路线、重要地点等标识；

e）相关平面布置图纸、救援力量的分布图纸等。

8.5　相关应急预案名录

列出直接与本应急预案相关的或相衔接的应急预案名称。

8.6　有关协议或备忘录

与相关应急救援部门签订的应急支援协议或备忘录。

附录 A

（资料性附录）

应急预案编制格式和要求

A.1　封面

应急预案封面主要包括应急预案编号、应急预案版本号、生产经营单位名称、应急预案名称、编制单位名称、颁布日期等内容。

A.2　批准页

应急预案必须经发布单位主要负责人批准方可发布。

A.3　目次

应急预案应设置目次，目次中所列的内容及次序如下：

——批准页；

——章的编号、标题；

——带有标题的条的编号、标题（需要时列出）；

——附件，用序号表明其顺序。

A.4 印刷与装订

应急预案采用 A4 版面印刷，活页装订。